第2版　初めて学ぶ

基礎 電子工学

小川鑛一 著

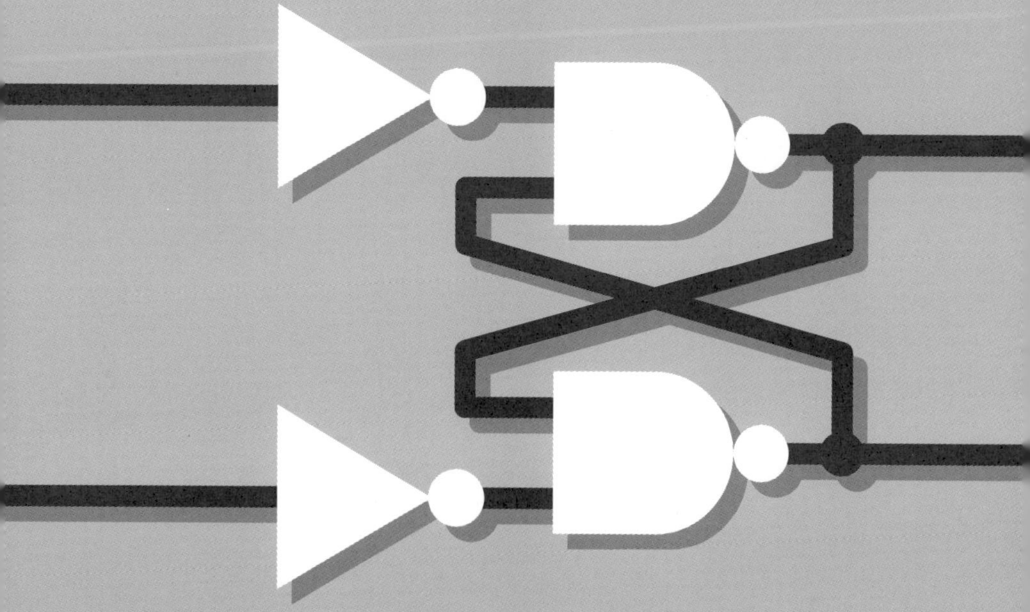

東京電機大学出版局

ま え が き

トランジスタが発明されたのは1948年のことである。以来わずか40数年の間に電子技術は今日に見るような進歩を果たし，世の中の産業技術，家庭用電化製品の様相は一変した。

ラジオ放送は，AM（振幅変調）放送に加え，ステレオFM（周波数変調）放送が始まり，名刺ほどの大きさ，薄さのラジオ受信機で，それらの放送を山や野原あるいは電車の中でも聴けるようになった。テレビ画像は，白黒からカラーに移り，大画面で解像度の高いハイビジョンテレビ画像が見られるようにもなった。衛星テレビ放送も始まり，世界で起こった最新ニュースを瞬時に見ることができるようにもなった。

電子技術の発達は，こうした情報・通信関係はもとより，交通や産業技術の面にも大きな変化をもたらした。それは航空機，船舶，新幹線，ものを生産する工場に見るような自動化である。そこでは，安全対策の向上と省力化を図る自動操縦装置，設計段階の作図，生産用の工作機械，組み立て・移送・ハンドリングを行う産業用ロボット，クレーン，自動倉庫などの設計から生産管理，運行にいたるまであらゆる分野に大なり小なり自動化が取り入れられている。真空管の時代では，信頼性の面から，あるいは体積，重量，消費電力の面から，こうした技術を達成させることは困難であった。このような技術は，トランジスタが発明され，それを基礎とした集積回路（IC）が開発されたことによって大きく前進した。

半導体ICの開発・進歩に従い，信頼性が高く，小型，軽量，小消費電力の各種電子（エレクトロニクス）装置や部品が生産可能となった。と同時に，真空管の時代にすでに開発されていたデジタル・コンピュータは，ICの出現により小型，高速演算，小消費電力の高性能コンピュータへと進歩し，現代社会のあらゆる分野にそれらが応用されるようになった。電子技術が発達したおかげで，これまで単能であった機械装置に電子技術が導入され，その装置に複数の機能をもたせることも可能となった。

計測したり制御したりする対象の物理量が温度であったり変位であったりとその違いはあるものの，このような電子技術の導入はあらゆる自動化に共通するものである。しかし，こうした計測・制御技術は，クーラー，電気炊飯器，電子ジャー，電子レンジなど，われわれの日常生活で使用している家庭用電気製品はもとより，産業生産現場で使われているロボット，NC 工作機械などの諸自動機械装置類にも共通する技術である。

本書は，上述した機械・器具の動作原理が理解できるようにとの願いをこめ，第 1 章で電気回路の基礎，第 2 章でダイオード，トランジスタを基礎とする半導体素子，第 3 章でオペアンプを基本とするアナログ技術，第 4 章でセンサと制御の基礎，そして最後の第 5 章でデジタル技術の入門について述べる。内容の大部分はアナログ電気・電子の基礎である。デジタル技術の入門的内容について第 5 章でしか述べることができなかった。アナログ・デジタルの進んだ分野についてはさらに勉強されることを望む次第である。

本書出版に当たり，東京電機大学出版局の岩下行徳氏には大変御世話になった。ここに心より御礼申し上げる。

1995 年 3 月

小川　鑛一

改訂にあたって

本書は1995年に初版を刊行し，幸いにも第11刷と多くの読者にご愛用をいただいたものである。1995年といえば，世界で一斉にWindows95が発売された年であり，筆者はイギリスのスコットランド・アバディーン市のある大学の客員教授として半年間滞在していたことを思い出す。このとき持参したデジタルカメラのメディアは4MB～32MBのスマートメディアであった。また，当時使用していたマッキントッシュ製ノートパソコンのフロッピーディスク（floppy disk）容量も，わずか1.2MBであった。その後，コンピュータやデジタルカメラをはじめ，多くの家電製品は発達の一途をたどり，現在のデジタルカメラのメディアはGB（ギガバイト，1MBの1000倍）の単位，コンピュータのハードディスクの容量はTB（テラバイト，1GBの1000倍）単位のものが入手可能になった。

2010年5月にはアップル社からiPadが発売され，大人気となっている。電子メールやインターネットへの接続のほか，電子書籍の購読，地図情報の表示，辞書・辞典，ゲームなどの多彩な機能を持つ万能デジタル端末機器である。

また，Suica，ICOCA，PASMOなどの非接触式ICカード方式による鉄道・バス乗車カードが多くの人に普及している。これらは自動改札口に触れるだけで，あっという間に運賃決済ができ，飲食や買い物ができる機能もある。このカードを使って自働改札機をワンタッチで通過するときには，ICカードの情報を読み取ったり人の動きを感知するセンサ技術，運賃や残金を表示する電子技術，扉の開閉をする制御技術などの応用がある。そしてこれらを総合的に管理するための情報処理技術など，多くの技術が用いられている。デジタル技術とアナログ技術うまく組み合わせ，このような便利な機能を実現している。

本書は，デジタル技術が発展・進化していくなかでアナログ量とデジタル量の違いやその基礎的な扱い，デジタルの基礎技術を十分に理解していただけるよう，内容の見直しをして改訂を行った。抵抗や論理回路などの図記号については，初版と同様に現場で使用されることが多い図記号を用いて表記している。電子工学の基礎やデジタル技術の基礎を本書で学習して頂ければ望外の喜びである。

改訂にあたり，東京電機大学出版局の石沢岳彦氏に大変お世話になった。ここに厚くお礼申し上げる。

2010年8月

小川鑛一

もくじ

第1章　直流回路と交流回路

電気・電子工学の基礎は回路技術にあり，その回路は電気回路と電子回路に大別できる。電気回路は，発電機，大型モータ，トランスなど比較的電力の大きい電気の通り道を扱う分野である。これに対し，電子回路は，ラジオ，テレビなどの放送，人工衛星による通信や放送，無線電話や有線電話などの電気通信，あるいはロボットやNC工作機械などメカトロニクスの制御に必要な信号処理，情報伝達といった半導体素子や電子管を使った電力の小さい電気（信号）の通り道に関する分野といえる。

電気回路も電子回路もその考え方の本質は同じである。大電力を消費して回転するモータをコンピュータで制御する場合，コンピュータの指令信号を利用してモータの回転数を直接制御するということはできない。それには，まずモータに加える制御信号，つまり電圧や周波数を処理したり，その信号を増幅する必要がある。そのような電気信号の処理，増幅装置の回路は**電子回路**といい，大出力のモータを駆動する電力系統の回路は**電気回路**という。

さて，電気・電子回路には，大別して直流のみを扱う**直流回路**と交流を扱う**交流回路**とがある。直流回路にも交流回路にもオームの法則は成り立つ。交流回路はその取り扱いがやや複雑であるため，1·3節で詳しく述べる。

1・1　直流回路

[1]　オームの法則と直流回路

本節では，電気・電子工学の基本である直流回路について述べる。まず，電気回路の基本オームの法則から説明しよう。

(1) オームの法則 最も簡単な電気回路は，乾電池（電源）に豆電球（ランプ）という負荷を接続した図1·1(a)のような回路である。ここで，「負荷」というのは，電源から電力を供給され，仕事をするものをいう。図1·1の場合，豆電球は光を発し対象物を照らすという仕事をする。豆電球の代わりにおもちゃの小型モータを接続すれば，モータは回転力を発生し，そのおもちゃは動く。この動きはモータが仕事をした結果であるから，この場合のモータは負荷といえる。このように，電力を消費するあらゆるものを電気回路の**負荷**という。ラジオ，テレビ，電熱器などの家庭用電気製品や電気・電子応用機器類は，電気回路の負荷という言葉で総称することができる。

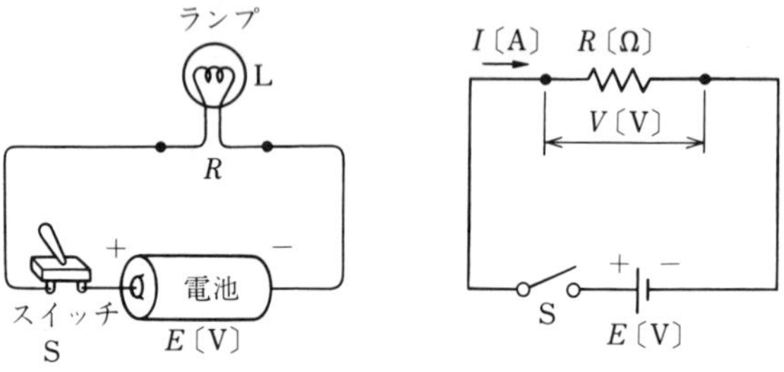

(a) 実体配線図　(b) 回路図

図1·1 実体配線図と電気回路の図記号

図1·1の回路を言葉で言い表すなら，“起電力 E〔V〕の直流電源に負荷として抵抗 R〔Ω〕のランプを接続した場合，電流 I〔A〕が流れた”ということになる。図(a)の電源は乾電池である。この図のように，実物らしく描いてある図を**実体配線図**という。電気回路では，これを図(b)のように**図記号**で表す。これからも断りのない限り，回路図を表すためにこのような図記号を用いることにする。

図(b)において，スイッチSを入れると，抵抗 R〔Ω〕に電圧 V〔V〕が加わり，回路に電流 I〔A〕が流れたとする。ここで，電圧の記号 V は電位差を表し，E は起電力を表す。一般に，乾電池のような電源には内部抵抗が存在するので，その端子電圧 V と起電力 E とは値が異なるのが普通である。図(b)の場合は，電池内部抵抗は0とし，V と E は等しい場合である。この電流 I〔V〕，電圧 V〔V〕，抵

抗 R〔Ω〕との間には，次式で表される有名なオームの法則が成り立つ。

$$\left.\begin{aligned} I &= \frac{V}{R}\ \text{〔A〕} \\ V &= RI\ \text{〔V〕} \\ R &= \frac{V}{I}\ \text{〔Ω〕} \end{aligned}\right\} \qquad (1\cdot1)$$

これら三つの式は，表現は異なるがいずれもオームの法則を表し，電流 I〔A〕，電圧 V〔V〕，抵抗 R〔Ω〕のうちどれか二つがわかると，残る一つは計算によって求まることを示している。

［例題］1・1　起電力が1.5〔V〕の電源に10〔Ω〕の抵抗を接続した場合，その回路に流れる電流 I〔A〕はいくらか。

［解］　$I=\frac{V}{R}=\frac{1.5}{10}=0.15$〔A〕

（2）　抵抗の直列回路　次に，図1・2(a)のように，抵抗値が R_1〔Ω〕，R_2〔Ω〕であるランプ2個を起電力 E〔V〕の乾電池（電源）に直列に接続した場合を考えよう。ここで，電源の端子電圧 V は起電力 E に等しいものとする。図(b)は，図(a)を図記号で表した回路図で，このような回路を抵抗 R_1 と R_2 の**直列回路**という。

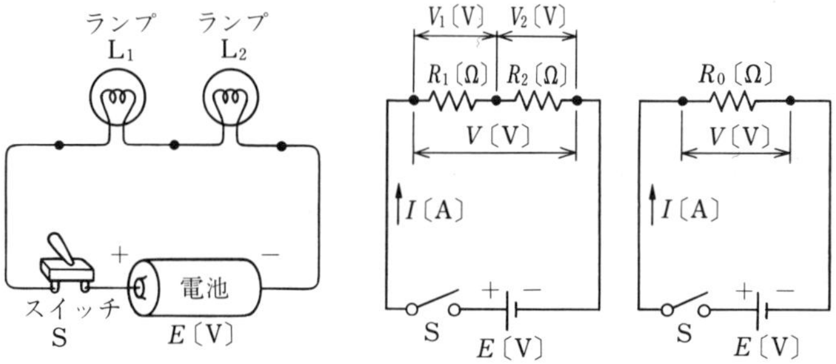

（a）ランプの直列回路の実体配線図　（b）抵抗の直列回路　（c）合成抵抗

図1・2　抵抗の直列回路の例

電源に流れる電流を I〔A〕と仮定すると，この電流 I は電源のプラス側から抵抗 R_1，R_2 を通り再び電源のマイナス側へと流れる。R_1 と R_2 の両端の電圧（これを**電圧降下**という）を V_1〔V〕，V_2〔V〕とする。それぞれの抵抗にオームの法則をあてはめると，次の式が得られる。

$$\left.\begin{aligned} V_1 &= R_1 I \text{ [V]} \\ V_2 &= R_2 I \text{ [V]} \end{aligned}\right\} \tag{1·2}$$

一方，電源電圧 V〔V〕は，電圧降下 V_1〔V〕と V_2〔V〕の和に等しいので，

$$V = V_1 + V_2 \text{ [V]} \tag{1·3}$$

が成り立つ。

式(1·2)を式(1·3)に代入すると，

$$V = R_1 I + R_2 I = (R_1 + R_2) I \text{ [V]}$$

となる。これより，電流 I〔A〕は

$$I = \frac{V}{R_1 + R_2} \text{ [A]} \tag{1·4}$$

と求まる。この式の分母の $R_1 + R_2$ をあらためて，R_0 と置くと，

$$R_0 = R_1 + R_2 \text{ [}\Omega\text{]} \tag{1·5}$$

となる。これを R_1 と R_2 の**直列合成抵抗**という。

電流がわかると，R_1，R_2 の電圧降下 V_1〔V〕，V_2〔V〕は，式(1·2)より，

$$\left.\begin{aligned} V_1 &= \frac{R_1}{R_1 + R_2} \times V = \frac{R_1}{R_0} \times V \text{ [V]} \\ V_2 &= \frac{R_2}{R_1 + R_2} \times V = \frac{R_2}{R_0} \times V \text{ [V]} \end{aligned}\right\} \tag{1·6}$$

と求めることができる。

これより各抵抗の電圧降下は，各々の抵抗 R_1，R_2 と合成抵抗 R_0 との比に電源電圧 V を掛けたものであることがわかる。式(1·6)の場合，R_1/R_0，R_2/R_0 を**抵抗分圧比**という。

ここでは，抵抗2個の場合について考えた。これが n 個あって，それらの抵抗を R_1，R_2，……，R_n〔Ω〕とした場合でも合成抵抗 R_0〔Ω〕は，次のように求める

ことができる。

$$R_0 = R_1 + R_2 + \cdots\cdots + R_n$$

$$= \sum_{k=1}^{n} R_k \qquad (1\cdot7)$$

ここで，Σはシグマと読む。式(1･7)についていえば，kを1からnまで変え，それぞれの抵抗R_1，R_2，……，R_n〔Ω〕の和を表す記号がΣである。

直列回路の場合，抵抗がいくつあってもその合成抵抗は式(1･7)で表せる。したがって，この合成抵抗R_0を用いると，抵抗の直列回路は図1･2(c)に示すように簡単にまとめることができる。そしてI，V，R_0の関係は，式(1･1)に示したオームの法則で表すことができる。

(3)　乾電池の直列接続(懐中電灯)　図1･3(a)は，懐中電灯の断面図を示す。懐中電灯には，通常2個の乾電池が使われている。その内の1個の起電力は1.5〔V〕である。それを2個図のように接続すると3〔V〕となる。その様子を図(b)に示す。図(a)，(b)の電気回路を回路図で表すと，図(c)となる。乾電池を複数個直列に使用した場合の起電力は，各乾電池の起電力の和であって，図記号は図(c)のように表すのである。

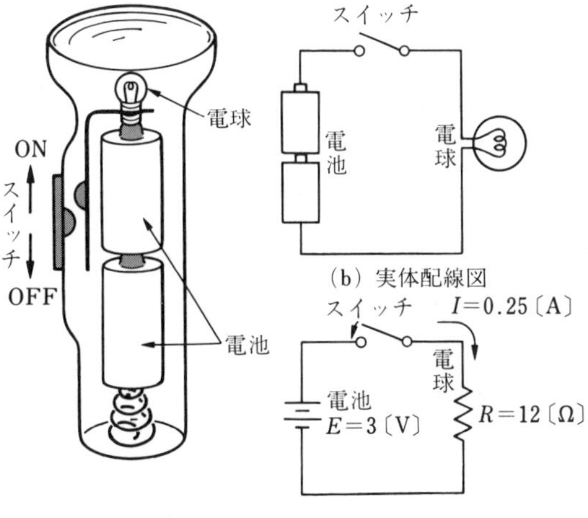

(a) 懐中電灯　(c) 回路図

図1･3　乾電池の直列接続

(4)　抵抗の並列回路　　図 1·4 (a)は，自動車のヘッドライト L_L，L_R，テールライト l_L，l_R がカー・バッテリ（電池）に接続されている様子を示す。その電気系統をもう少しわかりやすく示すと図(b)となる。電気回路では，これを図記号を使って図(c)のように描く。簡単のため各々のランプ抵抗は R_1～R_4〔Ω〕で表している。このような複数個のランプ（抵抗）の接続は**並列接続**といい，これを電源に接続した回路は**並列回路**という。

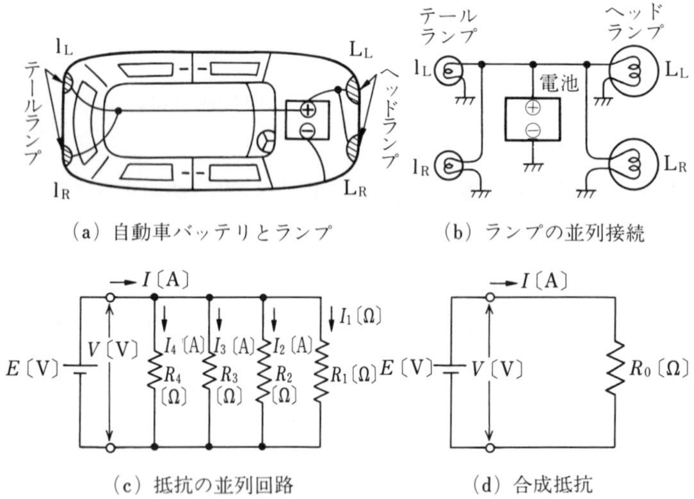

図 1·4　抵抗の並列接続回路の例

図(c)に示すように，各抵抗に流れる電流を I_1～I_4〔A〕と仮定する。各抵抗両端にはすべて電源電圧の V〔V〕が加わっている。各々の抵抗に対してオームの法則を適用すると，次の式が得られる。

$$\left.\begin{aligned} I_1 &= \frac{V}{R_1}\ 〔\mathrm{A}〕 \\ I_2 &= \frac{V}{R_2}\ 〔\mathrm{A}〕 \\ I_3 &= \frac{V}{R_3}\ 〔\mathrm{A}〕 \\ I_4 &= \frac{V}{R_4}\ 〔\mathrm{A}〕 \end{aligned}\right\} \qquad (1·8)$$

電源のプラス側から流れ出る電流 I〔A〕は，それぞれの抵抗に分流し，$I_1 \sim I_4$〔A〕となる。それらの電流は各抵抗を通過後に再び合流し，I〔A〕となって電源のマイナス側へ流入する。I〔A〕は**合成電流**といい，このことを式で表すと次のようになる。

$$I = I_1 + I_2 + I_3 + I_4 \text{〔A〕} \tag{1・9}$$

この式の右辺へ式(1・8)を代入すると，次のようになる。

$$\begin{aligned} I &= \frac{V}{R_1} + \frac{V}{R_2} + \frac{V}{R_3} + \frac{V}{R_4} \\ &= \left\{ \frac{1}{R_1} + \frac{1}{R_2} + \frac{1}{R_3} + \frac{1}{R_4} \right\} V \text{〔A〕} \end{aligned} \tag{1・10}$$

ここで，オームの法則式(1・1)に従うように，“電流＝電圧/抵抗”という形式に式(1・10)を変形すると，次の式を得る。

$$I = \frac{V}{\dfrac{1}{\dfrac{1}{R_1} + \dfrac{1}{R_2} + \dfrac{1}{R_3} + \dfrac{1}{R_4}}} \tag{1・11}$$

分母をあらためて R_0 と置くと，

$$R_0 = \frac{1}{\dfrac{1}{R_1} + \dfrac{1}{R_2} + \dfrac{1}{R_3} + \dfrac{1}{R_4}} \text{〔Ω〕} \tag{1・12}$$

となる。その結果，I，V，R_0 の関係は，

$$I = \frac{V}{R_0} \text{〔A〕} \tag{1・13}$$

となる。この R_0〔Ω〕を抵抗 $R_1 \sim R_4$〔Ω〕の**並列合成抵抗**という。式(1・13)より明らかなように，合成抵抗 R_0 を用いると，この回路は図1・4(d)のように表すことができる。

［例題］1・2　図 1・4 (c)の回路において，R_1 と R_2 が 10〔Ω〕，R_3 と R_4 が 20〔Ω〕である場合の合成抵抗 R_0 は何オームか。また，電源から流れる電流は何アンペアか。ただし，電源電圧 V は 12〔V〕とする。

[解] 式(1･12)より，

$$R_0=\frac{1}{\frac{1}{10}+\frac{1}{10}+\frac{1}{20}+\frac{1}{20}}$$

$$=\frac{1}{\frac{6}{20}}=\frac{10}{3}\ 〔\Omega〕$$

$$I=\frac{V}{R_0}=\frac{12}{\frac{10}{3}}=\frac{12\times 3}{10}=3.6\ 〔\mathrm{A}〕$$

抵抗が n 個並列に接続されている場合，それぞれ n 個の抵抗を R_1，R_2，……，R_n〔Ω〕とすると，その合成抵抗 R_0〔Ω〕は，次式で与えられる。

$$R_0=\frac{1}{\frac{1}{R_1}+\frac{1}{R_2}+\cdots\cdots+\frac{1}{R_n}}$$

$$=\sum_{k=1}^{n}\frac{1}{\frac{1}{R_k}}\ 〔\Omega〕 \qquad (1\cdot14)$$

ここで，n が2の場合の合成抵抗を求めると，

$$R_0=\frac{1}{\frac{1}{R_1}+\frac{1}{R_2}}=\frac{R_1R_2}{R_1+R_2}\ 〔\Omega〕 \qquad (1\cdot15)$$

となる。2個の抵抗を並列に接続する場合がしばしばあるので，この式は公式として覚えておくとよい。

〔2〕 複雑な回路とキルヒホッフの法則

電気回路は，図1･2や図1･4に示したような簡単な回路ばかりではない。複雑な回路に流れる電流を求める場合，しばしば用いられる法則にキルヒホッフの第一法則と第二法則がある。ここでは，この法則とその利用方法について述べる。

(1) キルヒホッフの第一法則 図1･4(c)の並列回路において，一つの抵抗端は隣接する別の抵抗に接続され，その接続点は図1･5(a)のようであった。また，回路が複雑になると，図1･5(b)のように4つあるいはそれ以上の枝を結ぶような

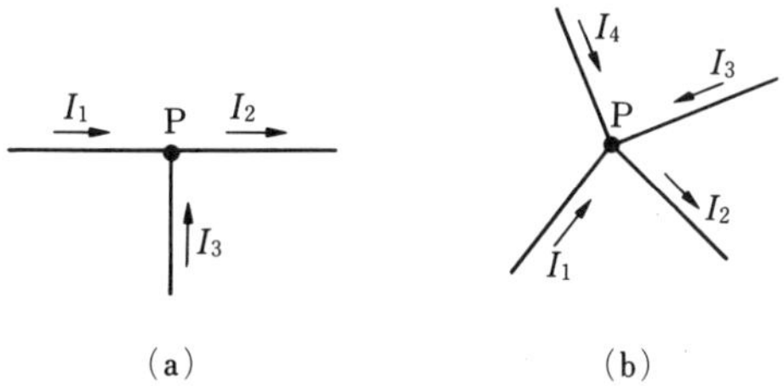

図 1・5　キルヒホッフの第一法則の説明図

接続もある。

接続点をPとすると,**“P点へ流入する電流とP点から流出する電流の総和は零である”**というのが,**キルヒホッフの第一法則**である。このことを式で表すと,次のようになる。

図1・5(a)の場合

$$I_1 - I_2 + I_3 = 0 \qquad (1\cdot16)$$

図1・5(b)の場合

$$I_1 - I_2 + I_3 + I_4 = 0 \qquad (1\cdot17)$$

ここで,プラス,マイナスの符号がついているのは,P点に向かって流入する電流をプラス,P点から流出する電流をマイナスとしたからである。図1・5に示すような回路の接続点と岐路が与えられた場合,電流の方向（矢印）は任意に仮定できる。ただし,ひとたび方向を仮定したなら計算の結果が得られるまで,その方向を変更してはならない。そして,各岐路に流れる電流の計算結果（一次連立方程式の解）がマイナスの値となった場合,それは最初に仮定した方向（矢印を記入した方向）とは逆向きに電流が流れるものと解釈する。

(2)　キルヒホッフの第二法則　キルヒホッフの第二法則は,図1・6に示すような回路が与えられた場合の各岐路に流れる電流を求める場合に使用する。電流の方向は,計算を行う者がまず仮定する。ここでは I_1, I_2, I_3 が図のような方向に流れるものとする。図1・6の場合,回路を一巡する経路は図中に示したⅠ,Ⅱ,Ⅲの3つの経路がある。この経路に示した矢印（右回りでも左回りでもよい）に

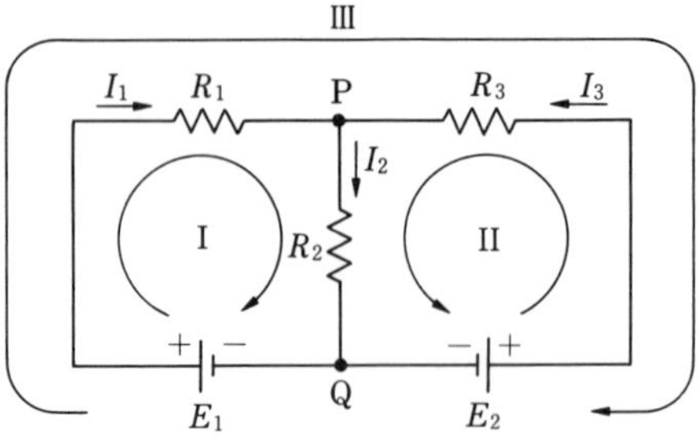

図1･6　キルヒホッフの第二法則の説明図

沿って一巡するとき **“その経路に含まれる電源の起電力の総和は，抵抗の電圧降下の総和に等しい”** というのが，**キルヒホッフの第二法則**である。このことを式で表すと，次のようになる。

経路 I　：$E_1 = R_1 I_1 + R_2 I_2$　(1･18)

経路 II　：$E_2 = R_3 I_3 + R_2 I_2$　(1･19)

経路III　：$E_1 - E_2 = R_1 I_1 - R_3 I_3$　(1･20)

式(1･20)の左辺の起電力 E_2 のマイナス符号は，経路IIIに沿って右回りにたどっていくと，E_1 は順方向であったが E_2 は逆方向である。したがって，$-E_2$ とする。次に，右辺の電圧降下は経路IIIを右回りにたどるとき電流の方向と一致する $R_1 I_1$ はプラスであるが，$R_3 I_3$ は I_3 が流れる方向に逆らう向きにたどるので，この部分は $-R_3 I_3$ とマイナス符号をつけるのである。

以上がキルヒホッフの第二法則に従って方程式を立てる手順である。

(3)　回路電流の計算法　キルヒホッフの第一法則，第二法則を使って，回路電流を具体的に求めてみよう。すでに，図1･6の電流に関する方程式は，式(1･18)～(1･20)で表せたので，I_1，I_2，I_3 に関して3個の式があるから，これらを解くことは可能である。しかし，キルヒホッフの第一法則が図1･6に応用されていないので，第一法則をここで考えてみよう。

図中の接続点 P(または Q)にキルヒホッフの第一法則を適用すると，次の式が得られる。

$$I_1 - I_2 + I_3 = 0 \tag{1･21}$$

この式と前述の式(1・18)～(1・20)を合せると，I_1～I_3の3個の未知数に対して4個の方程式があることになる。そこで，I_1～I_3を具体的に求める場合には，式(1・18)～式(1・21)のうちから3つの式を連立させればよい。そこで，ここでは，式(1・20)を除き，次の3つの式からI_1～I_3を求めることにする。

$$I_1 - I_2 + I_3 = 0 \tag{1・22}$$

$$R_1 I_1 + R_2 I_2 = E_1 \tag{1・23}$$

$$R_2 I_2 + R_3 I_3 = E_2 \tag{1・24}$$

式(1・22)～式(1・24)の三元連立一次方程式を解いた結果は，次のようになる。

$$I_1 = \frac{(R_2 + R_3)E_1 - R_2 E_2}{R_1 R_2 + R_2 R_3 + R_3 R_1} \text{〔A〕}$$

$$I_2 = \frac{R_3 E_1 + R_1 E_2}{R_1 R_2 + R_2 R_3 + R_3 R_1} \text{〔A〕}$$

$$I_3 = \frac{-R_2 E_1 + (R_1 + R_2)E_2}{R_1 R_2 + R_2 R_3 + R_3 R_1} \text{〔A〕}$$

この連立方程式の解き方は，消去法でも，代入法でも，行列による方法（クラーメルの方法）でもよいことはいうまでもない。

〔3〕 直・並列回路の応用（倍率器と分流器）

これまでに直流の直列回路と並列回路について述べた。これらの回路の応用として，ここでは電圧計と電流計の測定範囲を拡大する倍率器と分流器について述べる。

(1) 倍率器　測定すべき未知電圧が高くて，与えられた電圧計では測定範囲が小さくて測定できないような場合に，倍率器が使用される。ここでは，その倍率器の原理について考える。倍率器は，**直列抵抗器**ともいう。

電圧計の指針駆動には，一般に磁石とコイルが用いられている。電圧を測る場合には，コイル抵抗は無限大が理想であるが，このコイルには必ず抵抗が存在する。電圧計(電流計)内の指針駆動用のコイル抵抗を**内部抵抗**という。

いま内部抵抗がr〔Ω〕，電圧測定可能最大目盛がV_m〔V〕である電圧計に抵抗R〔Ω〕を図1・7のように直列に接続し，未知電圧V_x〔V〕を測定する場合を考える。

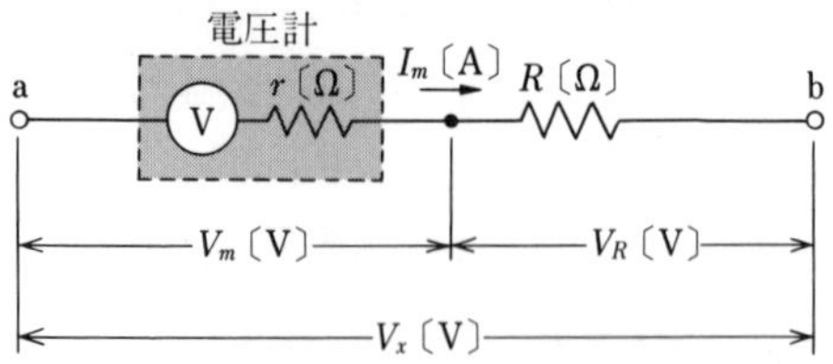

図1·7　倍率器Rの接続方法

内部抵抗 r〔Ω〕に流れる電流 I_m〔A〕は，

$$I_m=\frac{V_m}{r}\ 〔\mathrm{A}〕 \qquad (1\cdot 25)$$

である。r と R は直列接続であるから，この電流 I_m〔A〕は両方の抵抗に流れる。したがって，合成抵抗（$r+R$）と電流 I_m との積は端子 ab に加わる未知電圧 V_x〔V〕に等しく，次の式が成立する。

$$I_m(r+R)=V_x \qquad (1\cdot 26)$$

ここで，この式に式(1·25)の I_m を代入すると，

$$V_x=\frac{r+R}{r}\times V_m\ 〔\mathrm{V}〕 \qquad (1\cdot 27)$$

となる。この式は，電圧計最大目盛 V_m の $(r+R)/r$ 倍まで測定できることを示している。

$V_x/V_m=m$ とおくと，式(1·27)は

$$m=\frac{r+R}{r} \qquad (1\cdot 28)$$

となる。電圧測定値の拡大を図る目的で図1·7のように接続した抵抗 R を**倍率器**といい，式(1·28)の m を**倍率器の倍率**という。

［例題］1·3　内部抵抗20〔kΩ〕，最大測定電圧10〔V〕の電圧計に80〔kΩ〕の抵抗を直列に接続した場合，この電圧計で何ボルトまで測ることができるか。

［解］　式(1·27)より，

$$V_x=\frac{20\times10^3+80\times10^3}{20\times10^3}\times10=50\ \text{〔V〕}$$

5倍の50〔V〕まで測ることができる。

(2)　分流器　倍率器を使うと電圧測定の拡大ができたように，電流計にも分流器を使うとその電流測定範囲を広げることができる。ここでは，この分流器と電流測定の拡大法について考える。

図1・8は，内部抵抗 r〔Ω〕，最大目盛が I_m〔A〕である電流計に抵抗 R〔Ω〕の抵抗器を並列に接続した様子を示す。電流計(内部抵抗)に流れる電流を I_m〔A〕，

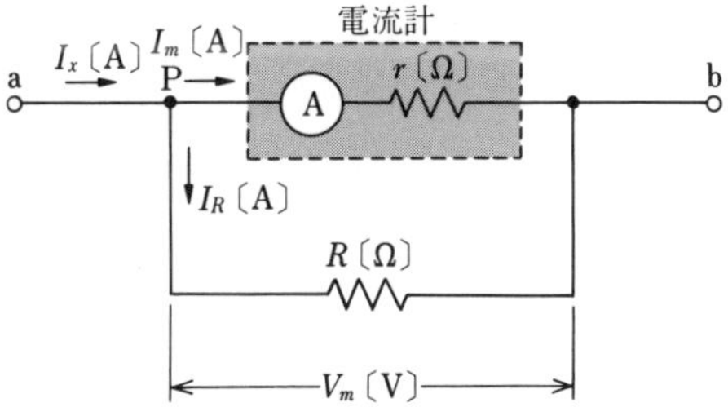

図1・8　分流器 R の接続方法

抵抗器に流れる電流を I_R〔A〕とする。r〔Ω〕と R〔Ω〕の電圧降下は等しく V_m〔V〕であるから，

$$V_m=rI_m=RI_R\ \text{〔V〕} \tag{1・29}$$

が成り立つ。一方，接続点Pにキルヒホッフの第一法則を適用すると，I_R は次のようになる。

$$I_R=I_x-I_m\ \text{〔A〕} \tag{1・30}$$

式(1・29)，式(1・30)より，

$$rI_m=R(I_x-I_m)$$

となり，さらにこれを整理すると，

$$I_x=\frac{r+R}{R}I_m\ \text{〔A〕} \tag{1・31}$$

となる。この式は電流計の最大目盛 I_m が $(r+R)/R$ 倍に拡大されたことを示している。

$I_x/I_m=m$ とおくと，式(1·31)は次のように書くことができる。

$$m=\frac{r+R}{R} \tag{1·32}$$

電流計の測定範囲を拡大するために，図1·8のように接続した抵抗器 R を**分流器**といい，式(1·32)の m を**分流器の倍率**という。

[例題] 1·4　内部抵抗が0.2〔Ω〕である10〔mA〕まで測れる電流計がある。この電流計を用い，2倍の電流20〔mA〕まで測れるようにするためには，どのようにしたらよいか。

[解]　図1·8のように分流器 R を電流計に並列に接続する。この場合，分流器の倍率は2である。したがって，分流器の抵抗値は，式(1·32)を用いて，次のように求めることができる。

$$mR=r+R$$

$$\therefore \quad R=\frac{r}{m-1}=\frac{0.2}{2-1}=0.2 \text{〔Ω〕}$$

[4]　ホイートストン・ブリッジ回路（抵抗測定の原理）

未知の抵抗測定や電圧測定あるいはセンサを用いた応用計測回路にホイートストン・ブリッジ回路(以下，ブリッジ回路という)が広く用いられている。ここでは，このブリッジ回路を用いて未知の抵抗が求められることを示そう。

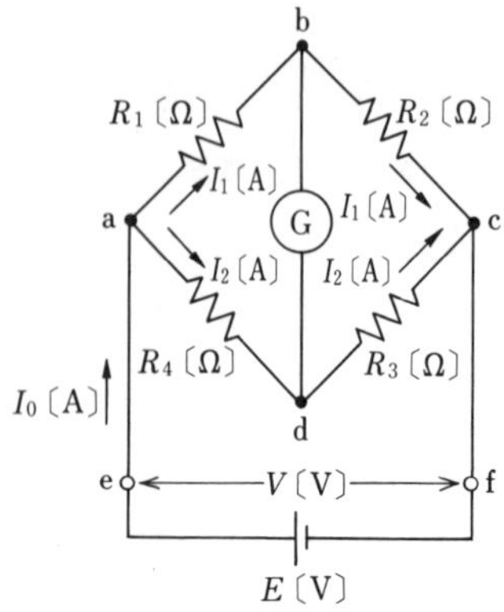

図1·9　ホイートストン・ブリッジ

ブリッジ回路は，4個の抵抗 R_1～R_4〔Ω〕を図1·9のように接続し，ac端に電源を，bd端に微小電流計（検流計）Gを接続した回路である。bd間に流れる電流

（bd 間の電位差）を 0 にするように，抵抗 $R_1 \sim R_4$〔Ω〕のどれかを調整する。ちょうど検流計に流れる電流が 0 になったときは，

$$R_1R_3 = R_2R_4 \qquad (1\cdot33)$$

という関係が成立する。この状態は，「ブリッジのバランスがとれた」とか「ブリッジの平衡がとれた」という。次に，このブリッジのバランスがとれた状態では，式(1・33)が成り立つことを示そう。

図 1・9 に示すような回路電流 I_1，I_2〔A〕を仮定する。閉回路 a b c f e にキルヒホッフの第二法則を適用すると，

$$(R_1 + R_2)I_1 = V$$

となる。これより，電流 I_1 は次のようになる。

$$I_1 = \frac{V}{R_1 + R_2} \text{〔A〕} \qquad (1\cdot34)$$

同様に，閉回路 a d c f e について式を立てると

$$(R_3 + R_4)I_2 = V$$

となり，これより電流 I_2〔A〕は，

$$I_2 = \frac{V}{R_3 + R_4} \text{〔A〕} \qquad (1\cdot35)$$

となる。

ブリッジ bd 間の電圧 V_{bd}〔V〕は，点 C を基準とすると次の式で与えられる。

$$V_{bd} = R_2I_1 - R_3I_2$$

この式に式(1・34)，式(1・35)を代入すると，

$$V_{bd} = \left\{\frac{R_2}{R_1 + R_2} - \frac{R_3}{R_3 + R_4}\right\}V$$

$$= \frac{R_2(R_3 + R_4) - R_3(R_1 + R_2)}{(R_1 + R_2)(R_3 + R_4)}V$$

$$= \frac{R_2R_4 - R_3R_1}{(R_1 + R_2)(R_3 + R_4)}V \qquad (1\cdot36)$$

となる。式(1・36)の分子にある $R_1 \sim R_4$〔Ω〕のどれかを変化させると，分子は，

$$R_2R_4 - R_3R_1 = 0$$

つまり，式(1·33)に示したブリッジの平衡条件の式，

$$R_1 R_3 = R_2 R_4$$

が得られる。例えば，ここで R_4〔Ω〕を未知抵抗，$R_1 \sim R_3$〔Ω〕のいずれかが調整でき，しかもそれらのいずれもが既知抵抗であるとすると，未知抵抗 R_4〔Ω〕は，

$$R_4 = \frac{R_1 R_3}{R_2} \text{〔Ω〕} \tag{1·37}$$

として求まる。

1・2　直流回路の応用

[1]　抵抗回路に流れる電流と電圧降下

図1·10(a)は，抵抗8〔Ω〕と4〔Ω〕を直列にした回路に，抵抗6〔Ω〕を並列に接続し，12〔V〕の電源を接続した回路を示す。各抵抗の電圧降下と岐路に流れる電流は，図中に示したようである。この回路を順次まとめていくと，図(b)に，さらに各抵抗をまとめると最終的には図(c)のように合成抵抗が4〔Ω〕で，そこに流れる電流は3〔A〕となる。

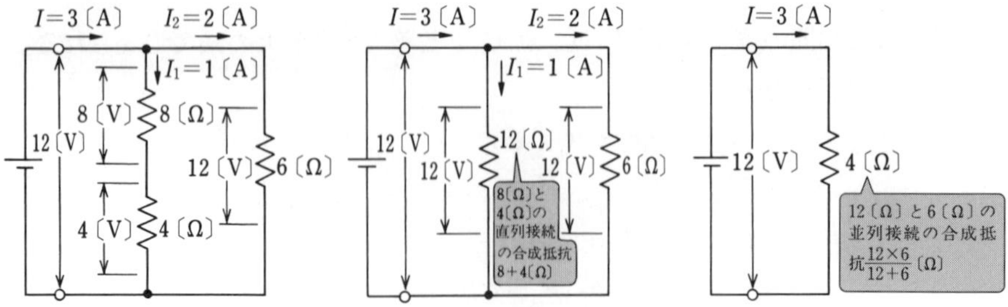

(a)　　(b)　　(c)

図1·10　並列・直列回路の例

図1·11(a)は，抵抗10〔Ω〕と5〔Ω〕を並列に，それに1〔Ω〕の抵抗を直列に接続した回路を示す。各岐路に流れる電流と各抵抗の電圧降下を図中に示した。並列

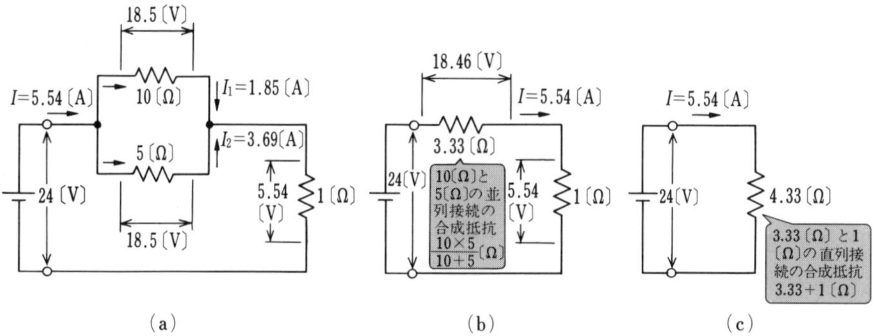

図 1・11　直列・並列回路の例

回路の部分をまとめたものが図(b)で，さらに各抵抗を合成抵抗としてまとめると図(c)のようになる。すなわち，合成抵抗は 4.33〔Ω〕，電源に流れる電流は 5.54〔A〕となる。

〔2〕 オームの法則とグラフ

図 1・12 (a)は，直流電源に抵抗を接続した最も簡単な電気回路である。この回路に流れる電流は，式(1・1)に示したオームの法則に従って，

$$I = \frac{V}{R} \text{〔A〕} \tag{1・38}$$

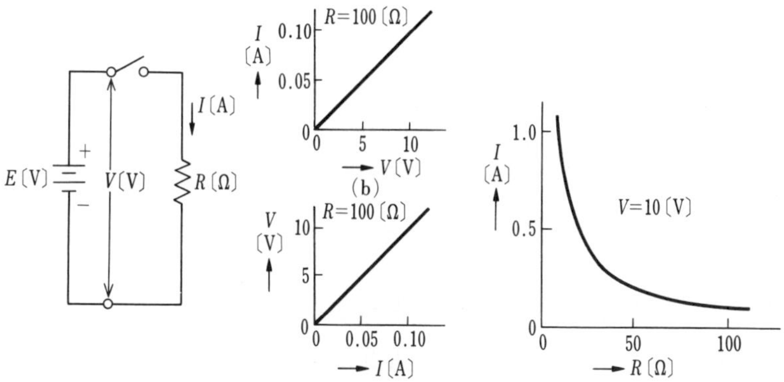

図 1・12　オームの法則とグラフの関係

で与えられる。ここで，抵抗 R を 100〔Ω〕とすると，電源電圧 V〔V〕と電流 I〔A〕の関係は，次のようになる。

$$I = 0.01 \times V \ \text{〔A〕} \qquad (1\cdot39)$$

電圧 V〔V〕を変化させて電流 I〔A〕を求め，その関係を図示すると図(b)のようになり，その関係は直線になる。

また，抵抗 R の値を 100〔Ω〕とした場合の電流 I〔A〕と電圧 V〔V〕の関係は，次式で与えられる。

$$V = RI = 100 \times I \ \text{〔V〕} \qquad (1\cdot40)$$

となる。この関係を図示すると図(c)のようになり，電流変化に対しやはり直線となる。

以上が電流は電圧（または電圧は電流に比例）に比例するというオームの法則を図で示したものである。ここでは抵抗を 100〔Ω〕一定としたが，電流を一定として抵抗を変化させても電圧 V は直線状に変わることはいうまでもない。

最後に，電圧 V〔V〕を一定（10〔V〕）として抵抗 R〔Ω〕を変化させた場合の電流 I〔A〕について検討してみよう。

$$I = \frac{V}{R} = \frac{10}{R} \ \text{〔A〕} \qquad (1\cdot41)$$

この式は，「電流 I は抵抗 R に反比例する」という表現でまとめることができる。これを，図で表すと図(d)のようになる。

以上述べたように電流と電圧の関係，および電圧と抵抗の関係は比例関係にある。しかし，電流と抵抗の関係は反比例の関係にあるということをグラフで示した。オームの法則が教える比例と反比例の意味がそれらの図によって，理解できるであろう。

〔3〕 電源負荷増加と端子電圧減少の関係

直流電源（電池など）には，必ず内部抵抗が存在する。図1・13(a)は負荷を接続しない場合の直流電源を示し，図(b)はその電源に負荷として抵抗 R_L〔Ω〕を接続した図である。ここで，r〔Ω〕は電源の内部抵抗，V_{NL}〔V〕，V_L〔V〕は無負荷時と

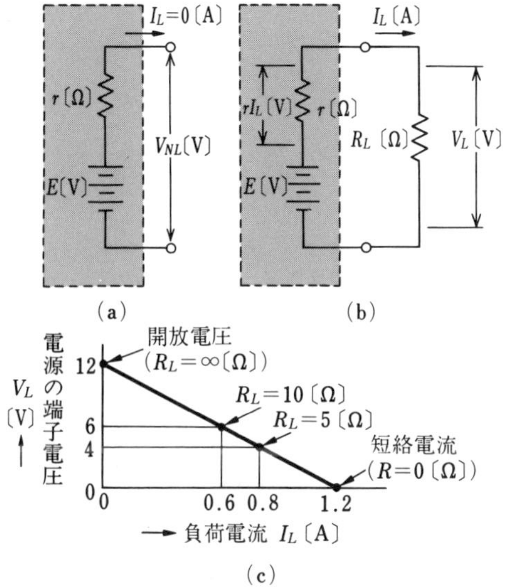

図 1・13　電源の端子電圧と負荷電流の関係

負荷時の電源端子電圧，I_L〔A〕は負荷電流である。図(b)の負荷時の電圧降下と電源の起電力の関係はキルヒホッフの第二法則（式(1・20)参照）の考え方と同様に式を立てると，次のようになる。

$$E = rI_L + R_L I_L = rI_L + V_L \quad (1・42)$$

$$I_L = \frac{E}{r + R_L} \text{〔A〕} \quad (1・43)$$

いま，電源の起電力 E を 12〔V〕，内部抵抗 r を 10〔Ω〕と仮定して，負荷抵抗 R_L が 10〔Ω〕と R_L が 5〔Ω〕の場合について端子電圧 V_L を計算で求めてみよう。

R_L が 10〔Ω〕の場合は，式(1・43)より，負荷電流 I_L〔A〕は，

$$I_L = \frac{E}{r + R_L} = \frac{12}{10 + 10} = \frac{12}{20} = 0.6 \text{〔A〕}$$

となる。これを式(1・42)に代入すれば，端子電圧 V_L〔V〕が求まる。すなわち，

$$V_L = E - rI_L = 12 - 10 \times 0.6 = 6 \text{〔V〕}$$

一方，負荷抵抗 R_L〔Ω〕の電圧降下 V_L〔V〕は，その抵抗 R_L〔Ω〕と負荷電流 I_L〔A〕の積であるから，

$$V_L = R_L I_L = 10 \times 0.6 = 6 \text{〔V〕}$$

と簡単に求めることもできる。

同様に，負荷抵抗 R_L が5〔Ω〕の場合は，負荷電流 I_L が $I_L = 12/15 = 0.8$〔A〕であるから，端子電圧 V_L〔V〕は，

$$V_L = E - rI_L = 12 - 10 \times 0.8 = 4 \text{〔V〕}$$

となる。

以上よりわかるように，端子電圧 V_L〔V〕は，

$$V_L = E - rI_L \text{〔V〕} \qquad (1\cdot43)'$$

E(12〔V〕)，r(10〔Ω〕)一定とすると，式(1·43)′は $V_L = 12 - 10I_L$〔V〕となる。この V_L と I_L の関係を図で示すと，図(c)となる。この図より，負荷抵抗 R_L が無限大(無負荷)の場合には，電流は流れず，電源の端子電圧 V_L は12〔V〕に等しい。一方，負荷抵抗 R_L が0の場合（端子を短絡）には，電源の端子電圧 V_L は0で，電流 I_L は1.2〔A〕流れる。このように電源に内部抵抗が存在するため，その抵抗に流れる電流の影響で端子電圧は減少することがわかる。

[4] ホイートストン・ブリッジのセンサ技術への応用

図1·14(a)は，サーミスタ（温度によって抵抗が変化するセンサ，第4章参照）を用いて，温度という物理量を電気量に変換する回路である。サーミスタの抵抗

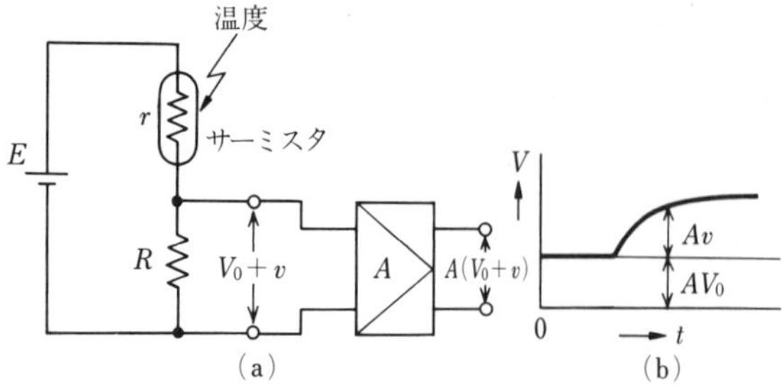

図1·14 サーミスタによる温度測定

r が温度によって変化すると，電流 I は $I+i$ に変わる。ここで，I はサーミスタ抵抗が変化しない状態で回路に流れる電流，i はサーミスタ抵抗が温度によって変化した場合の電流の変化量である。電流 I による抵抗 R の電圧降下を V_0，i による R の電圧降下を v とする。v が小さい場合には増幅器を用いてそれを拡大する。ところがこの回路は，温度変化がない場合でも，常に V_0 が存在する。それを増幅度 A で増幅すると AV_0 の直流分（バイアス）が常に出力側に現れる。そこに温度変化があると，その出力は AV_0+Av となるので，図(b)のように一定直流分 AV_0 に Av が重なる形となる。この信号を記録すると，場合によっては温度変化に対応する出力信号 Av は記録計からはみ出してしまうこともある。つまり，スケールオーバーとなって，温度変化を記録することができなくなるので注意が必要である。

こうした状態になることを防ぐために，ホイートストン・ブリッジを応用するのである。図 1・15 (a)は，サーミスタの抵抗を一辺とするホイートストン・ブリッジを示す。R_1 ～ R_3 のいずれかを調整して，端子 bd 間の電圧 V_0 を「0〔V〕」とすることが可能である。このバランスを取った状態で，サーミスタの温度が変わ

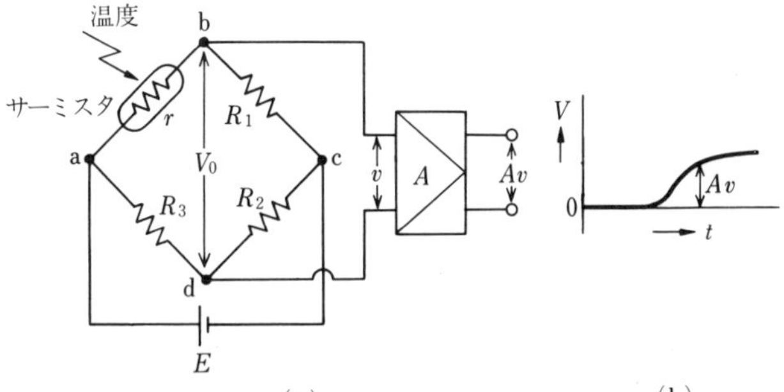

（a）　（b）

図 1・15　ホイートストン・ブリッジを用いた温度測定回路

るとすれば，ブリッジ出力からはサーミスタの温度変化による出力のみを取り出すことができる。それを増幅すれば Av となり，図 1・14 (b)のような問題は生じない。図 1・15 (b)のように，原点の「0〔V〕」位置から，温度変化を記録できる。しかも，変化の方向が図のようにプラス方向とあらかじめわかっているなら，ブリッジのバランスをマイナス方向へあらかじめずらしておけば，さらに大きな温度

変化も記録にとどめることができる。

1・3 交流回路

商用周波数の交流電力の波形は正弦波関数で表すことができる。交流波形は，人工的に作り出す発振波形，変調波形，物理・化学の過渡現象波形，動物の心電波形，自然界の波や風が揺れ動く波形，周期性のある波形，一度だけしか現れない過渡現象波形などと枚挙にいとまがないほどあり，数式で表せない波形のほうが多い。本節では，電子工学で扱うことの多い電気の波形についてその特徴を考察する。続いて交流回路を解析する場合に必要な数学の基礎について述べる。

〔1〕 直流波形と交流波形

変化する電気の様子はブラウン管オッシロスコープを使い，波形として観察できる。電力の波形は**電力波形**，通信・計測・制御の情報伝達において使われる信号は，**通信信号波形**あるいは**計測・制御信号波形**という。

直流といえどもバッテリ電圧のように時間に対して変化のない一定電圧ばかりではない。また，交流といえども商用周波数の交流電力波形のように正弦波関数に従うような交流ばかりではなく，三角波，矩形波など各種各様の交流がある。

（1） 直流波形 図1・16(a)に示すように，乾電池やバッテリの直流電圧は1.5〔V〕，12〔V〕というように大きさが一定である。また，図1・17(a)のような商用周波数の交流電力では100〔V〕（実効値），50〔Hz〕（または60〔Hz〕）というように波形の大きさ（電圧）や周波数（周期）は決まっている場合がある。ところが，正，負どちらかに偏った広義の直流は，図1・16(b)～(j)に示すように各種の波形がある。図(b)，(c)は，交流を直流に変換した波形で，**整流波形**あるいは**脈流波形**という。図(d)は，図(c)の波形を平滑（脈流を純直流へ近づける作用）回路を通し，理想の直流へ一歩近づけた波形である。図(e)は，後述するサイリスタを用い負荷電力を制御する場合の負荷電圧波形，図(f)はコンピュータ内を走るデジタル信号波形，図(g)，(h)は機械の位置決めや弁の開閉を行う場合の制御信号波形，図(i)，

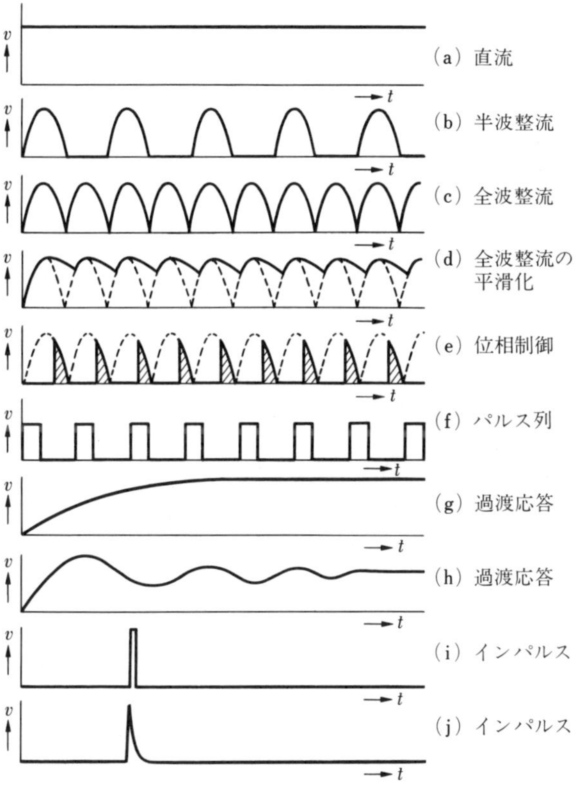

図 1・16　直流波形のいろいろ

(j)は雷のような衝撃を表すパルス波形である。以上述べた波形は，人工的に作りだせるものもあれば，自然界で観測されるものもある。

(2)　交流波形　　交流波形の代表は，図 1・17 (a), (b)に示すような正弦波である。商用周波数の交流電力の電圧と周波数は，関東で 100〔V〕, 50〔Hz〕, 関西で 100〔V〕, 60〔Hz〕と決まっていて，われわれの一般家庭で使われている典型的な交流である。これに対し，ラジオやテレビのような放送では，数百キロヘルツ〔kHz〕, 数十メガヘルツ〔MHz〕と非常に高い周波数の交流が電波という形で使われている。

音声や音楽のように低い周波数 (30〔Hz〕～ 20〔kHz〕) の電気信号を遠方へ伝

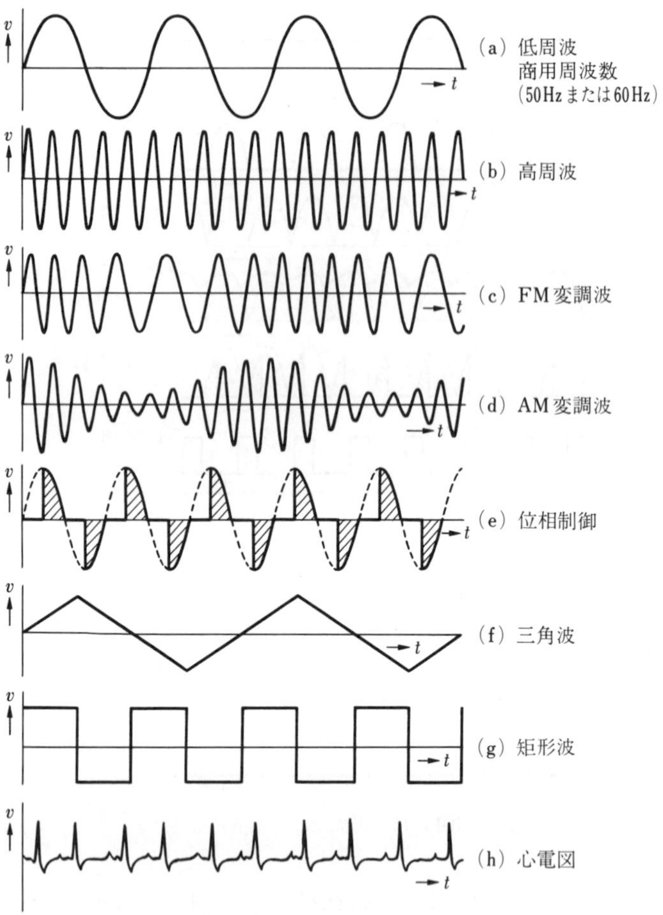

図 1·17 交流波形のいろいろ

えるためには，その信号を高い周波数の電流など（これを**搬送波**という）に重畳させ，電波という形で音声情報を遠方へ伝ぱんさせる。このように情報（信号）に応じて搬送波を変化させる操作を**変調**という。

振幅変調(AM：amplitude modulation) あるいは**周波数変調**(FM：frequency modulation) といわれる放送電波は変調波であって，これは交流である。図(c)は周波数変調（FM）波形，図(d)は振幅変調（AM）波形を示す。変調方式には，このほかにも**位相変調**（PM：phase modulation），**パルス幅変調**（PWM：pulse width modulation）などがある。

最近の電気スタンドに見られる光の強弱制御は，位相制御といって正弦波形の一部をカットした図(e)に示すような交流が用いられている。

以上のほかにも，実験・研究を行う場合には，図(f)，(g)に示すような特殊な波形が使用されることもある。また，心電図に見られる図(h)のような波形も交流の一種である。情報伝達，放送，生産活動の制御技術に役立てるため，いろいろな波形を発生させたり，整形・処理が行われている。こうした信号波形の発生，処理，変換，増幅を行う技術が電子工学の主たる役割である。

〔2〕 交流の数学的表現

交流回路の解析を行う場合，回路電流や電圧を数式で表すことがまず必要である。そのため，ここでは交流波形を正弦波関数とし，電気・電子回路の解析に必要な正弦波の数学的な取扱い方について述べる。

（1） 瞬時値と最大値　時々刻々と変化する電圧や電流を**瞬時値**といい，電気・電子工学ではそれらを小文字の v や i を用いて表す習慣がある。いま交流電圧の瞬時値が，図1・18(a)に示すように，正弦波関数で表せるものとすると，

$$v = V_m \sin \omega t \text{〔V〕} \quad (1\cdot44)$$

となる。ここで，V_m は最大値〔V〕，t は時間〔s〕，ωは角周波数〔rad/s〕である。また，角周波数ω〔rad/s〕と周波数 f〔Hz〕との間には，次の関係がある。

$$\omega = 2\pi f \text{〔rad/s〕} \quad (1\cdot45)$$

周波数というのは1秒間に繰り返される波の数であるから，図1・18に示した周期 T は，

$$T = \frac{1}{f} \quad (1\cdot46)$$

で表される。

図1・18(a)の横軸は時間であるが，この軸をωt で表すと図(b)に示すようなラジアン〔rad〕単位の角度となる。今後，断りのない限り瞬時値を図で表す場合には，

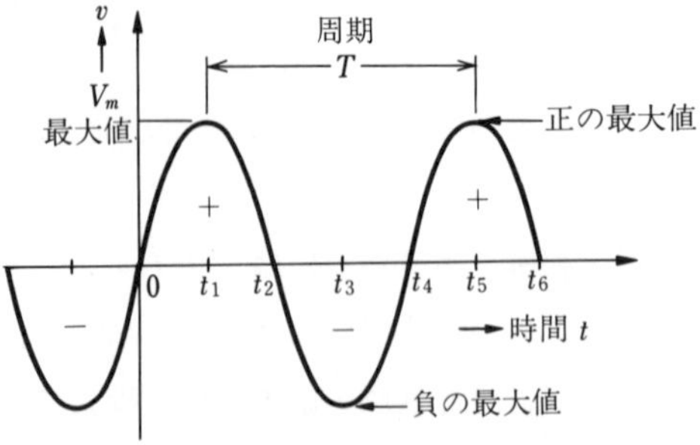

（a）電圧の瞬時値（横軸時間）

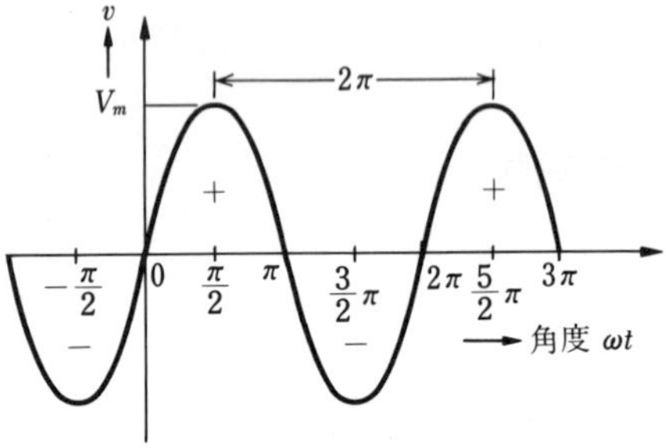

（b）電圧の瞬時値（横軸角度）

図 1・18　瞬時電圧

横軸に ωt をとることにする。

(2)　実効値　　われわれの家庭で使う商用周波数の交流電力は正弦波で，電圧は 100〔V〕，周波数は 50〔Hz〕である。商用周波数の交流電力の波形は図 1・18 に示すような正弦波で，その最大値 E_m を実際に測定すると 141〔V〕ある。ところが，この商用周波数の交流電力の電圧は，一般に 100〔V〕といわれている。この 100〔V〕という値は実効値であって，最大値は 141〔V〕ある。ここで，実効値と最大値の関係について考えてみよう。

実効値というのは，時間とともに大きさや方向が変化する交流と変化しない直流を同じ抵抗に加えたとき同じ熱エネルギーを生じるように定めた電圧（電流）と定義されている。実効値は通常大文字で表し，その定義は次のとおりである。

$$V=\sqrt{\frac{1}{T}\int_0^T v^2 dt} \tag{1・47}$$

さて，式(1・47)に式(1・44)を代入すると，

$$V=\sqrt{\frac{1}{T}\int_0^T (V_m \sin \omega t)^2 dt} \tag{1・48}$$

となる。ここで，$T=1/f=2\pi/\omega$の関係を用いて，式 (1・48) を計算して実効値 V を求めると，次の結果を得る。

$$V=\frac{V_m}{\sqrt{2}} \quad \left(実効値=\frac{最大値}{\sqrt{2}}\right) \tag{1・49a}$$

$$V_m=\sqrt{2}\,V \tag{1・49b}$$

この式で，$V=100$〔V〕とすれば，$V_m=141$〔V〕となることは分かる。商用周波数の交流電力の電圧（実効値）は 100〔V〕，最大値 V_m は 141〔V〕であると前述したが，これは以上の関係式から導かれたものである。

（3） 位相角と位相差　次節で述べるコイルやコンデンサを含む交流回路では，回路に加えた電源電圧 v と回路に流れる電流 i との間に位相差が生じる。ここでは，この位相角と位相差について考えてみよう。

図 1・19 は，瞬時電圧 v と瞬時電流 i を図示したものである。これらの v と i を

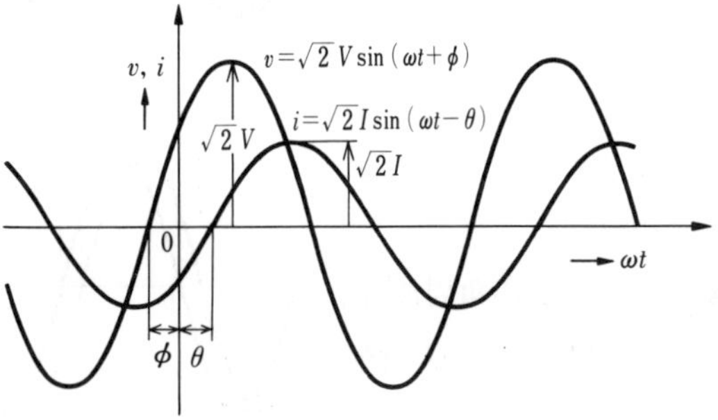

図 1・19　交流電圧と電流の位相差

式で表すと，次のようになる。

$$v=\sqrt{2}\;V \sin(\omega t+\phi) \tag{1・50}$$

$$i=\sqrt{2}\,I\sin(\omega t-\theta) \qquad (1\cdot 51)$$

ここで，$\sqrt{2}\,V$，$\sqrt{2}\,I$ は，最大値 V_m，I_m に等しく，実効値 V，I を用いて最大値を表したためにそれらを $\sqrt{2}$ 倍した。

さて，式(1･50)，式(1･51)の ϕ と θ は ωt が 0 である場合の角度を表し，それらは v と i の**位相角**という。そして，v に対してはプラス ϕ であるからこれを**進み位相角** ϕ といい，i に対してはマイナス θ であるから**遅れ位相角** θ という。

v を基準にして考えると，v と i との間には $\phi-(-\theta)=\phi+\theta$ だけの位相差がある。このことを"電流 i は電圧 v より位相が遅れ，その位相差は $\phi+\theta$ である"という。

前述のように，電波の搬送波は交流であるから，式(1･50)の $\sqrt{2}\,V$ を最大値 V_m で置き換えた次の式で表すことができる。

$$v=V_m\sin(\omega t+\theta) \quad (1\cdot 52)$$

振幅変調，周波数変調，位相変調の原理を，式(1･52)をもとに数学的に解釈をすると，次のようである。

① **振幅変調**：式(1･52)の最大値 V_m を信号波（例えば音声）に応じて変化させる（図1･20(a)）。

② **周波数変調**：式(1･52)の角周波数 ω を信号波に応じて変化させる（図(b)）。

③ **位相変調**：式(1･52)の位相角 θ を信号波に応じて変化させる（図(c)）。

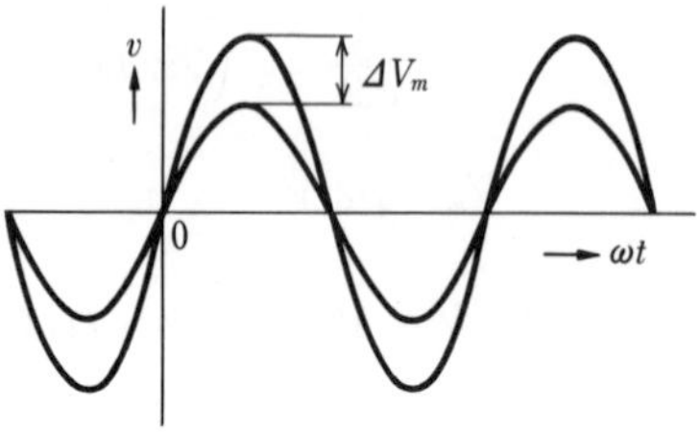

(a) 信号によって振幅が変化する場合

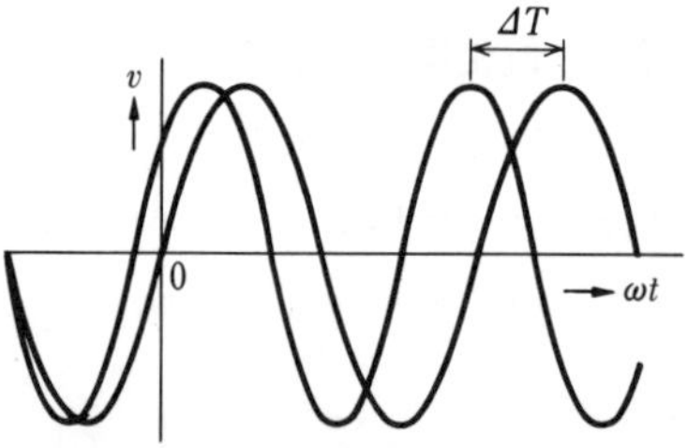

(b) 信号によって周波数(周期)が変化する場合

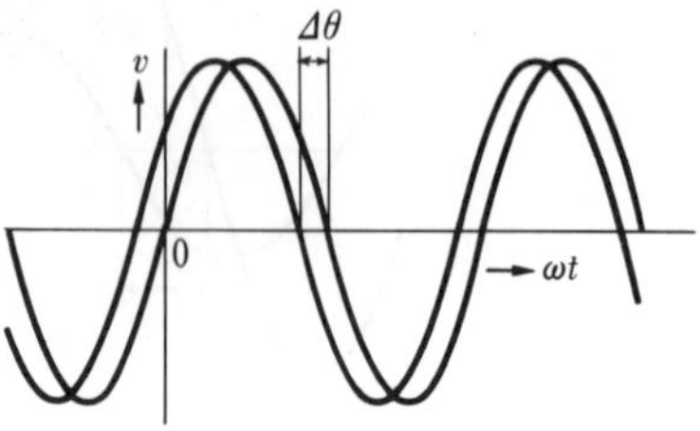

(c) 信号によって位相が変化する場合

図1･20　変調波のいろいろ

[3]　交流のベクトルと記号法

商用周波数の交流電力の電圧と周波数は，関東では100〔V〕，50〔Hz〕（関西では60〔Hz〕）と決まっていて，それらの値は一定であることは前述したとおりである。巻線コイルを有するトランスやモータのような負荷に交流電気を供給すると，電圧に対し遅れ位相の電流が流れる。このときの電圧 v や電流 i の周波数 f（角周波数 $\omega=2\pi f$）は一定である。つまり，式(1・50)の V，ω（$=2\pi f$）は，それぞれ100〔V〕，100π〔rad/s〕で一定である。また，回路定数と周波数が変わらなければ電流の大きさも一定である。

交流の回路計算を行う場合，電圧を基準に解析をすることが多く，そのような場合，図1・19の ϕ を0とすることが多い。しかし，電流 i の大きさ I と位相角 θ は，後述するように負荷のインピーダンスに依存するため，それらの値がわからない限り求めることはできない。一般の回路においては，電源電圧（$\phi=0°$）と回路のインピーダンスが与えられ，それらのインピーダンスに流れる電流を求めるような場合が多い。

式(1・50)，式(1・51)の右辺の ωt は，ω が一定であれば，時間とともに変化する。図1・21に示すように大きさ V_m，I_m の矢印が反時計回りに一定角速度 ω で回転する場合，正弦波（正弦）はその矢印先端の縦軸に平行な線分で表すことができる。図に示した状態での角度は，ωt が0°のときの位相角 ϕ と θ を示している。角周波数 ω が変わらない場合には，図(a)，(b)の v と i との位相差 $\phi+\theta$ は常に同じで，相対位置関係は変わらない。したがって，瞬時値である正弦波 v と i を式(1・50)，式(1・51)で表す代わりに，ωt の項を無視して大きさ（矢印の長さ）と方向（位相角）のみで交流電圧，電流を表現することができる。これが**交流のベクトル**である。ベクトルの大きさは実効値で，方向は位相角で表す。v と i は，次のように，大きさ（実効値）V，I と方向（位相角）ϕ，$-\theta$ をもつベクトル $\dot{V}$，$\dot{I}$ で表すと解析が容易になる。

$$v=\sqrt{2}\,V\sin(\omega t+\phi) \ \Rightarrow\ \dot{V}=V\angle\phi$$

$$i=\sqrt{2}\,I\sin(\omega t-\theta) \ \Rightarrow\ \dot{I}=I\angle-\theta$$

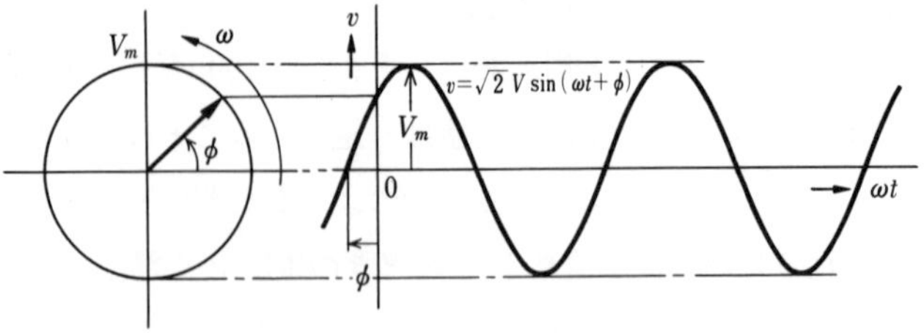

（a）瞬時電圧 v

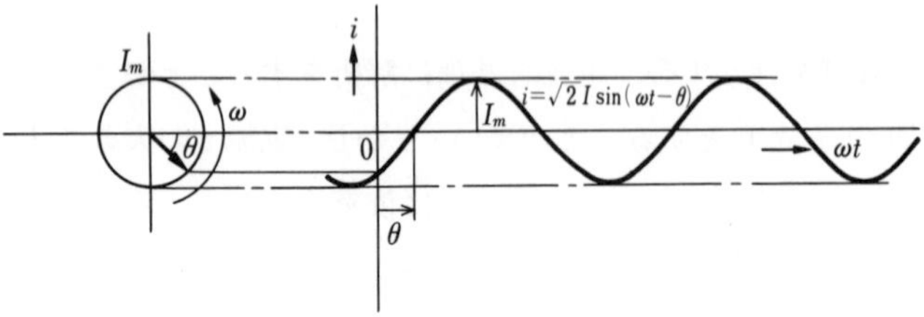

（b）瞬時電流 i

図 1・21 交流の瞬時値

交流理論では周波数を一定とし，電流や電圧の大きさとそれらの位相を問題にするので，大きさ（電流や電圧の振幅）と方向（位相や θ）を議論するベクトルが盛んに用いられる。なお，上記ベクトル右辺の記号∠は，位相角を表し，$\angle\boldsymbol{\phi}$ は位相角が $\boldsymbol{\phi}$ であることを示す。

（1） ベクトルと複素数　大きさと方向を併せもつ量を**ベクトル**という。いま，図1・22のように，ベクトル $\dot{A}$ が与えられた場合を考える。横軸を実数，縦軸を虚数とする複素平面を考えると，ベクトル $\dot{A}$ は次のように複素数で表せる。

$$\dot{A}=a+jb \qquad (1\cdot53)$$

ここで，a, b は実数，j は虚数で $\sqrt{-1}$ を表す。数学では，これを i で表すことが多

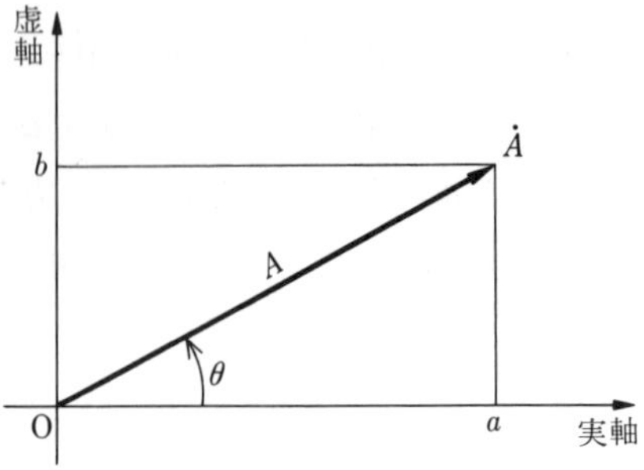

図 1・22 ベクトルの表現法

い。しかし，工学では i は電流の記号に用いることが多い。したがって，電気・電子工学で使う虚数は，一般に j が用いられる。

このベクトル $\dot{A}$ は，原点Oから点$(a,\ b)$に矢印をつけ，この矢印の大きさ(絶対値）を A，実数軸からの角度（反時計方向を正）を θ で表す。図に示したベクトル $\dot{A}$ は極座標表示である。実数部の a と虚数部の b を A，θ を用いて表すと，次のようになる。

$$a=A\cos\theta \qquad b=A\sin\theta$$

したがって，ベクトル $\dot{A}$ は，次のような複素数表示と同じ内容を表している。

$$\dot{A}=a+jb=A\cos\theta+jA\sin\theta=A(\cos\theta+j\sin\theta)$$

さらに，次のオイラーの公式，

$$e^{j\theta}=\cos\theta+j\sin\theta \tag{1・54}$$

を用いると，$\dot{A}$ は次のように書くこともできる。

$$\dot{A}=Ae^{j\theta}$$

以上述べたベクトルと複素数 $\dot{A}$ の表し方をまとめると，次のようになる。

$$\dot{A}=a+jb \quad \text{（直角座標表示）} \tag{1・55}$$

$$\dot{A}=A\cos\theta+jA\sin\theta \quad \text{（三角関数表示）} \tag{1・56}$$

$$\dot{A}=Ae^{j\theta} \quad \text{（指数関数表示）} \tag{1・57}$$

$$\dot{A}=A\angle\theta \quad \text{（極座標表示）} \tag{1・58}$$

ここで，A を $\dot{A}$ の**絶対値**（大きさ）といい，θ を**偏角**（**位相角**）という。A，θ と a，b との間には，次の関係式が成り立つ。

$$A=\sqrt{a^2+b^2} \tag{1・59}$$

$$\theta=\tan^{-1}\frac{b}{a} \tag{1・60}$$

［例題］1・5　$\dot{A}=Ae^{j\theta}$ において，A が1であるという。θ が次の角である場合の $\dot{A}$ を求めよ。

(1)　$\pi/2$　　(2)　π　　(3)　$-\pi/2$

［解］　(1)　$\dot{A}=\cos(\pi/2)+j\sin(\pi/2)=j$

(2)　$\dot{A}=\cos\pi+j\sin\pi=-1$

(3)　$\dot{A}=\cos(-\pi/2)+j\sin(-\pi/2)=-j$

(2)　記号法　電圧，電流に関して立てた交流回路の方程式は，一般に微分方程式となる。この微分方程式を解くためには面倒な手順を踏む必要がある。ところが，電気回路（交流理論）では，この方程式は，一種の演算子を導入した記号法を用い，それに基づき代数式から解を求めるという方法がとられている。回路方程式を解く実際的手法は次節以降で述べることとし，ここではその準備段階として回路解析に有効な記号法について述べる。

(a)　正弦波関数の微分　交流電圧，電流は正弦波関数で表されるということはこれまでに述べた。いま，正弦波関数 $i=I\sin\omega t$ を t について微分すると，

$$\frac{di}{dt}=\omega I\cos\omega t=\omega I\sin(\omega t+\pi/2) \tag{1·61}$$

となり，i を t について微分すると ω 倍され，位相は $\pi/2$進む。

一方，$\dot{I}=Ie^{j\omega t}$ とおき，これを t について微分すると，

$$\frac{d\dot{I}}{dt}=j\omega Ie^{j\omega t}=j\omega\dot{I}=\omega\dot{I}\,e^{j\frac{\pi}{2}} \tag{1·62}$$

となり，この場合も $\dot{I}$ が ω 倍され，位相が $\pi/2$ 進むことを表している。ここで，j が $\pi/2$ に等しいことは［例題］1·5 の(1)の結果を用いた。

以上の結果，d/dt を一つの演算子と考えると，$\dot{I}$ にこの演算子を作用させることは $\dot{I}$ に $j\omega$ を掛けてやることと等価的に同じである。つまり，次のようにおくことができる。

$$\frac{d}{dt}\equiv j\omega \tag{1·63}$$

(b)　正弦波の積分　$i=I\sin\omega t$ を t について積分すると，

$$\int i\,dt=\int I\sin\omega t\,dt=-\frac{I}{\omega}\cos\omega t$$
$$=\frac{I}{\omega}\sin(\omega t-\pi/2) \tag{1·64}$$

となる。これは，i を t について積分すると，大きさが $1/\omega$ 倍 され，位相は $\pi/2$ 遅れることを示している。

一方，$\dot{I}=Ie^{j\omega t}$ とおき，これを t について積分すると，

$$\int \dot{I}\,dt=\int Ie^{j\omega t}\,dt=\frac{Ie^{j\omega t}}{j\omega}=\frac{\dot{I}}{j\omega}$$
$$=\frac{e^{-j\frac{\pi}{2}}}{\omega}\dot{I} \qquad (1\cdot 65)$$

となる。ここで，$-j\,(=1/j)$ が $e^{-j\frac{\pi}{2}}$ に等しいことは，［例題］1・5 の(3)の結果を用いた。$\int dt$ を演算子と考え，$\dot{I}$ にこの演算子を作用させることは，$\dot{I}$ に $1/j\omega$ を掛けてやることと等価的に同じである。そこで，次のようにおくことができる。

$$\int dt=\frac{1}{j\omega} \qquad (1\cdot 66)$$

こうして，一定周波数の正弦波関数を取り扱う交流回路理論においては，$j\omega$を掛けることは微分するということ，$j\omega$で割るということは積分するということと等価的に同じであることがわかった。微分方程式を $j\omega$を含む代数式に変換し，これを解いて解を求める方法は**記号法**と呼ばれている。

［例題］1・6　抵抗 R，コイル L，コンデンサ C の直列交流回路における電圧と電流の関係は，次のような微分方程式で表せる。

$$v=Ri+L\frac{di}{dt}+\frac{1}{C}\int i\,dt$$

この式に記号法を当てはめ，$\dot{I}$ を求めよ。

［解］　v, i のベクトル表示 $\dot{V}$，$\dot{I}$ および式(1・63)，式(1・66)の関係を用いると，次の式を得る。

$$\dot{V}=R\dot{I}+j\omega L\dot{I}+\frac{\dot{I}}{j\omega C}$$

これより，$\dot{I}$ は次のように求めることができる。

$$\dot{I}=\frac{\dot{V}}{R+j\omega L+\frac{1}{j\omega C}}$$

$$=\frac{\dot{V}}{R+j\left(\omega L-\frac{1}{\omega C}\right)}$$

以上の式より，$\dot{I}$ の絶対値（大きさ）I と位相角 θ を求めると，次のようになる。

$$I=\frac{V}{\sqrt{R^2+\left(\omega L-\frac{1}{\omega C}\right)^2}} \qquad (\dot{I}\ \text{の大きさ})$$

$$\theta=\tan^{-1}\frac{\omega L-\frac{1}{\omega C}}{R} \qquad (\dot{V}\ \text{と}\ \dot{I}\ \text{の位相角})$$

以上述べた解法は「記号法による解法」と呼ばれ，交流回路理論では重要な回路解析の手法である。詳しい交流回路の解法は後で述べるが，［例題］1·6 に示したように，交流回路に流れる電流は，代数的に容易に解けるということを，ここで記憶しておくとよい。

1・4　交流回路の素子

トランジスタやICなど半導体素子がどんなに素晴らしい性能をもっていたとしても，それらの単独使用ではその効果を果せず，ただの石同然である。トランジスタは，抵抗，コンデンサ，コイルなどと組み合わせ電子回路を構成し，はじめてその機能を発揮できる。そして，入力信号を加え，増幅やスイッチイングなどを行い，そこではじめて電子回路としての目的を達成するのである。

本節では，交流回路の素子およびそれら素子がもつ電気的特性について述べる。

［1］　抵抗，コンデンサ，コイルの構造と種類

電子回路の中で独立の働きをする抵抗，コンデンサ，コイル，トランジスタ，

ICなどのような単独部品を**素子**という。その中でも受動素子と呼ばれる抵抗，コンデンサ，コイルは電子回路構成上不可欠な素子である。電子工学が進歩した今日，素子の種類を挙げれば限りがない。ここでは，受動素子の構造，種類，電気的特性についてその概要を述べる。

抵抗，コンデンサ，コイルのように，電気の通り道的役割を果たすものを**受動素子**（passive element）といい，電子回路を構成する際にそれらは最小限必要な素子である。

(1)　抵抗器　電流の通過を妨げる導体の働きを**抵抗**（resistance）という。抵抗の単位はオーム〔Ω〕で，電圧と電流の比として与えられる。あらゆる物体は電気に対する抵抗をもっている。図1・23(a)に示すような棒状導体の抵抗は長さに比例し，断面積に反比例する。これを式で表すと次のようになる。

$$R = \rho \frac{l}{A} \ 〔\Omega〕 \tag{1・67}$$

ここで，ρ は物体固有の値で抵抗率〔Ω・m〕，l は長さ〔m〕，A は断面積〔m^2〕である。

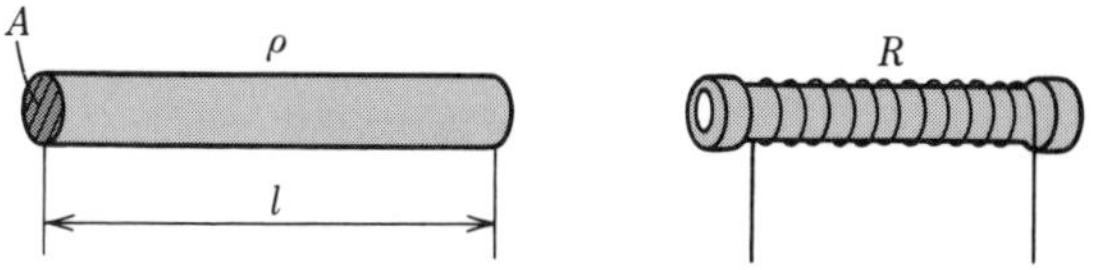

（a）導体　（b）巻線抵抗

図1・23　抵抗の例

抵抗器には，抵抗値の状態から分離すると，抵抗値が一定な**固定抵抗器**と加減できる可変抵抗器がある。この他，特殊な抵抗器としては，温度によって抵抗値が大きく変化する**サーミスタ**，電圧によって抵抗値が変化する**バリスタ**などがある。

(a)　固定抵抗器　固定抵抗器には，材料の用い方から分類すると，図1・23(b)のように，棒状抵抗体を線状に引き伸し，磁器円筒に巻き付けた**巻線抵抗器**，磁器円筒表面に炭素皮膜をラセン状に切り込み，所定の抵抗値とした**炭素皮膜抵抗**

器，炭素の微粉とプラスチック類を練り合わせた**ソリット抵抗器**，ガラス表面に金属皮膜をメッキした**金属皮膜抵抗器**がある。なお，巻線抵抗器にホーローを塗布した**ホーロー抵抗器**もある。

(b)　可変抵抗器　すでに述べたように，抵抗値を変えられるものが可変抵抗器である。一般に，ボリュウムといわれるものは可変抵抗器の一種で，ラジオやテレビの音量，音質調整用に用いられている。角度や変位を計測する場合に，ポテンショメータ（potentiometer）という可変抵抗器を用いることがある。これは，角度や変位の計測に用いるために，軸の回転トルクを小さく，精密に作られているものである。このような可変抵抗器も固定抵抗器と同様に，巻線型と炭素皮膜型とがある。

図1･24は，抵抗器の図記号を示す。図(c)の図記号において，矢印の部分は可動で，端子acまたは端子bcの抵抗値は矢印の位置に従い変化することを示している。

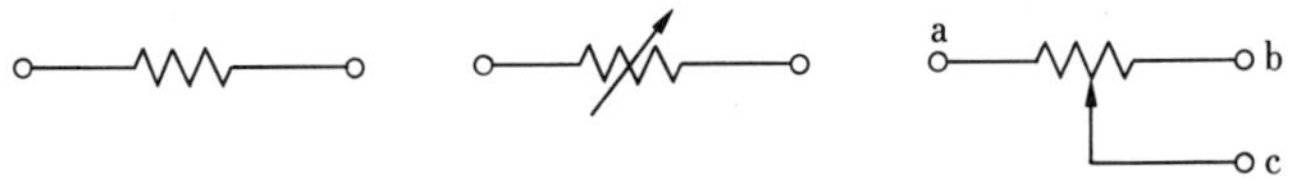

（a）固定抵抗　（b）可変抵抗　（c）ポテンショメータ

図1･24　抵抗器の図記号

(2)　コンデンサ　電気を蓄積したり回路の交流を通過させ直流を阻止したりする目的で，誘電体の間に2枚の電極（金属板）を対向させたものを**コンデンサ**(condenser)あるいは**蓄電器**という。このコンデンサには，誘電体に電荷を蓄える能力があるので，その能力の指標を**静電容量**という。コンデンサの静電容量の記号はCで表し，その単位はファラッド〔F〕である。これは，1〔V〕の電位差で誘電体に1クーロン(coulomb)の電荷が蓄えられるとき，その静電容量（キャパシタンス）は1 F（ファラッド）であるという。実用的には，100万分の1ファラッド以下であるので，通常の単位は1〔μF〕（マイクロ･ファラッド）$= 1 \times 10^{-6}$〔F〕，あるいは1〔pF〕（ピコ･ファラッド）$= 1 \times 10^{-12}$〔F〕が多く用いられている。

コンデンサは，固定コンデンサ，半固定コンデンサ，可変コンデンサに大別され，用途に応じて使い分けている。

(a)　固定コンデンサ　静電容量が一定なコンデンサを**固定コンデンサ**という。図1・25(a)に示すように，2枚の金属板間に誘電体として絶縁物を挟む。使用する誘電体の種類によって，**ペーパーコンデンサ**，MP（metarlized paper の略，紙の片面に亜鉛を蒸着したもの）**コンデンサ**，**オイルコンデンサ**，**マイカコンデンサ**，**電解コンデンサ**，**セラミックコンデンサ**，**半導体コンデンサ**などいろいろある。小さなコンデンサには，その容量をコンデンサ表面に表記できないので，3桁の数が図(c)のようにかかれている。最初の2桁が容量を表す数で，3桁目の数は10の指数を表し，全体で pF（ピコファラッド）の単位を持たせてある。その数字に対する容量単位の換算は，図中に示してあるように行うのである。

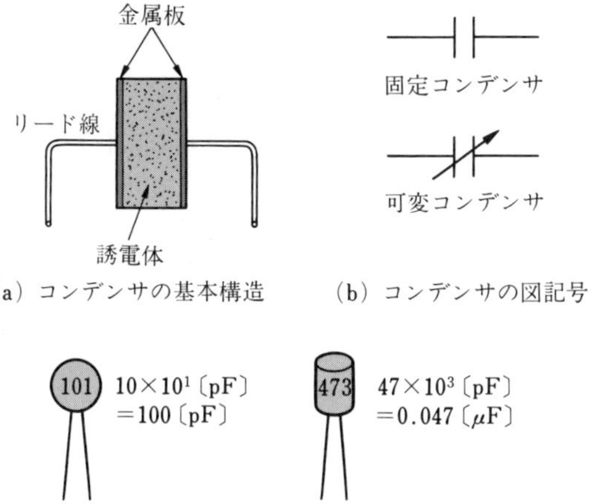

（a）コンデンサの基本構造　（b）コンデンサの図記号

（c）コンデンサ容量の読み方

図1・25　コンデンサの構造と図記号

(b)　可変コンデンサ　バリコンと通常呼ばれている可変コンデンサがよく知られている。これは櫛状に並べた多数の羽根状極2対からなり，このうち一方が固定，もう一方が回転できるような構造となっている。可動部を回転させると対向する固定羽根と可動羽根との間の面積が変わり，その結果，静電容量も変わる。

小型ラジオに使用されている小型可変コンデンサは，固定羽根と可動羽根の間にポリスチロールフィルムを入れ，小型で大容量の静電容量が得られるようになっている。図1·25(b)は，コンデンサの図記号を示す。

(3) コイルとトランス 図1·26に示すように，細い電線を何回も巻いたものを**コイル**という。ラジオやテレビ受信機には，線だけを巻いた空心コイルやフ

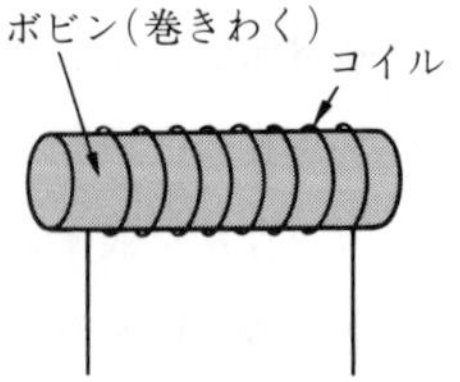

(a) コイルの例

(b) コイルの図記号

図1·26 コイルの構造と図記号

ェライトの粉末を圧縮して固めたコアという磁心をコイルの中に入れたものなどが使われている。コイルに流す交流電流の繰り返し変化が激しいほど，磁力線は多く，高い電圧が発生する。交流電流の繰り返し変化（周波数）が一定の場合，コイルの巻数が多く，コイルの中に鉄心やフェライトコアのような磁心が入っているほど高い電圧が発生する。このようなコイルの特徴を表すものとして，インダクタンス L が用いられている。この L の単位はヘンリー〔H〕である。インダクタンス L の定義は，コイルに流れる電流が1秒間に1〔A〕の割合で変化するとき，そのコイルに1〔V〕の起動力が誘導するインダクタンスの量を1〔H〕(ヘンリー)という。

二つのコイルA，Bを接近させておき，一方のコイルAに交流を加えると他方のコイルBに誘導起動力が発生する。これを**相互誘導作用**というが，この原理を利用したものが**トランス** (transformer) あるいは**変圧器**といわれているものである。

トランスは，交流電圧を上げたり下げたりする場合に用いられる。大型のものは，発電所，変電所，工場などに，中型のものは柱上トランスといって電柱の上

部に設置され，家庭へ電力を供給している。小型のものは，ラジオ，テレビあるいは電子機器・装置の中で使われ，商用周波数の交流電圧 100〔V〕を数ボルトの電圧に下げるために使われている。図 1･27 (a)に小型トランスの外形，図(b)に内部構造，図(c)に図記号を示す。

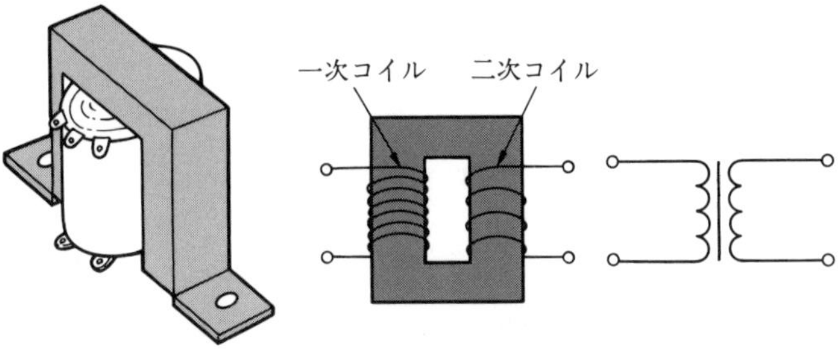

（a）小型トランスの外部構造　（b）トランスの内部構造　（c）トランスの図記号

図 1･27　小型トランスの構造と図記号

〔2〕 抵抗，コンデンサ，コイルの電気的特性

電気･電子工学の基礎は電気回路である。トランジスタや IC など半導体素子に抵抗，コンデンサ，コイルを接続し，増幅，発信，変調といった信号処理をその回路に行わせる。ここでは，単独の抵抗，コンデンサ，コイルに交流電圧を加えた場合の特性について考える。素子は図記号で，素子相互間の接続は回路図で表すことにする。

(1) 抵抗回路　図 1･28 (a)は，交流電源に抵抗 R を接続した最も簡単な交流回路である。これは家庭用電力（交流）100〔V〕電源を用いて電球を点灯するような場合である。

図 1･28 において，交流電源の瞬時電圧 v を正弦波関数

$$v = V_m \sin \omega t$$

とすると，電流の瞬時値 i は次のようになる。

$$i = \frac{v}{R} = \frac{V_m}{R} \sin \omega t = I_m \sin \omega t \qquad (1\cdot68)$$

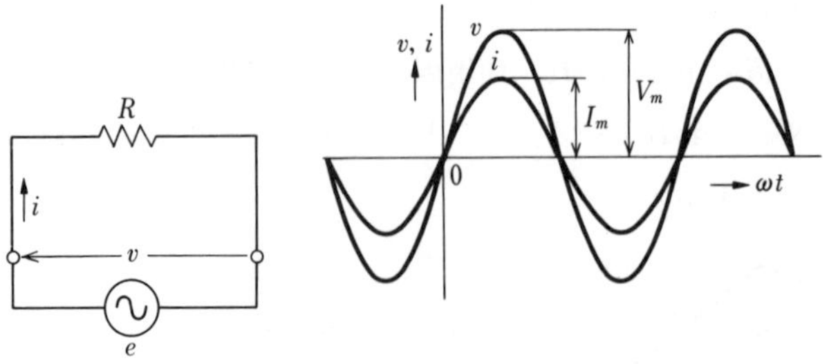

（a）抵抗回路　　（b）電圧，電流の瞬時値

図 1・28 交流抵抗回路

ここで，$I_m = V_m/R$ である。図(b)に示すように，v と i との間には位相差（$\theta = 0°$）はなく，両者とも $\sin \omega t$ に比例して変化する。このように，v と i に位相差がない場合を**同相**であるという。

以上，抵抗 R に加えた交流電圧と電流との関係について考えた。交流回路もオームの法則に従うが，交流の場合は電圧，電流の値（大きさ，振幅）のみならず，位相角（方向）も考慮に入れる必要がある。ここに述べた交流抵抗回路の場合は，電圧 v と電流 i とは同相であった。次に述べるコンデンサやコイルの回路では，v と i との間にちょうど $\pi/2$（90°）の位相差が生ずる。ところが，抵抗，コンデンサ，コイルを組み合わせると，位相差は必ずしも $\pi/2$ になるとは限らないので注意が必要である。

電源電圧を $\dot{V} = V \angle 0°$ として，式（1・68）の関係を記号法で求めると，次のようになる。

$$\dot{I} = \frac{\dot{V}}{R} = \frac{V}{R} \angle 0° \qquad (1\cdot69)$$

これは，電流の大きさ（絶対値）は V/R，電圧との位相差は 0° であることを示している。表現は異なるが，式(1・68)と式(1・69)は同じ電流を表していることは言うまでもない。

(2) コンデンサ回路　静電容量が C〔F〕であるコンデンサの両端に電圧 V〔V〕を加えると，蓄積する電荷 Q〔C〕は，次の式で与えられる。

$$Q = CV \text{〔C〕} \tag{1・70}$$

電圧が瞬時値 v の場合には，

$$q = Cv \tag{1・71}$$

で与えられる。

図 1・29 に示すように，コンデンサに直流電圧 V〔V〕を加えるためスイッチ S を閉じると，その瞬間だけ大電流が流れ，それ以後電流は流れない。図 1・30 のように，交流電圧 v を加えると，電圧 v より位相が $\pi/2$ 進んだ電流 i が流れる。

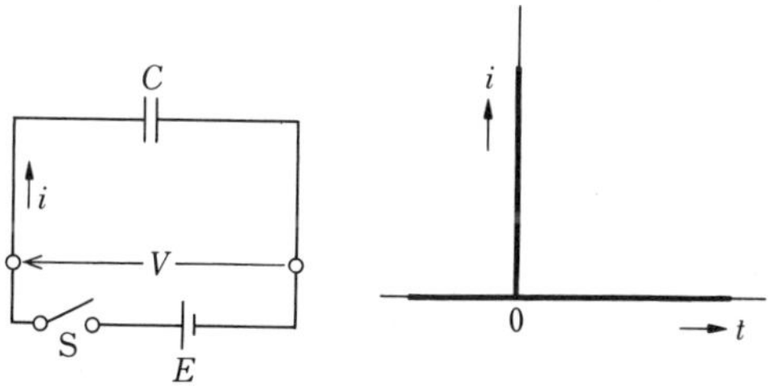

（a）コンデンサ回路　　（b）回路電流

図 1・29　直流コンデンサ回路

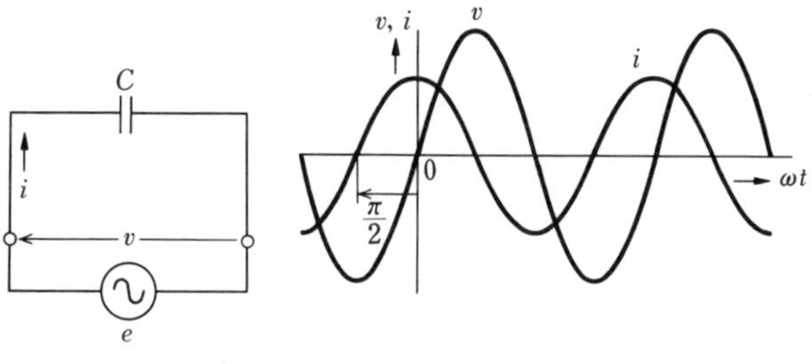

（a）コンデンサ回路　　（b）電圧, 電流の瞬時値

図 1・30　交流コンデンサ回路

このことを計算によって確かめてみよう。

図 1・30 において，電圧 v を

$$v = V_m \sin \omega t \text{〔V〕} \tag{1・72}$$

とする。流れる電流 i〔A〕は，

$$i=\frac{dq}{dt}$$

で与えられるので，式(1･71)の関係を用いると，

$$i=\frac{dq}{dt}=\frac{dCv}{dt}$$

$$=C\frac{d}{dt}(V_m \sin \omega t)=\omega C\ V_m \cos \omega t$$

$$=\frac{V_m}{\frac{1}{\omega C}}\sin\left(\omega t+\frac{\pi}{2}\right)$$

$$=I_m \sin\left(\omega t+\frac{\pi}{2}\right)\text{〔A〕} \qquad (1\cdot73)$$

となる。ここで，

$$I_m=\frac{V_m}{\frac{1}{\omega C}}\text{〔A〕} \qquad (1\cdot74)$$

である。

式(1･72)と式(1･73)を比べると式(1･73)の i は大きさが（$1/\omega C$）分の1倍で，しかも式(1･72)の瞬時電圧 v より位相が $\pi/2$ 進んでいることがわかる。これらの関係を図示すると，図1･30(b)のようになる。

式(1･74)の分母の $1/\omega C$ を量記号 X_C で表すと，オームの法則式(1･1)と同じ形式で表すことができる。X_C の単位はオーム〔Ω〕と約束されているので，交流回路にもオームの法則は当てはまる。

X_C を次のように定義し，これを**容量リアクタンス**と呼ぶ。単位はオーム〔Ω〕である。

$$X_C=\frac{1}{\omega C}=\frac{1}{2\pi fC}\text{〔Ω〕} \qquad (1\cdot75)$$

容量リアクタンス X_C は，交流に対する一種の抵抗と考えられる。これは純抵抗と異なり，周波数によりその値は変わることに注意しなければならない。

1･3節［3］（2）で述べた記号法によると，電流，電圧はベクトル $\dot{I}$，$\dot{V}$ で表し，それらの微分は $j\omega$ を乗じたもので表せることを説明した。$\dot{V}=V\angle 0°$ とし

て，この記号法の式(1・63)を当てはめると，次のようになる。

$$\dot{I}=\frac{dC\,\dot{V}}{dt}=j\omega C\,\dot{V}$$

これを変形し，$\dot{V}=V\angle 0°$ と式(1・75)の容量リアクタンスの記号を用いると，次のようになる。

$$\dot{I}=j\frac{\dot{V}}{\dfrac{1}{\omega C}}=j\frac{\dot{V}}{X_C}=\frac{V}{X_C}\angle\frac{\pi}{2} \qquad (1\cdot 76)$$

ここで，［例題］1・5 の①の関係，$j=e^{j\frac{\pi}{2}}=1\angle\pi/2$ を用いた。式(1・76)は，電流の絶対値が V/X_C，位相角が進み $\pi/2$ であり，表現こそ異なるが式(1・73)と同じ内容を表している。式(1・73)と式(1・76)の違いは，前者は瞬時値（正弦波）で表現してあるのに対し，後者は絶対値(実効値)と位相角で表したベクトルであるという点である。記号法による解析がいかに容易であるかは，式(1・76)で明らかであろう。

式(1・76)より，コンデンサ C の電圧降下を記号法で表すと $\dfrac{1}{j\omega C}\dot{I}$ となる。この表現は，交流回路では回路方程式を誘導する場合に後述する $j\omega L\dot{I}$ とともにしばしば用いられる。

［例題］1・7　一定電流 1〔mA〕でコンデンサを充電したところ，時間 5〔ms〕で電圧が 2〔V〕となった。$t=0$〔s〕におけるコンデンサの電圧は 0〔V〕とすると，コンデンサの容量はいくらか。〔μF〕の単位で求めよ。

［解］

$$i=\frac{dq}{dt}=\frac{dCv}{dt}$$

$$\int i\,dt=Cv \;\rightarrow\; v=\frac{1}{C}\int I\,dt$$

$$v=\frac{I}{C}t=\frac{Q}{C}$$

ここで，$i=I$（一定），$v=2$〔V〕であるから，

$$C=\frac{It}{v}=\frac{1\times10^{-3}\times 5\times10^{-3}}{2}=2.5\times10^{-6}\,〔\mathrm{F}〕=2.5\,〔\mu\mathrm{F}〕$$

(3) コイル回路 コイルがもつ電気的性質を**インダクタンス**といい，その量記号は L，単位はヘンリ〔H〕で表すことはすでに述べた。コイルは交流電流を妨げる作用をもつが，直流電流は妨げないという性質がある。このことを以下で確かめてみよう。

図1・31(a)に示すようなインダクタンス L〔H〕のコイルに流れる電流を i〔A〕とすると，誘導起電力 e_L〔V〕は，e_L と i の正の方向を右ねじの関係に定めれば，

$$e_L = -L\frac{di}{dt} \quad \text{〔V〕}$$

で与えられる。

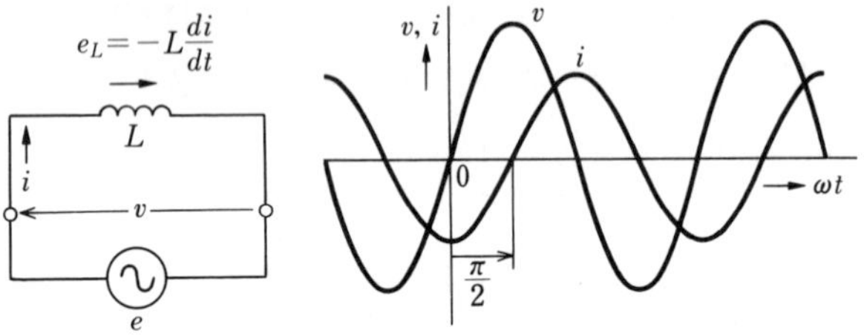

(a) コイル回路　(b) 電圧，電流の瞬時値

図1・31 交流コイル回路

ここで，加えた電圧 v と誘導起動力 e_L との関係は，キルヒホッフの第二法則を適用すれば，

$$v + e_L = 0$$

$$v + \left(-L\frac{di}{dt}\right) = 0 \tag{1・77}$$

つまり，

$$v = L\frac{di}{dt} = -e_L \tag{1・78}$$

となる。図1・31(a)のように回路が電源とコイルで構成されている場合，インダク

タンス L での電圧降下は，$L\dfrac{di}{dt}$ である。

さて，図 1･31 (a)におけるインダクタンス L〔H〕に流れる電流 i の大きさと位相角を求めてみよう。式(1･78)の両辺を積分すると，i は，

$$i=\frac{1}{L}\int v\,dt \tag{1･79}$$

となる。ここで，$v=V_m\sin\omega t$ とすると，式(1･79)は，

$$\begin{aligned} i&=\frac{1}{L}\int V_m\sin\omega t\,dt \\ &=-\frac{V_m}{\omega L}\cos\omega t \\ &=\frac{V_m}{\omega L}\sin\left(\omega t-\frac{\pi}{2}\right)\text{〔A〕} \end{aligned} \tag{1･80}$$

となる。ここで，

$$I_m=\frac{V_m}{\omega L}\text{〔A〕} \tag{1･81}$$

とおくと，式(1･80)は，次のようになる。

$$i=I_m\sin\left(\omega t-\frac{\pi}{2}\right) \tag{1･82}$$

式(1･82)の関係を電源電圧 v とともに図示すると，図 1･31 (b)のようになる。図 1･30 (b)のコンデンサの場合と比べると明らかなように，電流 i は電圧 v より $\pi/2$ だけ遅れている。

ここで，

$$X_L=\omega L \tag{1･83}$$

とおくと，X_L は式(1･80)の分母にあって，式(1･75)の X_C が式(1･74)の分母にあって交流電流を通しにくくする働きがあったと同様の作用をする。コイルのこの電流の通しにくさを**誘導リアクタンス**といい，その量記号は X_L で表し，単位はオーム〔Ω〕である。

ここで，コイルに直流電圧を急激に加えた場合を考えてみよう。直流電圧は周

波数 f が 0〔Hz〕の電圧であると考える。f が 0〔Hz〕であるということは，ω も 0 であるから，式(1･83)より X_L も 0〔Ω〕となる。その結果，式(1･81)より I_m は無限大となる。この状態は電源の両端子をショートさせたことと等価的に同じである。

ここで，再び記号法を用い式(1･80)の関係を考えてみよう。式(1･79)の積分を記号法で置き変えると，次のようになる。

$$\begin{aligned}\dot{I} &= \frac{1}{L}\int \dot{V}\,dt = \frac{1}{j\omega L}\,\dot{V} = -j\,\frac{\dot{V}}{\omega L} \\ &= \frac{V}{\omega L}\angle -\pi/2 \end{aligned} \tag{1･84}$$

ここで，$1/j$ は $-j$，$-j$ は $1\angle -\pi/2$ であるという関係を用いた。式(1･84)の電流 $\dot{I}$ の絶対値は $V/\omega L$，位相角は $-\pi/2$，つまり電圧 $\dot{V}$ に対して位相が $\pi/2$ 遅れることを表している。ここでは，電流を絶対値(実効値)と位相角で表したが，これは表現こそ異なるが瞬時値の式(1･80)と同じであることを表している。式(1･84)より，コイルの電圧降下 $\dot{V}_L$ を記号法で表すと，$j\omega L\dot{I}$ となる。

[3]　受動素子と周波数

これまでに抵抗，コンデンサ，コイルという受動素子がもつ交流に対する電気的性質を調べた。コンデンサの容量リアクタンス X_C，コイルの誘導リアクタンス X_L は，次のように周波数に依存することを明らかにした。

抵　抗…………………$R=R$〔Ω〕
(周波数に無関係)

容量リアクタンス……$X_C=\dfrac{1}{\omega C}=\dfrac{1}{2\pi fC}$〔Ω〕
(周波数 f に反比例)

誘導リアクタンス……$X_L=\omega L=2\pi fL$〔Ω〕
(周波数 f に比例)

横軸に角周波数(周波数)，縦軸に R，X_C，X_L をとり，これらの関係を図示すると，図1･32のようになる。抵抗，コンデンサ，コイルが交流電源に単独に接続された回路の電流を I_R, I_C, I_L とすると，角周波数の極限，つまり周波数が 0〔Hz〕と無限大において，それぞれ表1･1のようになることに注目したい。

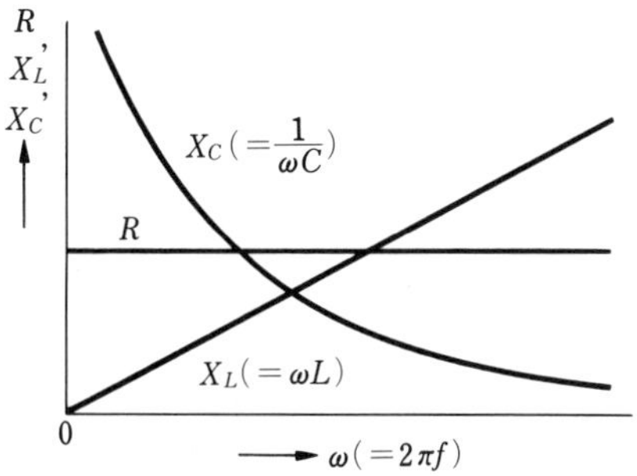

図 1・32　抵抗R，リアクタンスX_L, X_Cの周波数特性

表 1・1　角周波数 ω の極限と電流

$\omega \to 0$ ($f \to 0$) の場合	$\omega \to \infty$ ($f \to \infty$) の場合
$I_R = \dfrac{v}{R}$	$I_R = \dfrac{v}{R}$
$I_C = 0$ ($X_C \to \infty$)	$I_C \to \infty$ ($X_C \to 0$)
$I_L = \infty$ ($X_L \to 0$)	$I_L = 0$ ($X_L \to \infty$)

以上の結果，抵抗 R，コンデンサ C，コイル L の特徴として，抵抗 R は周波数に関係なく一定, コンデンサ C は低周波電流は通しにくく高周波電流をよく通し, コイル L は低周波電流はよく通し高周波電流は通しにくいという性質があることがわかる。

抵抗 R，コンデンサ C，コイル L を単独に電源に接続した場合，各素子に流れる電流は，それぞれ式(1・69)，式(1・76)，式(1・84)で与えられる。電源電圧 V を基準ベクトル ($V \angle 0°$) にとると，各電流 $\dot{I}_R$，$\dot{I}_C$，$\dot{I}_L$ は，図 1・33 に示すような関係にあることがわかる。つまり，電源電圧に対し，$\dot{I}_R$ は同相，$\dot{I}_C$ は $\pi/2$ (90°) 進み位相，$\dot{I}_L$ は $\pi/2$ 遅れ位相となる。

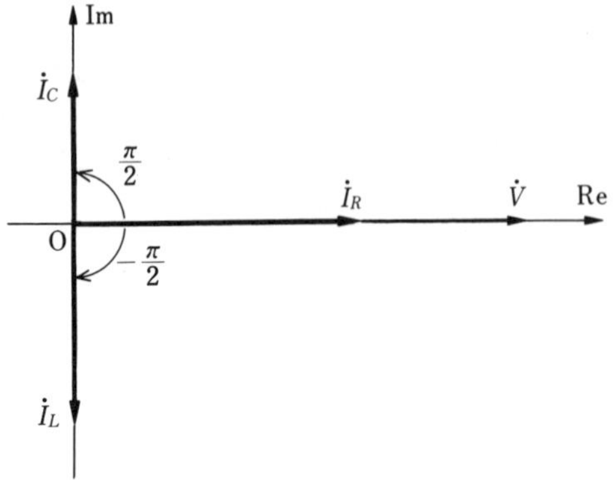

図1・33 抵抗R, リアクタンスX_L, X_Cに流れる電流のベクトル図

1・5 交流の直列回路と回路電流

1・4節［2］において，正弦波交流に対する抵抗R，コンデンサC，コイルLの各々単体素子に交流電圧を加え，その電圧と電流との関係を調べた。ここでは，それらの素子を組み合わせて構成したインピーダンス（リアクタンス）の直列回路，並列回路について，電圧と電流との関係を詳しく述べる。コンデンサとコイルには交流に対し広義の抵抗（リアクタンス）があることは前述したとおりである。また，コンデンサの容量（キャパシタンス）をC〔F〕，コイルのインダクタンスをL〔H〕とすると，それらのリアクタンスは，次のように表せることもすでに述べたとおりである。

容量リアクタンス　$X_C = \dfrac{1}{\omega C}$〔Ω〕

誘導リアクタンス　$X_L = \omega L$〔Ω〕

ここでは，素子の組み合わせとしては最も簡単な回路である抵抗と上述のリアクタンス（コンデンサ，コイル）の直列回路について検討する。

[1]　*RC* 直列回路とそのインピーダンス

図1・34は，抵抗 R とコンデンサ C の直列回路を示す。この回路に流れる電流を記号法を用いて求めてみよう。電源電圧を $\dot{V}$，電流を $\dot{I}$，抵抗とコンデンサの電圧降下をそれぞれ $\dot{V}_R$，$\dot{V}_C$ とすると，

$$\dot{V}_R = R\,\dot{I} \tag{1・85}$$

$$\dot{V}_C = \frac{1}{j\omega C}\dot{I} = -jX_C\,\dot{I} \tag{1・86}$$

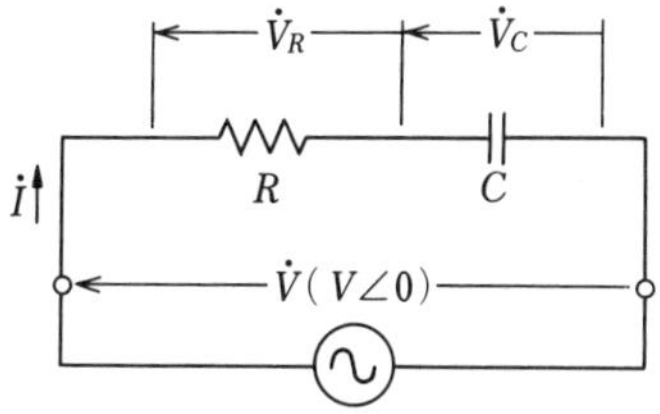

図1・34　*RC*直列回路

である。ここで，式(1・86)右辺の X_C は容量リアクタンス $(1/\omega C)$ である。

電源電圧 $\dot{V}$ と $\dot{V}_R$，$\dot{V}_C$ との間には，次の関係が成り立つ。

$$\dot{V} = \dot{V}_R + \dot{V}_C \tag{1・87}$$

この式に式(1・85)，式(1・86)の関係を代入すると，

$$\dot{V} = R\,\dot{I} - jX_C\,\dot{I} = (R - jX_C)\,\dot{I} \tag{1・88}$$

となる。これより $\dot{I}$ を求めると，

$$\dot{I} = \frac{\dot{V}}{R - jX_C} \tag{1・89}$$

となる。

直流回路の電圧を V，合成抵抗を R_0 とした場合，回路に流れる電流 I は，

$$I = \frac{V}{R_0} \tag{1・90}$$

で与えられた。式(1・89)の分母を

$$\dot{Z} = R - jX_C = R + \frac{1}{j\omega C} \tag{1・91}$$

とおくと，電流 $\dot{I}$ は，

$$\dot{I} = \frac{\dot{V}}{\dot{Z}} \tag{1・92}$$

となり，形式上式(1･90)の直流回路と同様に記述でき，交流回路にもオームの法則が成り立つことがわかる。交流回路では，$R-jX_C$のように抵抗とリアクタンスを合成したものを**インピーダンス**(impedance)と呼ばれ，これを$\dot{Z}$で表す。その単位はオーム〔Ω〕である。

交流回路においても，電流は電圧に比例しインピーダンスに反比例するので，一般の交流回路においてもオームの法則が成り立つことは上述のとおりである。式(1･91)，式(1･92)のインピーダンスや電流の絶対値と位相角は角周波数ωによって変わるベクトル(複素数)であることに注意すべきである。

式(1･91)を1・3節の［3］で述べた式(1･59)，式(1･60)に従い，絶対値(大きさ)と位相角(方向)にわけると，次のようになる。

$$\dot{Z}=R+\frac{1}{j\omega C}=R-jX_C$$
$$=Z\angle-\theta \tag{1･93}$$

この式のZ(インピーダンスの絶対値)とθ(位相角)は，

$$Z=\sqrt{R^2+X_C{}^2}=\sqrt{(\text{抵抗})^2+(\text{リアクタンス})^2} \tag{1･94}$$

$$\theta=\tan^{-1}\frac{X_C}{R}=\tan^{-1}\frac{\text{リアクタンス}}{\text{抵抗}} \tag{1･95}$$

である。ここで，$X_C=\dfrac{1}{\omega C}$である。

電源電圧を$\dot{V}=V\angle 0°$として，これらの式を(1･92)に代入すると，次のようになる。

$$\dot{I}=\frac{V\angle 0°}{R-jX_C}=\frac{V}{\sqrt{R^2+X_C{}^2}\angle-\theta}=I\angle\theta \tag{1･96}$$

ここで，I(電流の絶対値)，θ(位相角)は，

$$I=\frac{V}{\sqrt{R^2+X_C{}^2}} \tag{1･97}$$

$$\theta=\tan^{-1}\frac{X_C}{R} \tag{1･98}$$

である。式(1・96)は，式(1・54)に示したオイラーの公式を用い，

$$\dot{I}=Ie^{-j\theta}=I\cos\theta-jI\sin\theta \tag{1・99}$$

と表せることはいうまでもない。

以上の結果に基づき，$\dot{I}$ をベクトル図で表すと，図1・35のようになる。式(1・85)，式(1・86)の抵抗とコンデンサの電圧降下 $\dot{V}_R$，$\dot{V}_C$，およびそれらの絶対値と

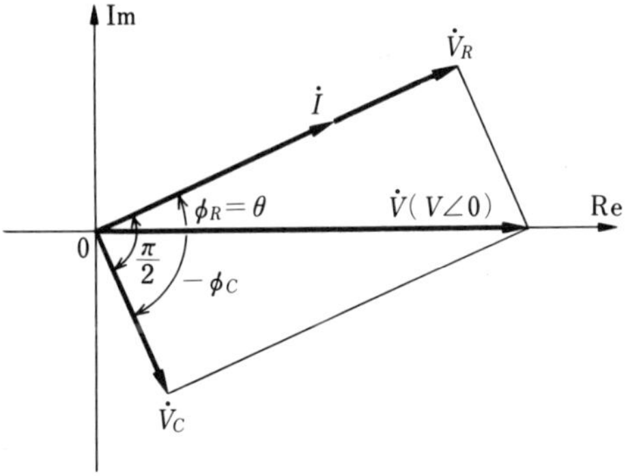

図1・35 RC直列回路の電圧と電流のベクトル図

位相角を求めると，次のようになる。

$$\dot{V}_R=R\dot{I}=\frac{R}{R-jX_C}\dot{V}=V_R\angle\phi_R \tag{1・100}$$

ここに，

$$V_R=\frac{R}{\sqrt{R^2+X_C{}^2}}V$$

$$\phi_R=\tan^{-1}\frac{X_C}{R}$$

$$\dot{V}_C=-jX_C\dot{I}=\frac{-jX_C}{R-jX_C}\dot{V}$$

$$=\frac{X_C}{X_C+jR}\dot{V}=V_C\angle-\phi_C \tag{1・101}$$

ここに，

$$V_C=\frac{X_CV}{\sqrt{R^2+X_C{}^2}}$$

$$\phi_C = \tan^{-1}\frac{R}{X_C}$$

以上の結果より，$\dot{V}_R$ と $\dot{V}_C$のベクトル図は，図1·35のように描くことができる。$\dot{V}_R$ と $\dot{V}_C$ の絶対値と位相角を計算で求める場合には，上述のように行う。しかし，ベクトル図は次のように考えて描くことも可能である。電流の絶対値と位相角は式(1·97)，式(1·98)ですでに計算済みである。

一方，式(1·85)，式(1·86)に示したように，$\dot{V}_R$ は $R\dot{I}$，また $\dot{V}_C$ は $-jX_C\dot{I}$ で与えられている。これより，$\dot{V}_R$ は $\dot{I}$ に R という定数が乗じてあるだけであるから，$\dot{V}_R$ の位相は $\dot{I}$ の位相角と一致し，絶対値は RI である。また，$\dot{V}_C$ が $-jX_C\dot{I}$ であるということは，$\dot{V}_C$は $\dot{I}$ より $\pi/2$ 位相が遅れ（$X_C\dot{I}$ に $-j$ が乗じてあることは位相角が $\pi/2$ 遅れていることを表す)，絶対値は X_CI であることを表している。しかも，式(1·87)に示したように $\dot{V}_R+\dot{V}_C$ は $\dot{V}$に等しいことから，$\dot{V}_R$，$\dot{V}_C$，$\dot{V}$ のベクトル図は，図1·35に示したように容易に描くことができる。

［例題］1·8　図1·36の RC 直列回路の電流の大きさと位相角を求め，それらをもとに $\dot{V}$ と $\dot{I}$ の関係をベクトル図で示せ。ただし，電源電圧は $\dot{V}=10\angle 0°$〔V〕，周波数 f は100〔kHz〕とする。

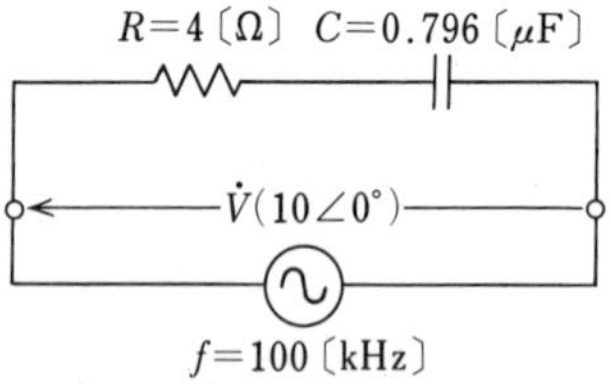

図1·36 RC直列回路

［解］　インピーダンス $\dot{Z}$ は，次のようになる。

$$\dot{Z} = R + \frac{1}{j\omega C}$$

$$= 4 - j\frac{1}{2\pi\times(100\times10^3)\times(0.796\times10^{-6})} = 4 - j2 \text{〔Ω〕}$$

電流 $\dot{I}$ は，

$$\dot{I} = \frac{\dot{V}}{\dot{Z}} = \frac{10}{4-j2} = \frac{10}{\sqrt{4^2+2^2}}\angle 26.56° \text{〔A〕}$$

$=2.24\angle 26.57°$〔A〕

となる。電流の大きさは2.24〔A〕，位相角（進み）は26.57°である。また，電源電圧 $\dot{V}$ を基準にベクトル図を描くと，図1・37のようになる。

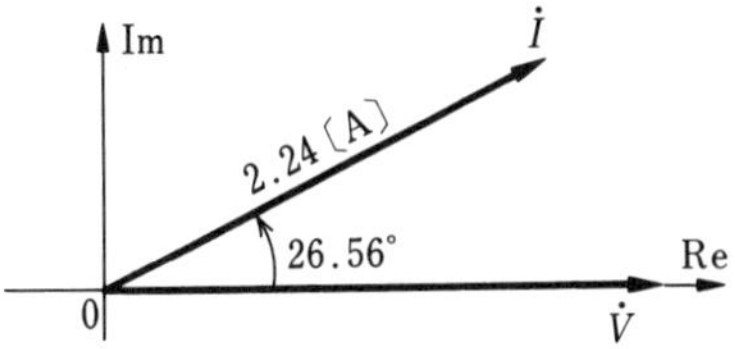

図1・37　電流のベクトル図

〔2〕 *RL* 直列回路とそのインピーダンス

ここでは，抵抗 R とコイル L の直列回路に流れる電流を［1］と同様な方法で求めてみよう。

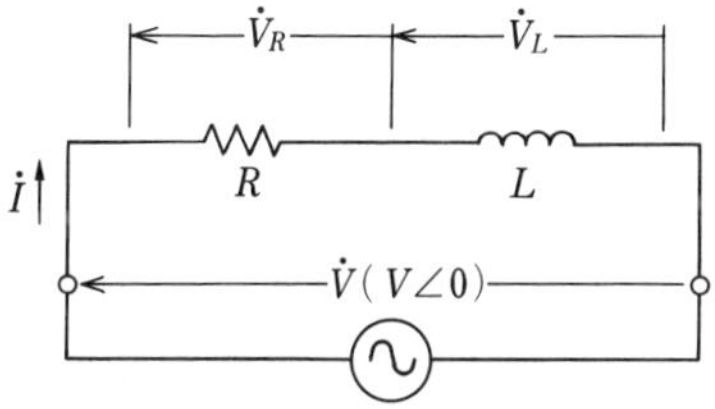

図1・38　RL 直列回路

図1・38に示すように，抵抗 R とコイル L の直列回路を考える。電源電圧 $\dot{V}=V\angle 0°$，電流を $\dot{I}$ とすると，抵抗とコイルの電圧降下 $\dot{V}_R$，$\dot{V}_L$ は，次式で与えられる。

$$\dot{V}_R=R\dot{I} \tag{1・102}$$

$$\dot{V}_L=j\omega L\dot{I}=jX_L\dot{I} \tag{1・103}$$

電源電圧 $\dot{V}$ と $\dot{V}_R$，$\dot{V}_L$ との間には，次式が成り立つ。

$$\dot{V}=\dot{V}_R+\dot{V}_L=R\dot{I}+jX_L\dot{I}$$
$$=(R+jX_L)\dot{I} \tag{1・104}$$

これより，電流 $\dot{I}$ は，次のように求まる。

$$\dot{I}=\frac{\dot{V}}{R+jX_L}=\frac{\dot{V}}{\dot{Z}} \tag{1・105}$$

ここで，分母は RL 直列回路のインピーダンスである。$\dot{Z}$ を絶対値 Z と位相角 θ で表すと，次のようになる。

$$\dot{Z}=R+jX_L=Z\angle\theta \tag{1・106}$$

$$Z=\sqrt{R^2+X_L{}^2}=\sqrt{(\text{抵抗})^2+(\text{リアクタンス})^2} \tag{1·107}$$

$$\theta=\tan^{-1}\frac{X_L}{R}=\tan^{-1}\frac{\text{リアクタンス}}{\text{抵抗}} \tag{1·108}$$

また，式(1·105)の電流を絶対値と位相角で表すと，次のようになる。

$$\dot{I}=\frac{V\angle 0^\circ}{Z\angle\theta}=I\angle-\theta \tag{1·109}$$

ここに，

$$I=\frac{V}{\sqrt{R^2+X_L{}^2}} \tag{1·110}$$

$$\theta=\tan^{-1}\frac{X_L}{R} \tag{1·111}$$

である。

抵抗とコイルの直列回路の電流は，その絶対値(大きさ)が I〔A〕であって，位相角 θ はマイナスである。このことから，位相は遅れ位相角 θ であることがわかる。

以上の結果，電源電圧 $\dot{V}$ を基準ベクトル（実数軸 Re）にとると，電流 $\dot{I}$ のベクトル図は図1·39のようになる。

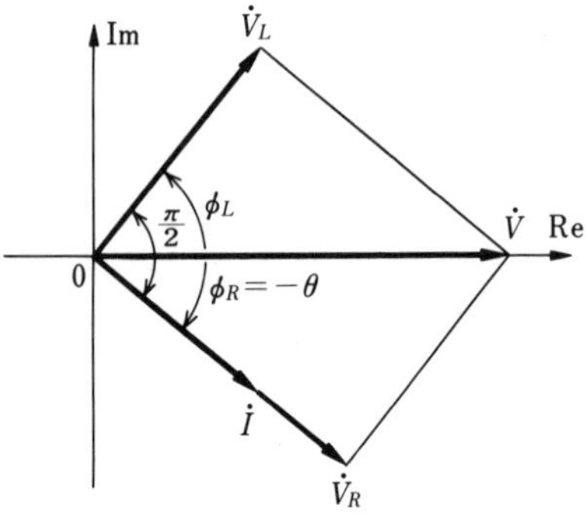

図1·39 RL直列回路の電圧と電流のベクトル図

次に，抵抗とコイルの電圧降下をベクトル図で表してみよう。式(1·102)，式(1·103)に式(1·105)の電流を代入すると，$\dot{V}_R$，$\dot{V}_L$ は次のようになる。

$$\dot{V}_R=R\dot{I}=\frac{R\dot{V}}{R+jX_L}=V_R\angle-\phi_R \tag{1·112}$$

ここに，

$$V_R=\frac{RV}{\sqrt{R^2+X_L{}^2}}$$

$$\phi_R=\tan^{-1}\frac{X_L}{R}$$

$$\dot{V}_L = jX_L\dot{I} = \frac{jX_L\dot{V}}{R+jX_L} = V_L \angle \phi_L \qquad (1\cdot113)$$

ここに，

$$V_L = \frac{X_L V}{\sqrt{R^2+X_L{}^2}}$$

$$\phi_L = \tan^{-1}\frac{R}{X_L}$$

以上の結果と式(1・104)を考慮して $\dot{V}_R$，$\dot{V}_L$，$\dot{V}$ のベクトル図を求めると，図1・39に示すようになる。

$\dot{V}_R$，$\dot{V}_L$ のベクトル図を描く場合，$\dot{I}$ はすでに式(1・109)で求まっているので，次のように考えてもよいことはいうまでもない。

① 式(1・102)の $\dot{V}_R$ は $\dot{I}$ を R 倍したものであることから，$\dot{V}_R$ の大きさは RI，位相は $\dot{I}$ と同相である。

② 式(1・103)の $\dot{V}_L$ は $X_L\dot{I}$ に j を乗じたものであるから，$\dot{V}_L$ の大きさは X_LI，位相は $\dot{I}$ の方向よりさらに $\pi/2$ 進んだ方向（反時計方向）である。

以上，①，②にように考察すると，$\dot{V}_R$，$\dot{V}_L$ のベクトル図は容易に描ける。

[3]　RLC 直列回路とそのインピーダンス

RLC 直列回路を図1・40に示す。これまでと同様，RLC の電圧降下を $\dot{V}_R$，$\dot{V}_L$，$\dot{V}_C$ とし，電源電圧を $\dot{V} = V\angle 0°$〔V〕，電流を $\dot{I}$〔A〕とし，電流，電圧の絶対値，位相，ベクトル図を求めて見よう。各素子の電圧降下は，次のようになる。

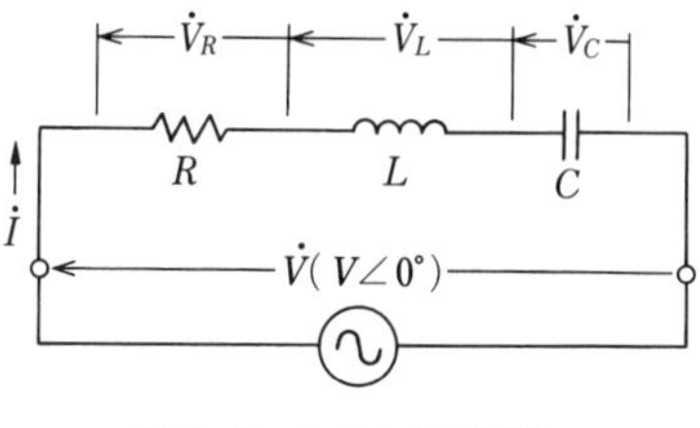

図1・40　RLC直列回路

$$\dot{V}_R = R\dot{I} \qquad (1\cdot114)$$

$$\dot{V}_L = jX_L\dot{I} \qquad (1\cdot115)$$

$$\dot{V}_C = -jX_C\dot{I} \qquad (1\cdot116)$$

ここで，$X_C = 1/\omega C$，$X_L = \omega L$ である。また，$\dot{V}_R$，$\dot{V}_L$，$\dot{V}_C$ の和は $\dot{V}$ に等しい

から,

$$\dot{V}=\dot{V}_R+\dot{V}_L+\dot{V}_C \tag{1·117}$$

が成り立つ。この式に式(1·114)～(1·116)を代入すると,

$$\dot{V}=R\dot{I}+jX_L\dot{I}-jX_C\dot{I}$$
$$=\{R+j(X_L-X_C)\}\dot{I}$$

となる。これより，電流 $\dot{I}$ は次のように求まる。

$$\dot{I}=\frac{\dot{V}}{R+j(X_L-X_C)}=\frac{\dot{V}}{\dot{Z}} \tag{1·118}$$

この分母は RLC 直列回路の合成インピーダンス $\dot{Z}$ で, これを次のように置く。

$$\dot{Z}=R+j(X_L-X_C) \tag{1·119}$$

インピーダンス $\dot{Z}$ は，次のようにも書ける。

$$\dot{Z}=Z\angle\theta \tag{1·120}$$

ここに,

$$Z=\sqrt{R^2+(X_L-X_C)^2}=\sqrt{(\text{抵抗})^2+(\text{リアクタンスの和})^2} \tag{1·121}$$

$$\theta=\tan^{-1}\frac{X_L-X_C}{R}=\tan^{-1}\frac{\text{リアクタンスの和}}{\text{抵抗}} \tag{1·122}$$

式(1·118)を絶対値と位相角で表すと，次のようになる。

$$\dot{I}=I\angle-\theta \tag{1·123}$$

ここに,

$$I=\frac{V}{\sqrt{R^2+(X_L-X_C)^2}} \tag{1·124}$$

$$\theta=\tan^{-1}\frac{X_L-X_C}{R} \tag{1·125}$$

位相角 θ は，式(1·125)右辺分子の（X_L-X_C）が正か負に従い位相角（方向）の符号は反転する。いま$(X_L-X_C)>0$ として，$\dot{I}$ のベクトル図を描くと，図1·41のようになる。

$\dot{V}_R$，$\dot{V}_L$，$\dot{V}_C$ の位相角は，式(1·114)～式(1·116)を参照すると，$\dot{V}_R$ は $\dot{I}$ と同相，$\dot{V}_L$ は $\dot{I}$ より $\pi/2$ 進み，$\dot{V}_C$ は $\dot{I}$ より $\pi/2$ 遅れることが直ちにわかる。そし

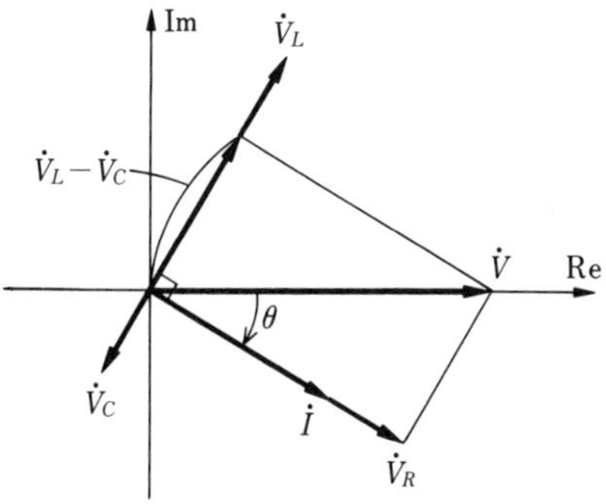

図 1・41　RLC直列回路の電流，電圧ベクトル図

て，式(1・117)に示したように，それらの和は $\dot{V}$ に等しい。その結果，$\dot{V}_R$，$\dot{V}_L$，$\dot{V}_C$ のベクトル図は，図 1・41 に示すようになる。

図 1・41 は，電源電圧 $\dot{V}$ を基準にしたベクトル図である。この図を $\dot{I}$ 基準のベクトル図に変更すると，図 1・42 のようになる。この図は，図 1・41 の各ベクトル図を反時計方向に θ だけ回転させ電流を基準($I\angle 0°$)に描いたベクトル図である。ベクトル図は何を基準にするかでその向きは変ってくるが，ベクトル図の本質は変わらない。したがって，ベクトル図を参考に解析を行う場合には見やすいようなベクトル図を描くとよい。

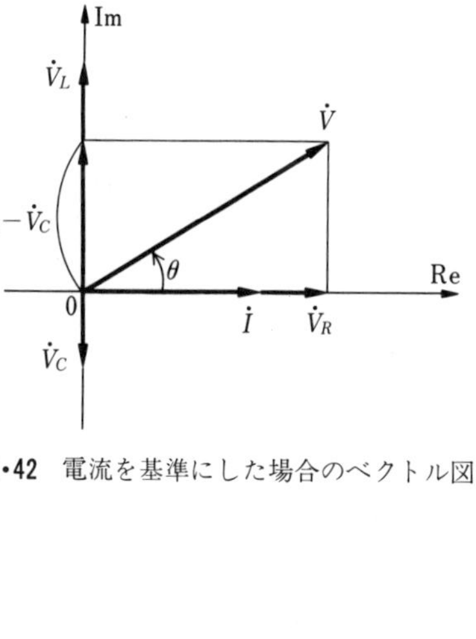

図 1・42　電流を基準にした場合のベクトル図

リアクタンスは周波数によって変化することは，図1·32で説明した。$X_L=\omega L$, $X_C=1/\omega C$ であるから，式(1·124)，式(1·125)の I と θ を角周波数ωを含む項で表すと，次のようになる。

$$\dot{I}=\frac{V}{\sqrt{R^2+\left(\omega L-\dfrac{1}{\omega C}\right)^2}}\angle-\theta \tag{1·126}$$

$$\theta=\tan^{-1}\frac{\omega L-\dfrac{1}{\omega C}}{R} \tag{1·127}$$

ここで，周波数を変化させると，式(1·126)の分母，つまりリアクタンスがちょうど0になるところがある。その状態は，

$$\omega L-\frac{1}{\omega C}=0 \tag{1·128}$$

である。さらに，この式を満足する周波数を f_0 とすると，ωは $2\pi f_0$ であるから，次のようになる。

$$\omega^2=\frac{1}{LC}$$

$$\omega=\frac{1}{\sqrt{LC}}$$

$$f_0=\frac{1}{2\pi\sqrt{LC}}\ \text{〔Hz〕} \tag{1·129}$$

この周波数 f_0 のとき，式(1·128)は満足するので，式(1·126)の分母は R だけが残る。そして，このとき式(1·127)の右辺分子は0となるので，位相角 θ は $0°$ ともなる。式(1·129)を満足する周波数においては，RLC 直列回路に流れる電流の虚数部（リアクタンス部）は0となり，次のように極めて簡単になる。

$$\dot{I}=\frac{V}{R}\angle 0° \tag{1·130}$$

こうして周波数を変化したときの RLC 直列回路の電流 I は，ちょうど式(1·128)を満たす周波数 f_0（式(1·129)）のとき，電流は最大となることがわかる。この状態を**直列共振**(series resonance)といい，式(1·129)で表される周波数 f_0 を**直列共振**

周波数という。次の［例題］1・9 で直列共振の具体例を考えてみよう。

［例題］1・9　$R=10$〔Ω〕，$L=40$〔mH〕，$C=100$〔μF〕の直列回路において，電源電圧が 10〔V〕一定，周波数を 0〔Hz〕から 300〔Hz〕まで変化させた場合，この回路に流れる電流の大きさと位相角を求め，それらを周波数の関数として図示せよ。また，この回路の共振周波数 f_0 および共振時の電流はいくらか。

［解］　$\dot{I}=I\angle\theta$ とすると，I，θ は式(1・126)，式(1・127)より，次のように求まる。

$$I=\frac{10}{\sqrt{10^2+\left(2\pi f\times40\times10^{-3}-\dfrac{1}{2\pi f\times100\times10^{-6}}\right)^2}}$$

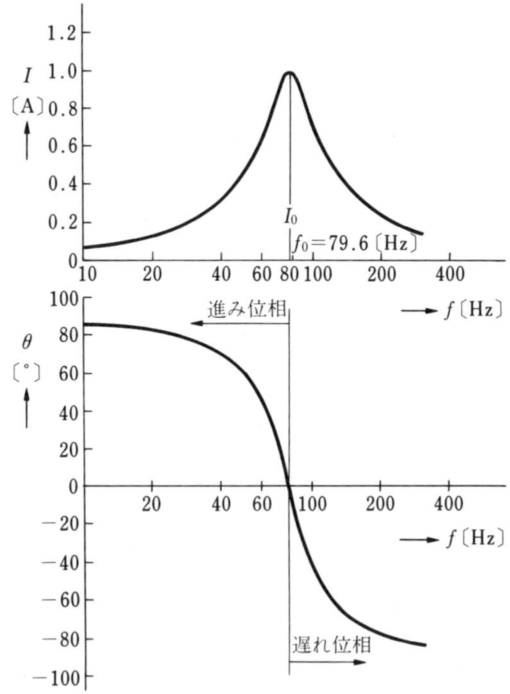

図 1・43　RLC 直列回路の周波数による電流と位相角

$$=\frac{10}{\sqrt{10^2+\left(0.251f-\dfrac{1592.4}{f}\right)^2}}\ \text{〔A〕}$$

$$\theta=-\tan^{-1}\frac{0.251f-\dfrac{1592.4}{f}}{10}\ \text{〔°〕}$$

横軸に周波数，縦軸に I，θ をとると，I，θ の周波数に対する変化は，図1･43のようになる。

また，直列共振周波数 f_0 は，次のようになる。

$$f_0=\frac{1}{2\pi\sqrt{(40\times10^{-3})\times(100\times10^{-6})}}=79.6\ \text{〔Hz〕}$$

共振時の電流 I_0 は，次のようになる。

$I_0=1$〔A〕

1・6　*RLC* の並列回路と回路電流

交流の並列回路は，直流並列回路の場合と基本的には同じ考え方で行える。直流の場合と異なるのは，回路構成素子が抵抗のみではなく，リアクタンスを含む点にある。そのため，電流は絶対値と位相角を同時に取り扱うことができるベクトル(複素数)として扱う。したがって，記号法による解析手法をここでも用いると簡潔に電流を求めることができる。

図1･44は，抵抗 R，コイル L，コンデンサ C の並列回路を示す。抵抗のみで構成する並列回路については，式(1･8)～(1･11)で説明した。交流の並列回路においても，直流の場合と同様に電流の式を立てることができる。

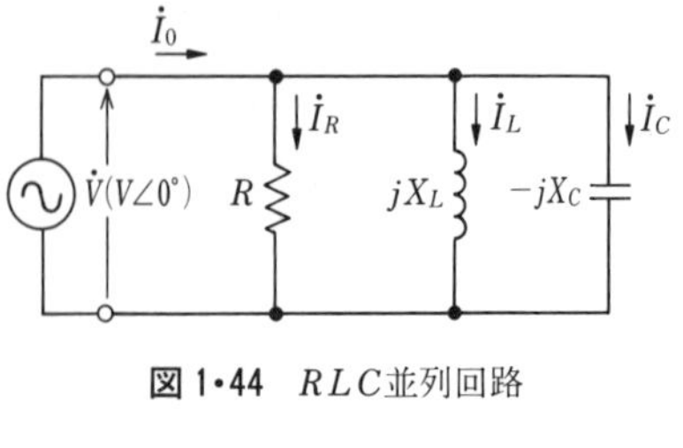

図1･44　*RLC*並列回路

図1･44において，各素子に流れる電流を $\dot{I}_R$，$\dot{I}_L$，$\dot{I}_C$ とする。この場合，すべ

ての素子両端には電圧 $\dot{V}$ が加わっているので，各素子に流れる電流は，次のように表せる。

$$\dot{I}_R=\frac{\dot{V}}{R} \tag{1・131}$$

$$\dot{I}_L=\frac{\dot{V}}{jX_L}=-j\frac{\dot{V}}{X_L} \tag{1・132}$$

$$\dot{I}_C=\frac{\dot{V}}{-jX_C}=j\frac{\dot{V}}{X_C} \tag{1・133}$$

ここで，リアクタンス $X_L=\omega L$，$X_C=1/\omega C$ であることは，交流の直列回路の場合と同様である。

電源に流れる合成電流 $\dot{I}_0$ は，次の式で与えられる。

$$\dot{I}_0=\dot{I}_R+\dot{I}_L+\dot{I}_C \tag{1・134}$$

この式に式(1・131)～式(1・133)を代入すると，

$$\dot{I}_0=\frac{\dot{V}}{R}-j\frac{\dot{V}}{X_L}+j\frac{\dot{V}}{X_C} \tag{1・135}$$

となる。各項に共通な $\dot{V}$ を括弧の外へくくりだすと，次のようになる。

$$\dot{I}_0=\left\{\frac{1}{R}-j\left(\frac{1}{X_L}-\frac{1}{X_C}\right)\right\}\dot{V} \tag{1・136}$$

この式は，オームの法則 $\dot{I}=\dot{V}/\dot{Z}$ の形式に整理されていないので，これを改めて次のように変形する。

$$\dot{I}_0=\frac{\dot{V}}{\dfrac{1}{\dfrac{1}{R}-j\left(\dfrac{1}{X_L}-\dfrac{1}{X_C}\right)}} \tag{1・137}$$

ここで，分母を改めて $\dot{Z}$ と置くと，

$$\dot{Z}=\frac{1}{\dfrac{1}{R}-j\left(\dfrac{1}{X_L}-\dfrac{1}{X_C}\right)} \tag{1・138}$$

となる。これが図1・44の並列回路の合成インピーダンスであり，この $\dot{Z}$ を用いると，$\dot{I}_0$ は次のように簡単に書ける。

$$\dot{I}_0=\frac{\dot{V}}{\dot{Z}} \tag{1·139}$$

$\dot{Z}$ の逆数を $\dot{Y}$ とすると，$\dot{Y}$ は次のようになる。

$$\dot{Y}=\frac{1}{\dot{Z}}=\frac{1}{R}-j\left(\frac{1}{X_L}-\frac{1}{X_C}\right) \tag{1·140}$$

インピーダンス $\dot{Z}$ の逆数 $\dot{Y}$ は**アドミタンス**(admittance)と呼ばれ，その単位はジーメンス〔S〕である。

インピーダンス $\dot{Z}$ は実数部と虚数部からなり，このうち実数部は抵抗，虚数部はリアクタンス(容量性，誘導性)であった。式(1·140)に示したように，アドミタンスも実数部，虚数部からなる。このうちの実数部は**コンダクタンス** G，虚数部は**サセプタンス** B と呼ばれる。コンデンサに対するサセプタンスは**容量サセプタンス** B_C，コイルに対しては**誘導サセプタンス** B_L という。

式(1·140)のアドミタンス $\dot{Y}$ を G，B で表すと，次のようになる。

$$\begin{aligned}\dot{Y}&=G-j(B_L-B_C)\\&=G-jB\ 〔\mathrm{S}〕\end{aligned} \tag{1·141}$$

ここで，

$$G=\frac{1}{R}\ 〔\mathrm{S}〕 \tag{1·142}$$

$$B_L=\frac{1}{X_L}\ 〔\mathrm{S}〕 \tag{1·143}$$

$$B_C=\frac{1}{X_C}\ 〔\mathrm{S}〕 \tag{1·144}$$

$$B=B_L-B_C\ 〔\mathrm{S}〕 \tag{1·145}$$

式(1·136)の合成電流を以上述べたアドミタンスを用い表すと，次のようになる。

$$\begin{aligned}\dot{I}_0&=\dot{Y}\dot{V}\\&=\{G-j(B_L-B_C)\}\dot{V}\end{aligned} \tag{1·146}$$

このように並列回路の解析には，アドミタンスを用いると，式の表現が極めて簡単になる。

次に，合成電流の絶対値と位相角について見てみよう。$\dot{V}=V\angle 0^\circ$とすると，式(1・146)より，I_0，θは次のようになる。

$$\dot{I}_0=YV\angle\theta \qquad (1\cdot147)$$

ここに，

$$Y=\sqrt{G^2+(B_L-B_C)^2}=\sqrt{(\text{コンダクタンス})^2+(\text{サセプタンスの和})^2} \qquad (1\cdot148)$$

$$\theta=-\tan^{-1}\frac{B_L-B_C}{G}=-\tan^{-1}\frac{\text{サセプタンスの和}}{\text{コンダクタンス}} \qquad (1\cdot149)$$

図1・44の並列回路の各岐路に流れる電流のベクトル図を求めてみよう。式(1・131)～式(1・133)より，各素子に流れる電流は次のようになる。

$$\dot{I}_R=G\dot{V}=GV\angle 0=I_R\angle 0^\circ$$

$$\dot{I}_C=jB_C\dot{V}=B_CV\angle 90^\circ=I_C\angle 90^\circ$$

$$\dot{I}_L=-jB_L\dot{V}=B_LV\angle -90^\circ=I_L\angle -90^\circ$$

また，$\dot{I}_0$は式(1・134)で与えられるように，$\dot{I}_R$，$\dot{I}_L$，$\dot{I}_C$の和である。

以上の結果，$\dot{I}_R$は$\dot{V}$と同相，$\dot{I}_L$は$\dot{V}$より90°遅れ位相，$\dot{I}_C$は$\dot{V}$より90°進み位相であることがわかる。したがって，これらの電流のベクトル図は，図1・45のように描ける。合成電流はそれらの和であるから，図に示したように，大きさがI_0（式(1・148)），位相角がθ（式(1・149)）であるベクトル図となる。図では遅れ位相で描いたが，θは式(1・149)の右辺分子の符号，つまり(B_L-B_C)が正か負で，遅れか進みかの位相角になる。(B_L-B_C)が0である場合は，$X_L=X_C$，つまり，$\omega L=1/\omega C$となる。この状態は**並列共振**といい，そのときの周波数は式(1・129)と同じ結果となる。

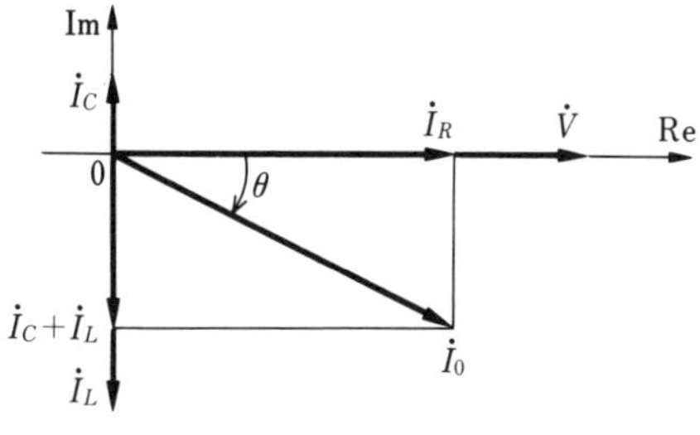

図1・45 RLC並列回路の電流ベクトル図

一方，電流の絶対値は，式(1・136)，式(1・148)から明らかなように共振時に最小となる。直列共振時の電流の絶対値は最大であったが，並列共振時では最小となることに注意したい。このことは，図1・44において，共振時には LC 並列回路のインピーダンスは無限大，周波数が低い場合はコイルのインピーダンスが0〔Ω〕，周波数が高い場合はコンデンサのインピーダンスが0〔Ω〕となることから容易に推察できる。

［例題］1・10　図1・46(a)は，電波がアンテナからラジオ受信機へ入る最初の電気回路（共振回路）を示す。電波信号を v_a，コンデンサ両端の電圧を v_0 とする場合，図(a)は図(b)の等価回路に書き直すことができる。図(b)において，v_a を入力電圧，v_0 を出力電圧とみた場合，入出力比の絶対値を求めよ。

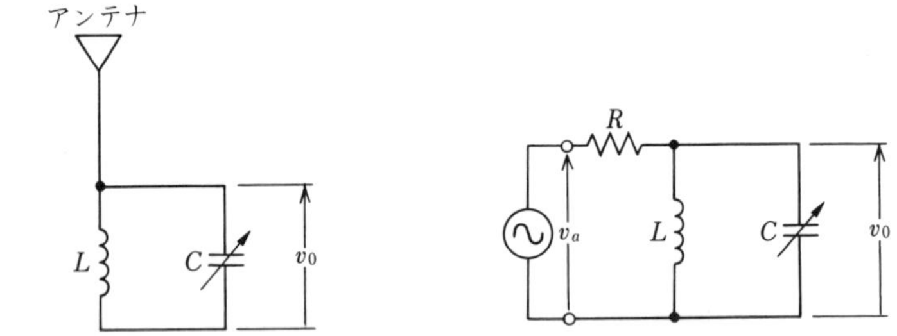

(a) 受信アンテナと LC 直列共振回路　　(b) 等価回路

図1・46　受信アンテナと LC 直列共振回路

［解］

$$v_0=\frac{\dot{Z}}{R+\dot{Z}}\,v_a \rightarrow \frac{v_0}{v_a}=\frac{\dot{Z}}{R+\dot{Z}}$$

ここで，$\dot{Z}$ はコイルとコンデンサの並列回路のインピーダンスである。

$$\dot{Z}=\frac{j\omega L\times\dfrac{1}{j\omega C}}{j\omega L+\dfrac{1}{j\omega C}}=\frac{j\omega L}{1-\omega^2 LC}$$

$$\frac{v_0}{v_a}=\frac{1}{1+\dfrac{R}{\dot{Z}}}=\frac{1}{1-jR\left(\dfrac{1}{\omega L}-\omega C\right)}$$

$$\left|\frac{v_0}{v_a}\right|=\frac{1}{\sqrt{1+R^2\left(\dfrac{1}{\omega L}-\omega C\right)^2}}$$

1・7　交流回路の応用

[1]　フィルタ

フィルタといえば，換気扇や暖冷房用装置のフィルタを想像するのではなかろうか。フィルタは空気中のほこりを除去し，きれいな空気を環境に送りだし，機械装置を汚れから保護する役割を果す。以上の他にも，エンジン潤滑油のゴミや粒子を除去するためのオイル用フィルタがある。コーヒーを入れる時のこし器もフィルタである。以上はどちらかというと機械装置用のフィルタで，空気，潤滑油，流体などに含まれる微細なゴミを除去する役割をもっている。電気にもフィルタがある。それは，信号を遠方へ伝送すると必ず途中でノイズ(外乱)に犯され，送信信号に比べ受信した信号はノイズが重畳し汚れている。例えば，音声であるなら受信すると聞きづらい音声となっていたり，雑音が耳ざわりとなる。身近な例では，ラジオを蛍光灯，ワープロ，コンピュータの近くで聴くと雑音が混ざり聴きにくい。これは，蛍光灯やコンピュータが発する微弱なノイズをラジオが音声電波と共に受信しそれを再生するからである。こうしたノイズを除去する目的に使用されるものに電気回路のフィルタがある。電子工学で使用するフィルタは，周波数が異なる信号や搬送波（音声や信号を運ぶ周波数の高い電波）の中から目的とする周波数成分の信号や搬送波を選択抽出したり，あるいはその逆に除去する電気回路もある。

図1・47は RC 直列回路で，これは最も簡単なフィルタの役割をもっている回路である。いま，入力として，電圧 $\dot{V}_i$ の角周波数 ω を 0.1 ～ 10〔rad/s〕だけ変化

させた場合の出力電圧 V_o と位相角 θ の変化をもとめ，それらを横軸に角周波数の対数をとって図で示してみよう。ただし，$\dot{V}_i$ は $1\angle 0°$〔V〕，R は 1〔MΩ〕，C は 1〔μF〕として考える。

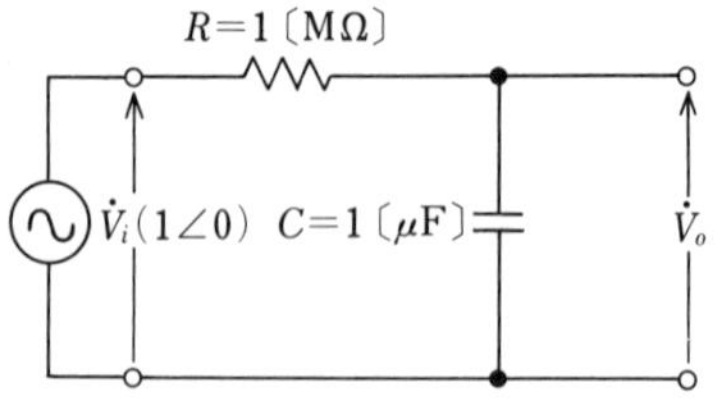

図1·47　RC直列回路

図1·47は，図1·34を変形したものであることに注意したい。したがって，コンデンサ両端の電圧である出力電圧は，式(1·101)で与えられる。

$$V_o=\frac{X_C V_i}{\sqrt{R^2+X_C{}^2}}$$

$$\theta=-\tan^{-1}\frac{R}{X_C}$$

ここで，$X_c=1/\omega C$ を代入すると，次のようになる。

$$V_o=\frac{V_i}{\sqrt{(\omega CR)^2+1^2}}=\frac{1}{\sqrt{\omega^2+1}}$$

$$\theta=-\tan^{-1}\omega CR=-\tan^{-1}\omega$$

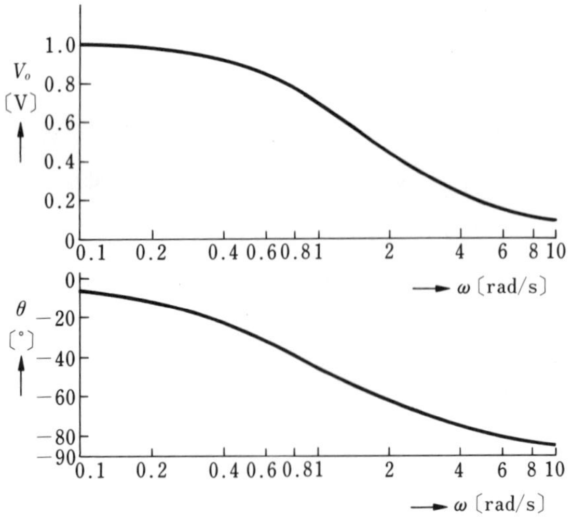

図1·48　一次ローパスフィルタの周波数特性

ここで，V_o，θ を縦軸に，$\log_e \omega$ を横軸にとると図1･48のようになる。図より明らかなように，角周波数(周波数)が大きくなるほど出力電圧は小さくなっている。つまり，低周波（例えば音声）の入力信号はこの回路を通過するが，高周波（ノイズ)の信号は通過させないことを表している。一方，位相角は低周波では入力電圧とほぼ同相であるが，高周波では90°の位相遅れとなる。このように，図1･48の回路は低い周波数成分は通すが，高い周波数成分は通さないのである。この回路は，**一次ローパス・フィルタ**とも呼ばれている。

〔2〕　共振回路とラジオ電波受信の原理

われわれの生活空間には目に見えない電波が飛びかっている。それは，ラジオ受信機，テレビ受像機，無線受信機，携帯電話機をもってくればその存在がただちにわかる。ラジオ電波の周波数はAM(振幅変調)波で535〔kHz〕～1605〔kHz〕，FM（周波数変調）波で68〔MHz〕～108〔MHz〕の範囲で放送電波がいろいろと飛びかっている。さらに，衛星放送やいま盛んに流行し始めたカー・ナビゲータ用GPS(地球上の位置を知るための衛星)などの電波周波数はGHzオーダーである。ここで，それぞれの単位は，次のようである。

1〔kHz〕（1キロヘルツ）$= 1 \times 10^3$〔Hz〕

1〔MHz〕（1メガヘルツ）$= 1 \times 10^6$〔Hz〕

1〔GHz〕（1ギガヘルツ）$= 1 \times 10^9$〔Hz〕

こうした電波を捉えるために共振回路が応用されている。図1･49は，コイルと可変コンデンサの直列回路に周波数の異なる交流電源(放送電波を電源と見なす) v_1 ～ v_5 を接続したものである。異なる周波数電波のうちの1つをキャッチするために，キャッチしたい周波数（放送局）の電圧 v_Cが最大になるように可変コンデンサ C の容量を変える。それは，周波数を変化させた場合に，図1･43の曲線が得

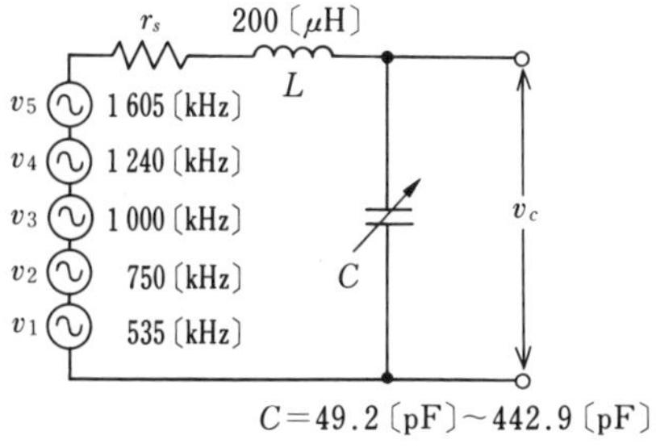

図1･49　放送電波の受信原理

られたように，コンデンサ容量 C を変化させても図 1·42 と同様な共振曲線が得られるからである。これは，また式(1·126)で分母の C を変化すると，電流 I が変わることからもわかるであろう。図 1·50 は，図 1·49 の周波数に対する共振時のコンデンサ容量とその共振特性の概要を示す。この図より，容量 C を変えると特定周波数（放送局）の最大電圧をキャッチできることがわかる。とらえた電波は最大電圧ではあるが，それでも極めて小さい。そこで，後述するトランジスタやIC（集積回路）を用いてさらに増幅したり，復調といって電波という高周波電圧から可聴周波数（50〔Hz〕～15〔kHz〕）を分離する。このように容量 C を変えるという操作は，われわれがラジオ放送を聴く時に日ごろ行うダイヤルの回転操作なのである。

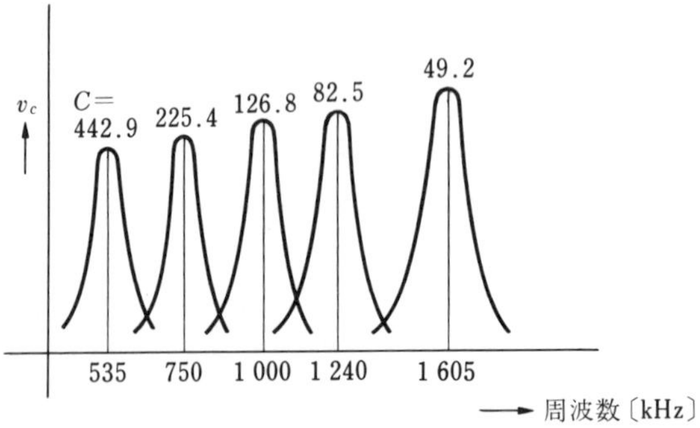

図 1·50 放送電波周波数の共振特性

演習問題 [1]

1． 100〔Ω〕の抵抗器が 10 個ある。次の設問に答よ。

(1) 10 個の抵抗器すべてを直列に接続した場合の合成抵抗 R_0 を求めよ。

(2) 10 個の抵抗器すべてを並列に接続した場合の合成抵抗 R_0 を求めよ。

2． 図 1·51 に示す回路端子 ab 間の合成抵抗を求めよ。

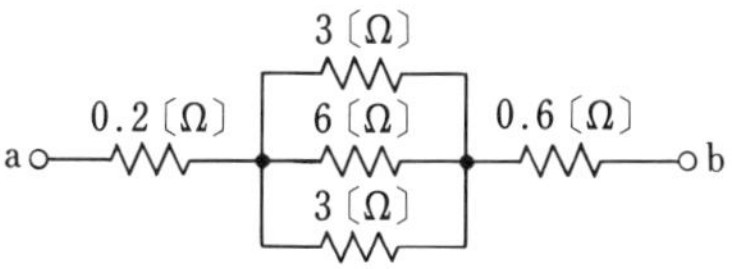

図 1・51

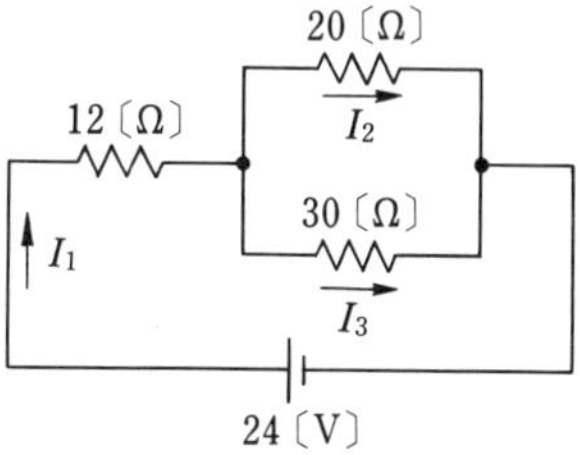

図 1・52

3. 図 1・52 の回路において，図中に示した電流 I_1，I_2，I_3 を求めよ。

4. 図 1・53 における各抵抗と電源電圧の値が次のような場合，電流 I_1，I_2，I_3 を求めよ。

$R_1 = 100$〔Ω〕　$R_2 = 50$〔Ω〕　$R_3 = 200$〔Ω〕

$E_1 = 6$〔V〕　$E_2 = 6$〔V〕

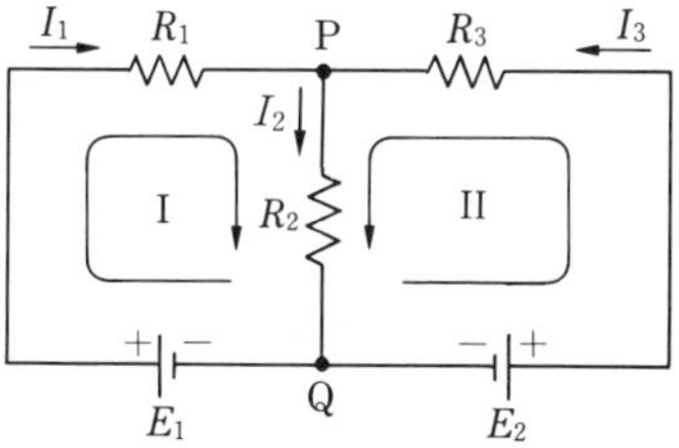

図 1・53

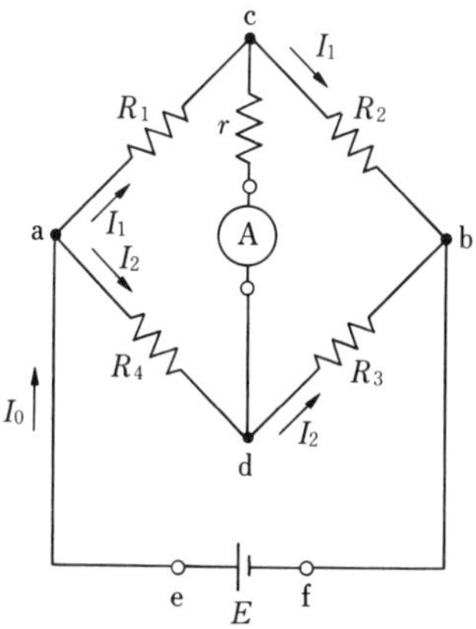

図 1・54

5. 図 1・54 のホイートストン・ブリッジについて，次の設問に答よ。

(1) 点 cd 間に電流計を接続し，このブリッジ回路を平衡させたという。電流計に流れる電流 I はいくらか。

(2) ブリッジが平衡した状態の R_1，R_3，R_4 は，次の値であったという。

$R_1 = 120$〔Ω〕　$R_3 = 115$〔Ω〕　$R_4 = 120$〔Ω〕

R_2 を求めよ。

6. (1) 50〔μA〕までしか測れない電流計がある。並列抵抗 R_Sを用いて1〔mA〕を測定するとき，並列抵抗 R_S に流れる電流 I_S はいくらか。

(2) この電流計の内部抵抗は1 000〔Ω〕であるという。1〔mA〕まで測るためには，並列抵抗 R_Sをいくらかにすればよいか。

7. 式(1·48)より，式(1·49a)の実効値を誘導せよ。

8. $\dot{A} = 1 - j$ を極座標 $A\angle\theta$ の形で表せ。

9. $\dot{A} = 10e^{j\frac{\pi}{4}}$ に $e^{j\frac{\pi}{4}}$ を掛けた場合，その絶対値と位相角はいくらか。

10. 周波数① 100〔Hz〕, ② 10〔kHz〕, ③ 1〔MHz〕に対して, 容量 C が 10〔μF〕であるコンデンサの容量リアクタンス（$X_C = 1/\omega C$）を求めよ。

11. 周波数① 100〔Hz〕, ② 10〔kHz〕, ③ 1〔MHz〕に対して，インダクタンス L が 10〔mH〕であるコイルの誘導リアクタンス（$X_L = \omega L$）を求めよ。

12. 問題 10.でコンデンサに加える電圧を 10〔V〕とした場合, 各周波数に対し電流はいくらになるか計算せよ。

13. 問題 11.でコイルに加える電圧を 10〔V〕とした場合, 各周波数に対し, 電流はいくらになるか計算せよ。

14. 交流 10〔V〕電源に 10〔Ω〕の抵抗を接続した。電源周波数を 100〔Hz〕, 10〔kHz〕, 1〔MHz〕と変化させた場合, 抵抗に流れる電流を各周波数に対し求めよ。

15. 抵抗 R, コイル L の直列回路において, $R = 10$〔Ω〕, $L = 100$〔mH〕とした場合の回路電流を求めよ。ただし，電源電圧 V は 20〔V〕，周波数 f は 1〔kHz〕とする。

16．抵抗 R とコンデンサ C の直列回路がある。抵抗 R は 10〔Ω〕，コンデンサの容量は 10〔μF〕であるという。この直列回路の電流を求めよ。ただし，電源電圧 V は 20〔V〕，周波数 f は 1〔kHz〕とする。

17．100〔Ω〕の抵抗 R と 1〔μF〕のコンデンサ C の直列回路がある。この回路の電源電圧 V を $10\angle 0°$〔V〕，周波数 f を 1〔kHz〕とした場合の電源電圧 V と回路電流 I との間の位相角を求めよ。

18．抵抗，コイル，コンデンサの直列回路を電圧 6〔V〕，周波数 1〔kHz〕の交流電源に接続した。抵抗は 100〔Ω〕，コンデンサの容量は 1〔μF〕，コイルのインダクタンスは 10〔mH〕であるという。この直列回路に流れる電流を求めよ。また，電源電圧と電流との位相角はいくらか。

19．抵抗，コイル，コンデンサの直列回路を電圧 10〔V〕，周波数 1〔kHz〕の交流電源に接続した。コンデンサ C を変化させると同時に回路電流を測定したところ，C が 0.5〔μF〕になったところで電流が最大値を示したという。これより，コイル L のインダクタンスを求めよ。

20．図 1·55 において，$R = 10$〔kΩ〕，$L = 200$〔μH〕，$C = 200$〔μF〕，$V = 10\angle 0°$ とした場合の，電流 I_0 の絶対値と位相角を周波数の関数として求め，その関係を図示（周波数特性）せよ。

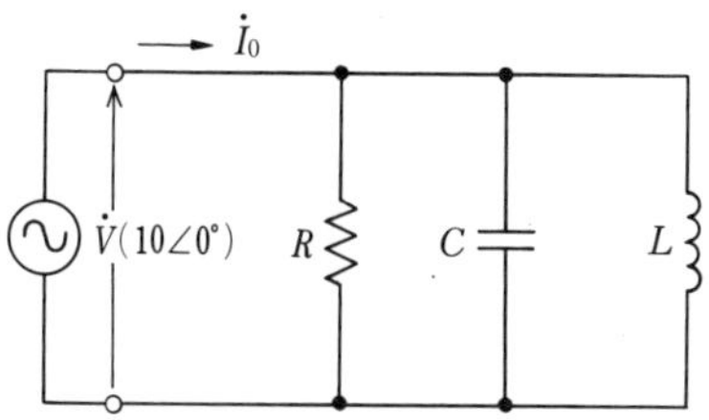

図 1·55

第2章　デジタル技術とその応用

第1章において電子工学には不可欠なアナログ電気回路について述べた。今では，家電製品から航空・宇宙技術に至るまで，あらゆる分野に自動化が進み，そこには制御技術が取り入れられている。制御技術はその操作を連続的に行うか，断続的に行うかによって連続制御，ON－OFF制御，デジタル制御，シーケンス制御などに分類され，実用に供されている。シーケンス制御についていえば，有接点の電磁リレーを使ったシーケンス制御に代わり，半導体ICを主とする無接点シーケンス回路が使われるようになった。無接点シーケンス回路は，AND回路，OR回路，NOT回路など，IC化された論理素子を基本とするもので，この回路技術はデジタル技術と密接な関係がある。

本章では，こうしたデジタル技術の基礎を説明し，それを支える論理回路とシーケンス回路の基礎的な考え方について述べる。

2・1　デジタル技術の考え方

楽をしよう，事柄を上手に運ぼうとする欲望から人間は道具や機械を発明し，さらにその機械にエレクトロニクス，制御技術を導入し，より使いやすい機械装置へと改良を加えてきた。FA（factory automation），OA（office automation），HA（home automation），ME（medical electronics）などautomationのAやelectonicsのEを含む頭文字を並べた用語が目立つようになった。それらは，いずれもエレクトロニクス（電子工学）と機械，器具とを融合させた新しいシステムや要素で，工場，オフィス，家庭での安全性，省エネ，利便性を図るためのものにほかならない。こうした自動化が図られた製品や商品には，NC工作機械，ロボットなど加工組立用の諸機械から，自動販売機，テレビ，電子ミシン，デジタルカメラ，コンパクト・ディスク（CD）など，われわれが身近に常日ごろ触れることのできる製品に至るまで，多種多様なものがある。こうした電子工学の分野と機械工学の分野とが結びつき，新しいメカトロニクスという分野も誕生している。産業における大がかりな機械の自動化が進められた一方，家庭電気製品においても自動化された製品が沢山現れ，一段と安全で使いやすくなってきた。一般照明の調光から，一度起動スイッチを入れると後は自動的に作業を進めるエアコン，洗濯機，電子炊飯器のような自動化された家庭電気製品がそれである。こうした自動化を行うためには，時々刻々と変化する温度，位置，回転などのような制御量を測る必要がある。そのためには，センサ技術や計測のためのアナログからデジタルへの変換技術が必要となる。

電気器具，機械，器機などの動作機能を見ると，ある条件を満たしたときにそれらの機械器具が動いたり止まったりするものが多い。ここでいう条件とは，例えば，エアコンであれば設定した温度，希望した時間に止まる時刻である。炊飯器であれば，食事をしたい時刻である。風呂の水位，窓や車庫のシャッター位置というような物理状態を目的条件とする場合もある。しかし，家庭においてこのような条件というと，現状では調理や空調のための温度，タイマに関係する時間が圧倒的に多い。

ところが，物を製造する工場における動作条件というと，位置，角度，寸法，温度，圧力など機械や装置の運転状況あるいは製品の状態などが多い。機械周辺の安全管理の上から，危険な機械に人間が近づきすぎると警告ブザーが鳴るとか，機械を止めてしまうような工夫も必要である。こうした安全対策には，人が接近したことを検出するセンサが必要である。このように見てくると，ロケット，航空機，精密機械などのように軌道に沿って連続的に制御するというような場合を除き，単に電源のON－OFFを行い大まかに調節すれば事が足りるという場合が少なくない。

電源のON－OFFで温度をほぼ一定に保てるものの身近な例に，旧式の電気こたつがある。このこたつ内部の温度調節には，バイメタルという一種の温度スイッチが用いられ，そのスイッチ接点間の距離を調節し温度設定が行われる。ここでバイメタルというのは，熱膨張係数の異なる異種の金属を張り合わせたもので，温度が上昇すると熱膨張によりバイメタルが曲がることを利用した温度スイッチである。

電灯のように動かないものにもスイッチはあるが，一般に動く機械装置の運転には必ず電源スイッチはある。換気扇を回わす（止める），エアコンを入れる（切る）など，われわれの身近にある電気機器の多くは電源 ON－OFF でことが足りる。しかし，事柄を自動的に進めて行くような装置を考える場合，その事柄の順序（シーケンス）を確認し，時間経過を厳密に守る必要がある。さもなければ，パンを焼くトースターなら丸焦げ，風呂の水ならオーバーフローで水浸しになる。設定した順序に基づき器機・装置の電源や切り換えスイッチを順次 ON－OFF させたり，その繰り返し操作を行わせたりしなければならない。

機械運動あるいは運転のどの時点で，こうした ON または OFF を行うかということをあらかじめ決めておくために，目的とする作業状態の監視が必要になる。このような監視の役割を担うものがセンサであり検出器である。

図 2.1 は風呂の水位と温度を調節する場合，図 2.2 はベルトコンベア上を運ばれてくる製品の数を数える場合，図 2.3 は 2 台のコンベア A，B を始動，停止させる場合を示す。以下にそれぞれの動作シーケンスを眺め，その順序がいかに大切であるかを見てみよう。

［1］ 風呂の水位と温度調節

風呂に水を入れたり，その水を沸かす順序は，現在のところ人の手により行われる場合が多い。しかし，深夜電力を使う温水器を利用すれば，風呂に入りたいとき，その蛇口をひねるだけで風呂に入れる。この場合は，夜中のある時刻に温水器電源スイッチが自動的に入り，決められた朝方のある時刻にスイッチが自動的に切れるようになっている。こうした温水器を利用して入浴する場合は，風呂の温度，水位調節は人の手に委ねられているのが普通である。これに対し，風呂に水を入れガスを自動点火し，適温になったらブザーで知らせてくれるシーケンスは次のようになる。

図 2·1 は，電源を入れると自動的に水位，温度調節が行われる自動水位，温度

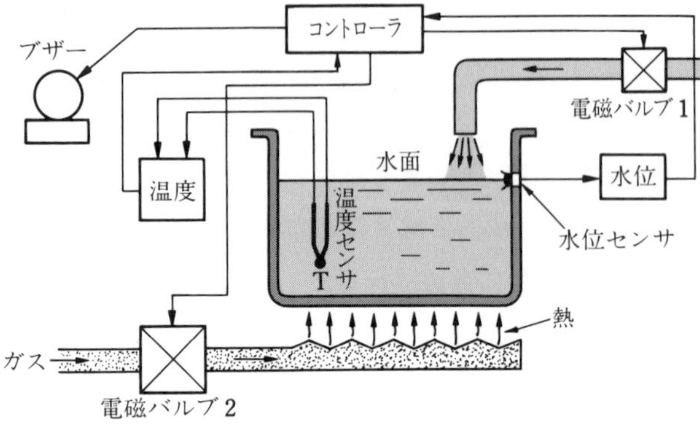

図2・1 風呂の水位と温度制御

調節機構をもたせた風呂の概念図である。まず，コントローラの電源を入れると電磁バルブ1（電磁石で水道やガスの流れを調整する要素）が働き，給水が始まる。設定水位位置まで水位が上昇すると，その水位位置にセットしてある水位センサが目標水位に達したことを検出する。この水位検出信号に基づき電磁バルブ1を閉じ，給水を中止する。次に，ガス管の電磁バルブ2を開き，ガスを点火する。湯の温度は温度センサTで検出し，所定の温度に達すると電磁バルブ2を閉じガスを止める。同時にブザーを鳴らし，入浴の準備ができたことを知らせる。

ガス点火の失敗や立ち消えなど安全性を無視して考えると，以上のような手順（シーケンス）で風呂の自動化が図れる。こうした風呂の準備を自動的に進めるための水位と温度調節あるいは電磁バルブ1，2開閉順序の概要は，上述のようになろう。このとき，もしガスをまず先に点火し，次に風呂の水を入れるというようにその作業順序を誤ると大変な事態が起こることが予想される。

以上述べたように，事柄を進めるための作業順序は極めて大切である。各種機械装置の自動化を図るためには，安全とその論理回路の設計が，いかに重要であるかが以上の例でわかるであろう。

[2] 移動する製品の計数

図2・2は，ベルトコンベア上を次から次へと送られてくる製品の数を数える様

子を示す。ベルトコンベア上を移動する製品の位置が変わらなければ，マイクロスイッチ（接触子が物体に直接触れ位置や物体の有無を検出するスイッチ）を配置しておくと，製品がマイクロスイッチの直前を通過するごとに，図中に示したようなON−OFF信号が得られる。このON状態になったときに発生する電気パルスの数を数えれば，製品の数はわかる。無接触で計数を行う場合には，マイクロスイッチの代わりに光センサを用い，光の投光と反射で得られる信号レベルの高低によって，製品の有無が検出できる。

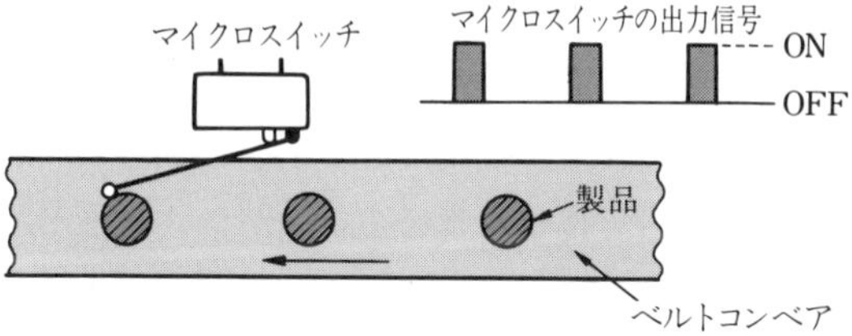

図 2・2　ベルトコンベア上を移動する製品の計数

［3］ ベルトコンベアの始動・停止の順序

図2・3は，2台のベルトコンベアA，Bを用い，土砂をトラックの荷台へ移している様子を示す。いま，土砂が運ばれている状態で停電になり，その後停電が復帰したので作業を再開しようとベルトコンベアBを始動させたとしよう。Aは止まっているので，B上の土砂はAとBの中間へ運ばれ，そこで土砂の山ができてしまう。こうした事態を避けるという理由から，ベルトコンベアは，まず，Aを先に始動し，続いてBを始動すべきである。停止する場合はその逆で，まず，Bを止め，次にAを止めるべきであるということは容易にわかる。

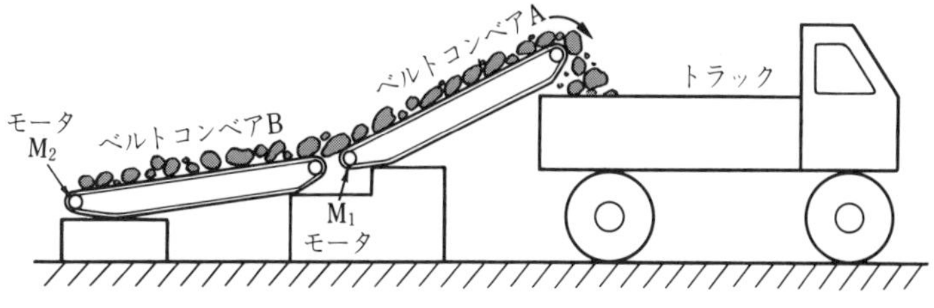

図 2・3　ベルトコンベアの始動・停止順序

以上述べたように，物事の作業を進めるにあたっては，その順序，その始動・停止のタイミング，ON－OFF時間（タイマ），計数（カウンタ）などが重要であることがわかるであろう。こうした順序（シーケンス，sequence）を重視した制御は**シーケンス制御**と呼ばれている。

われわれ人間の行動はもちろんのこと，小はヘアドライヤ，電気掃除機，電気洗濯機のような家庭電気製品から，大は工場の諸設備，工作機械，ロボットに至るまで，あらゆる産業機械設備はこうしたシーケンス（順序）にしたがって稼動・停止をさせている。

機械の作業順序を定めその順序を実現する場合，ANDとかORのような論理要素を用いた論理回路，タイマやカウンタで構成する電子回路が用いられている。自動機械一般には順序に従って作業を進めるシーケンス回路が組み込まれ，図2·1～2·3に示したように，決められた順序に従い機械装置の運転や作業を実施させている。

2・2 デジタルの量的表現

アナログは連続量として知られ，われわれ人間が住む世界はアナログ的なものばかりである。しかし，今やデジタルなくして仕事や生活をすることは困難になった。そこで，このデジタルというものの意味やデジタルがなぜ必要なのかを考えてみる。

アナログとは，類似とか相似という意味がある。**アナログ量**とは，物理量，機械量などの量で，連続的量である。われわれはアナログの世界で生活しているので，身の回りを見る限り，アナログ現象を取り扱う技術が多いのは当然である。しかし，最近は人工のデジタル技術の発達が目覚ましく，その特徴を活かした技術が広く利用できるようになった。ここでは，なぜデジタル技術がこのように発達し，広く利用されるようになったかを考えてみよう。

デジタル（digital）という言葉は，形容詞で“指の”，“数字で表示する”，“指を折って数える”という意味がある。デジタル・コンピュータといえば，“計数型計算機”と訳すことがある。しかし，現在では，これをデジタル・コンピュータと通常呼び，これで意味が通じるようになった。

道路上に大小様々の石ころが転がっていたので，その数を数えたら5個あったとしよう。これらの石の大きさが異なるにもかかわらず5個であるということは，だれが数えてもその石の数は同じである。その道路上に石があるかないかで，その数は決まるのである。この“あるかないか”ということが非常に大切で，これが**デジタル**を考える場合の基本となる。

図2.4は，デジタルとアナログの概念を分かりやすく説明する図である。図(a)は鳥が豆を食べている様子である。鳥は1粒，2粒と豆を数えて食べているとは思えないが，この様子を見ている人間からみれば，その食べている豆粒は数えることができる。1粒，2粒と数え挙げることができる量はデジタル量である。ところが，図(b)のように豆が山積みされている場合の豆は数えることは困難で，目方でその量を測るのが普通である。このように目方で測るような場合は，それはアナログ量である。つまり，ある豆の量は10.15〔kg〕というように小数点以下細かく読み取れるからである。山積みの図(b)の豆は連続量とみなし，秤の精度によるが原理的には小数点以下いくらでもその重さを正確に測ることはできる。

ところが，バケツで“何杯”運んできたら図(b)のように山積みになったというような場合の“何杯”はデジタル量である。これは1杯，2杯と運んできたバケツの数を数えているからデジタル量なのである。われわれが金物屋で太めの釘

(a) デジタル量　　(b) アナログ量

図2·4　デジタル量とアナログ量

を買う時，何本でいくらという買い方をする。しかし，大工さんが同様の釘を買うときは何〔kg〕というように目方で買う。前者はデジタル量で売買，後者はアナログ量で売買されている。

よくソロバンの玉がデジタル量の説明例として挙げられる。ソロバンの計算は，玉が“上”にあるか“下”にあるかの数を数え挙げて計算結果をだす。

このように考えると，世の中には物が「ある」，「なし」あるいは物理量（例えば電圧）が「高い」，「低い」などと様々な対となる言葉が沢山あることに気がつく。このような対の例を挙げると，「開－閉」，「ON－OFF」，「上－下」，「左－右」，「始動－停止」，「大－小」，「昇－降」，「充電－放電」，「高－低」，「録音－再生」，「明－暗」……など枚挙に暇がない。こうした対を「H」（High），「L」（Low），あるいは「1」，「0」に対応させ，2値だけで議論する立場がデジタル的あるいは論理的な考え方である。そして，このデジタルをデジタル計算として取り扱う数値は「1」，「0」で表現する2進数の世界である。ここで，2進数の基本を以下に考えておこう。

図2.5は鉛筆と消しゴムを使って2進数を説明する図である。図では鉛筆と消しゴムを例としたが，物としては何でもよい。鉛筆や消しゴムは物として考え，その物が存在するか否かを議論する。物が「ある」，「なし」でデジタル量を表現する例である。「0 0」は鉛筆も消しゴムもない状態，「0 1」は消しゴムが右にある場合，「1 0」は鉛筆が左にある場合，「1 1」は鉛筆が左，消しゴムが右

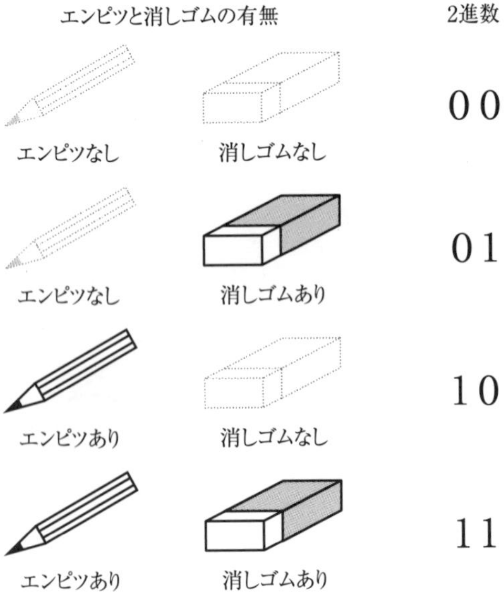

図2・5　エンピツと消しゴムで2進数を表す

にある場合である。こうして，ここでは鉛筆と消しゴムという文具を例に，それらの有無で2進数を表現した。このように考えると，石ころでも，その石の有無で2進数が表現できる。

図2.6は碁石の白(0)と黒(1)を各2個を用いて2進数の2ビット(2桁)を表した例である。図より明らかなように，10進数の「0」から始まって「3」までの4通りの数を2ビットで表現できる。ここで，黒の碁石を2個使い，白を置く位置を空白にしておいてもよいし，白の碁石だけを使ってもよいことは言うまでもない。同様に，碁石3個(3ビット)を使うと図2.7に示すように「0」から「7」まで8通りの10進数の数を表現できる。図2.7で2進数の「$(011)_2$」が10進数の「3」に，「$(100)_2$」が「4」に対応するということは後述する。

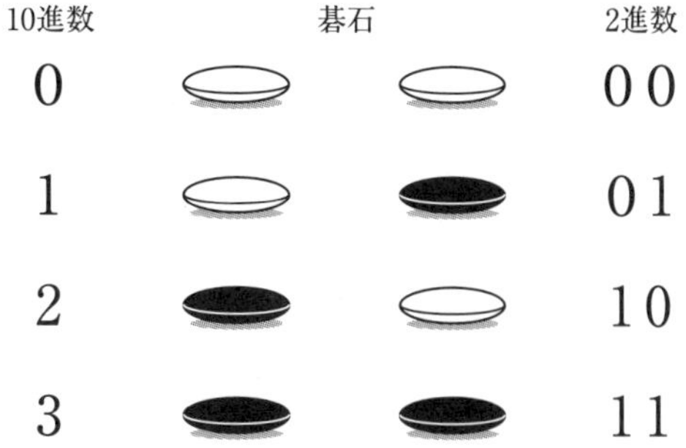

以上述べたようにデジタル量は物の存在，つまり「ある」か「ない」かによって数を表

10進数	碁石	2進数
0	○ ○	00
1	○ ●	01
2	● ○	10
3	● ●	11

図2・6 碁石2個による2進数(2ビット)と10進数の対応

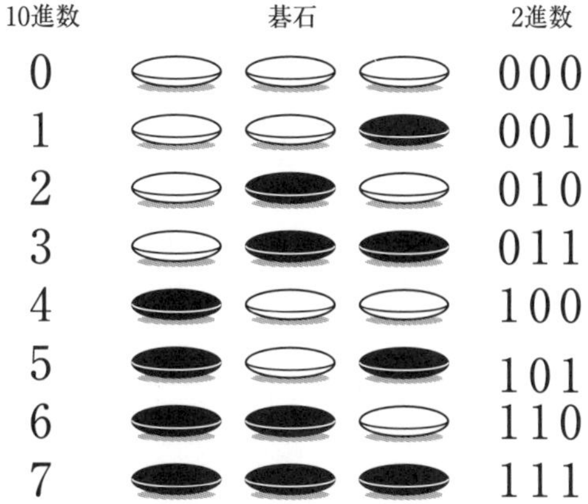

10進数	碁石	2進数
0	○ ○ ○	000
1	○ ○ ●	001
2	○ ● ○	010
3	○ ● ●	011
4	● ○ ○	100
5	● ○ ●	101
6	● ● ○	110
7	● ● ●	111

図2・7 碁石3個による2進数(3ビット)と10進数の対応

すことができる。前述したような文房具や碁石など物の有無を表現するため，それらをその都度移動していては大変である。そこで，登場するのが電気の有無である。

机上でのデジタル表現や計算（ソフトウエア）は「1」，「0」で話は通じる。しかし，実際の物（ハードウエア）の世界では，こうした「1」，「0」という表現は，電圧が「高い－低い」，電流が「流れている－流れていない」，磁石（磁気テープ）が「磁化されている－磁化されていない」など電気量や磁気量を使い，その高低あるいは有無によらないと高速にデジタル量の表現はできない。図2.8は，電圧の有無と2値の関係と2進数を示す。デジタル・コンピュータの中では，「1」，「0」に対応するパルス状電圧（「1」は電圧が存在し，「0」は電圧がない状態）が，猛烈な勢いで動き回っていると考えられる。このときの電圧は，3Vでも5Vでもよい。ともかく電圧が「ある」，「ない」でよい。つまり，数値という情報が「1」，「0」化されたパルス電圧となって計算機内をあらかじめ約束された通りに高速で処理されているのである。ここで，数値化された情報とは，例えば10進数の1，2，3という数値は，以下に説明するように2進数に対応させることができる。

```
○電圧あり(高い)。          ○電圧なし(低い)。
○電流が流れている。        ○電流が流れていない。
○コイルが励磁されている。  ○コイルが励磁されていない。
```

| 1 | 0 | 1 | 1 | 0 | 0 | 1 | 1 |

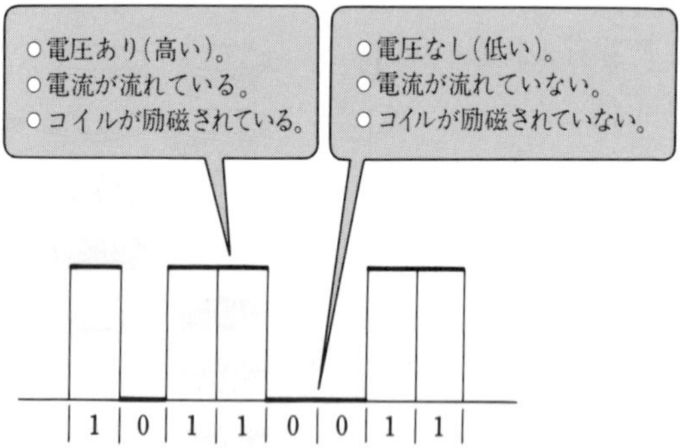

$(10110011)_2 = (179)_{10}$

図 2・8　デジタル量の表現

　「1」か「0」で表す2進数1桁（これを1ビットという）に対応する10進数は次のように2通りしかない。つまり，10進数の0は2進数でも「0」である。10進数の1は2進数でも「1」である。このように2進数1ビットでは，10進数の1と0の2通りしか表せない。

ところが，これを2進数2桁（2ビット）にすると，図2.6ですでに示したように10進数は次のように0から3まで4つの10進数の数値を表現できるようになる。ここで，添字の10とか2という数は10進数と2進数を表す。

10進数		2進数
$(0)_{10}$	：	$(0\ 0)_2$
$(1)_{10}$	：	$(0\ 1)_2$
$(2)_{10}$	：	$(1\ 0)_2$
$(3)_{10}$	：	$(1\ 1)_2$

さらに3桁（3ビット）の2進数では，図2.7に示したように8通りの数を表せる。4桁（4ビット）になると，10進数の3は $(0011)_2$，12は $(1100)_2$，15は $(1111)_2$ というように $(0000)_2$ から $(1111)_2$ まで16通りの数を表現できる。

こうして，8ビットでは256，16ビットでは65536という10進数の表現が可能になる。パソコンで32ビットとか64ビットという言葉をよく使う。この意味は，32ビットあるいは64ビットを同時に処理できる能力があるパソコンという意味である。

［例題］2・1

（1）　2進数 $(1101)_2$ を10進数に変換せよ。

（2）　10進数 $(22)_{10}$ を2進数に変換せよ。

［解］

（1）　$(1101)_2 = 1 \times 2^3 + 1 \times 2^2 + 0 \times 2^1 + 1 \times 2^0$

$$= 8 + 4 + 1 = 13$$

（2）　22より小さい最大の2のべき乗は16（$= 2^4$）である。22からこの16を引くと6が余る。この6より小さい最大の2のべき乗は4（$= 2^2$）である。6より4を引くと2が余る。この2は 2^1 である。以上の結果に基づき，べき乗が存在した数を1，存在しない数を0とすると，次のように2進数は求まる。

$$22 = 1 \times 2^4 + 0 \times 2^3 + 1 \times 2^2 + 1 \times 2^1 + 0 \times 2^0$$

$$= (10110)_2$$

ここでは，パソコンやマイコン（micro computer）の詳細について述べることができないが，これらのコンピュータは演算，記憶，比較，判断などの処理能力をもっているので，今日の家庭電気製品を含む各種自動化機器には必ず使用されている。

さて，洗濯機やクーラーなどの家庭用電気製品にもマイコンを使用しているが，こうした機器におけるマイコンの役割について考えてみよう。

古いタイプの洗濯機は，給水してから何分間洗濯を実行するかを自分で決め，その洗濯実行時間をタイマにまずセットした。そして，電源を入れるとセットした時間だけ洗濯槽が動いた。このような洗濯機は，脱水や給水のための栓の開閉，水道栓の開閉などに関して人の手を煩わす作業が多い。

ところが，給水，排水，洗濯時間，汚れ具合，脱水など洗濯の全工程を洗濯機が判断し実行してくれる全自動洗濯機が現れた。これにはセンサが使用されている。それにしても，こうした洗濯の順序とその作業手順の組み合わせ数はそう多くはない。例えば，水位センサの判断と給水のON－OFF，排水のON－OFF，洗濯時間のセット・リセット，汚れ具合の判断など洗濯の順序に従って行うべきON－OFF指令情報の数はたかだか数十であろう。そうすると，簡単な場合は4ビットとか8ビット，少し複雑なもので16ビットのマイコンを使用すればかなりの状況判断を機械装置にさせることができる。

こうした自動化が図れるのも，上述したマイコンや新しいセンサが開発されたおかげである。つまり，洗濯槽の水位，汚れ具合などの物理量が測定可能になったからである。その測定結果に基づきマイコンの判断・演算機能を利用し給水を止めるとか，洗濯槽の動きを止めるというようなことが自動的に行えるようになった。

いくら性能のよいコンピュータがあっても，いくら強力なモータがあっても目的とする対象の物理量，状態量がわかならくてはそれらを思いのままに制御することはできない。対象の物理量の測定には，センサが必要であることは前述のとおりである。センサなくしては，制御をいくら試みても，その制御は不可能である。

人間の目，耳，皮膚，鼻，口などの五感は機械のセンサに対応付けて説明できる。人間のセンサである五感は，複合的役割をもった素晴らしいセンサである。つまり，五感は脳や手足と協調させ，ある音を聴けばその方向へ身体を向け，その音の内容を判断し，その音源情報に対処した対応を速やかに実行する。そして，その音源は危険音か，音声か，楽器の音か，雑音かを判断し脳との連携で速やかに行動が可能である。

このような生物センサ（五感）に対し，人工のセンサは温度なら温度，圧力なら圧力というように単一の物理量しか測定できない。それでも測った結果はコンピュータと組み合わせ，人間の脳と五感のように，その大きさとあらかじめ設けておいた域値（いきち）との比較を行うことができる。

ここで，域値というのは，例えば「水位50〔cm〕になったら水道を止める」というような場合，この50〔cm〕という値のことをいう。もちろん50〔cm〕といってもコンピュータにはその値は理解できないので，“50”という数値を2進数に直し，その2進数をコンピュータにセットしておくのである。ただし，コンピュータ内部では2進数で処理されるが，入力するのは人間なので入力情報は10進数で入力し，コンピュータが10進数を2進数に変換してくれる。このようなことができるようになったお陰で，工場の自動化（FA），事務の自動化（OA），家庭の自動化（HA）などの自動化が図れるようになった。

精度，感度のよいセンサがいくらあっても，人間が行う複雑な行動は機械には真似できないことが多い。センサとコンピュータとを組み合わせて，情報の判断が行えてはじめて測定ということが成り立つ。そして，さらに制御ということになると，制御装置，アクチュエータ（モータ，油圧シリンダ，空気圧シリンダのような機械を動かす動力源）を用い制御系を構成する必要がある。

ここで，デジタル信号の伝送をアナログ信号の伝送と対比させ，デジタル信号は伝送に優れている点のひとつを紹介する。図2.9は，ラジオ，テレビの放送波や無線電波あるいは電話などの情報を無線（有線）で送り，その情報を受信機で受け止める場合を示す。送ったとおりの情報が受信できれば理想である。しかし，送信情報は伝送経路において，外乱（ノイズ）の影響を受け，波形が乱されるこ

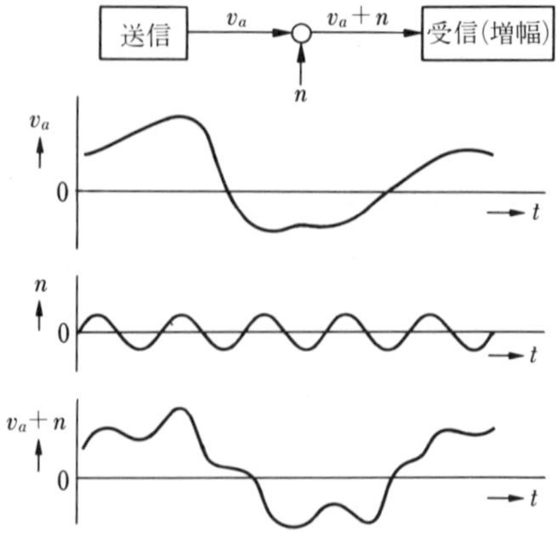

図 2·9 アナログ信号(v_a)とノイズ(n)に犯された信号(v_a+n)

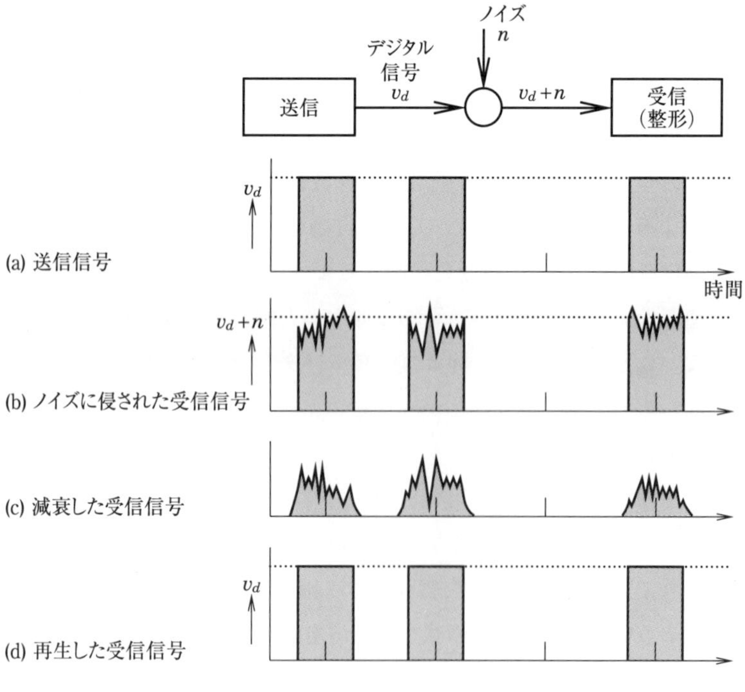

図 2·10 デジタル信号(v_d)の送·受信信号

とがある。図2.9(a)のアナログ信号伝送の場合には，送信信号v_aはノイズnの影響を受け，v_a+nという信号になる。図より明らかなように，受信信号v_a+nは，送信信号v_aと姿・形はかなり異なったものとなる。

図2.10はデジタル信号v_d(図(a))を送って，それを受信した波形v_d+n(図(b)，図(c))とそれを修復した信号v_d(図(d))の例である。図(b)は伝送途中で振幅は減衰しないが，ノイズに大きく侵された場合である。このように大きくノイズに侵され，波形が崩れていてもそこに信号が存在することは明らかである。したがって，図(d)のようにきれいに送った情報を再現できる。図(c)の場合は，受信信号が極端に減衰した例である。いくら減衰しても，デジタルの場合は信号の波形ではなく信号がそこに「ある」，「なし」が分かればよいので，この場合も図(d)のように再現できる。以上述べたようにデジタル信号の伝送は，ノイズや信号の減衰があっても，ほぼ忠実に信号の再現ができるという特徴がある。

2・3　デジタル量を利用するための具体化

電灯のスイッチを入れるということもデジタル化の一歩である。スイッチが2つあって，それらの組み合わせで電灯をつけたり，消したりもできる。ここでは，スイッチ2個を用い，簡単で分かりやすい論理回路について説明し，古くから使われていた電磁リレーとデジタルICを併記しシーケンス論理回路について述べる。そして，ANDとORの組み合わせ，やや高度な論理判断が行える論理回路について考える。

[1]　電磁リレーとデジタルICによる論理回路

古くから電磁リレーを用いたシーケンス制御が実用になっていた。ところが，半導体，デジタルICの発達により，それらの素子・要素を使った無接点シーケンス制御が広く普及してきた。無接点シーケンス（論理）回路は，その動きは見えずわかりずらい面が多い。そこで，有接点の電磁リレー論理回路と無接点論理素子を用いた論理回路を対比させ，その回路の論理機能をまず説明する。

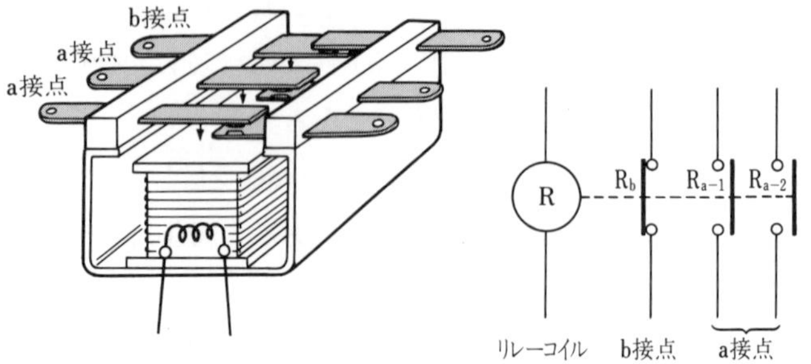

(a) 電磁リレーの構造　　(b) 電磁リレーの図記号

図 2・11　電磁リレーの構造と図記号

図 2･11 は，電磁リレーの構造と図記号を示す。図は電磁石を励磁（コイルに電流を流し接点を働かせる）してない状態を示す。図に示す無励磁状態では，離れている接点（a 接点）が 2 個，接触している接点（b 接点）が 1 個あるように描いてある。このような構造の電磁リレーの図記号は，図(b)のように表す。図中の R は電磁コイルを表す。コイル R を励磁すると，a 接点接触子（短い太線）が 2 個の丸印に触れ丸印間が導通（ON）状態になる。一方の b 接点は，コイルが励磁していない状態では導通（ON）状態で，励磁すると ON 状態から OFF 状態に変わる。

このような電磁リレーには，次のような特徴がある。

① 電磁リレーのコイルを励磁すると，数個の接点を同時に ON（a 接点），OFF（b 接点）させることができる。

② 小さな電気エネルギーでリレーの接点を ON−OFF させることができるので，機械装置から電線を引けば遠隔地の大きな電気エネルギーの ON−OFF 操作が可能となる。

③ あるリレーで別のリレーを ON−OFF させることもできる。

④ リレーだけでシーケンス回路を構成することができる。

⑤ 接点を使用しているので，大容量の電流を ON−OFF できる。

図 2･12(a) は，スイッチ 2 個を使い AND 回路，OR 回路を構成し，ランプを

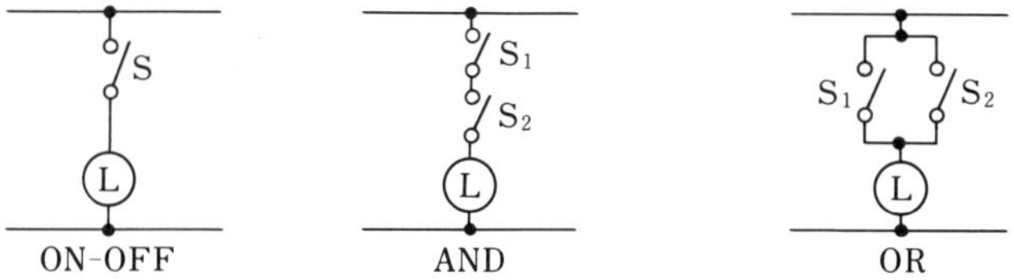

（a）スイッチによるAND, OR回路

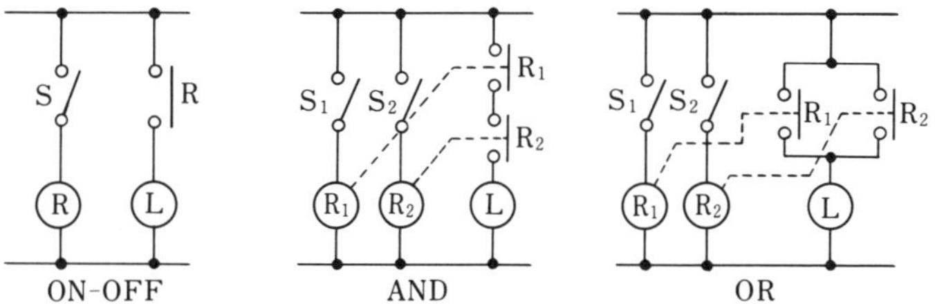

（b）電磁リレーによるAND, OR回路

図2・12　スイッチ，電磁リレーのAND, OR回路

点灯させる回路を示す。また，図(b)は，電磁リレーを用いたAND，OR回路を構成し，ランプLを点灯させる回路を示す。図(b)において，コイルと接点の対応を明らかにするため，それぞれのリレーコイルとa接点にR_1，R_2という記号をつけてある。同じ記号はリレーコイルと接点とが対応していることを示す。つまり，リレーコイルR_1が励磁されると接点のR_1がON状態になることを示す。図中の破線はコイルと接点がそれぞれ対応していることを示す。

以上は有接点によるAND，OR回路の構成例である。図2.13は，無接点のANDとOR論理要素4個を同一パッケージに収めたデジタルICを示す。

ここで，有接点と無接点について説明する。有接点というのは，家庭で電灯をON－OFFする場合に使う電源スイッチの接点と構造は同じである。つまり，スイッチ内の電気を通す2つの金属接点を人間の手の力で接触させるとスイッチがON状態になるのが有接点である。一方，リレーの接点は電磁力の力を借り接点同士をつなげる。このような金属接点を持つものを有接点という。これに対して無接点というのは字のごとく接点がない。第5章で述べるようにトランジスタのベースに微小電流を流すとコレクタとエミッター間が導通する原理を利用した半

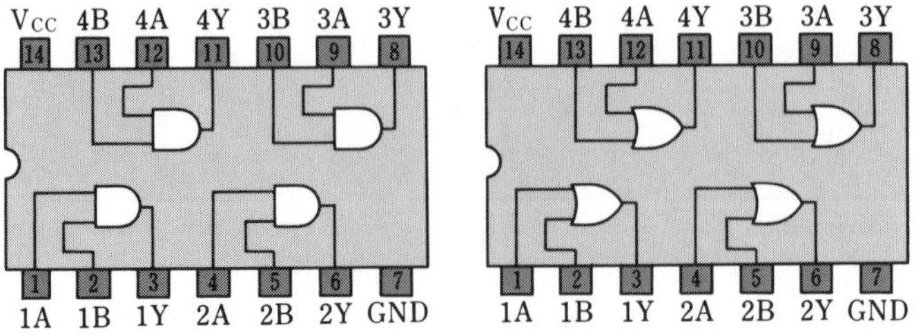

(a) 2入力 AND IC　　(b) 2入力 OR IC

図2・13　デジタルICのAND, OR素子

導体要素を無接点という。図2.13に示したような半導体の論理要素は全て無接点である。

図2.13のICの中の一論理素子を取り出し，論理記号で示しその動作を示したものが図2.14である。これらAND，OR，NOTがもつ機能と，図2.12(b)のリレーを用いて構成するAND，ORの機能は，全く同じであることに注意すべきである。リレー回路のb接点（図には示してないが，現物のリレーにはb接点がついている）は，それ自身でNOT機能を持っている（図2.11参照)。図2.14には，入力X_1，X_2，出力Yのタイムチャートと入出力の関係を示す真理値表も同時に示した。図のAND，ORの論理動作について以下に説明する。

図2.14(b)はタイムチャートといって横軸に時間を，縦軸に電圧（何ボルトと指定しない）の有無を描く。その高さは電圧なり信号なりが“ある”，“なし”が分かればよい。AND回路について説明する。X_1，X_2はAND回路入力電圧とし，出力電圧をYとする。図(b)のAND回路のタイムチャートは，ある時間にX_1がON状態（電圧が存在する)，つまりAND回路に電圧が入力されたとする。しばらくして今度はX_2の電圧が入力されたとする。図において，X_1とX_2が同時にON状態になっている時間帯に出力Yが現れている。このようにX_1とX_2が同時に入力された場合に，出力が現れるような回路はAND回路という。OR回路はX_1もしくはX_2がON状態，およびX_1とX_2が同時にON状態の場合に出力Yが現れる回路である。

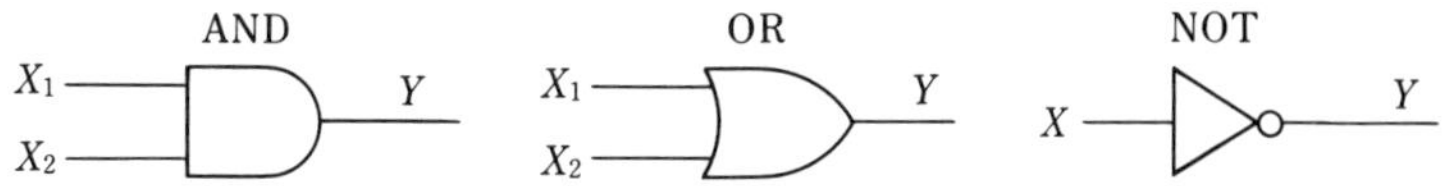

(a) 論理記号

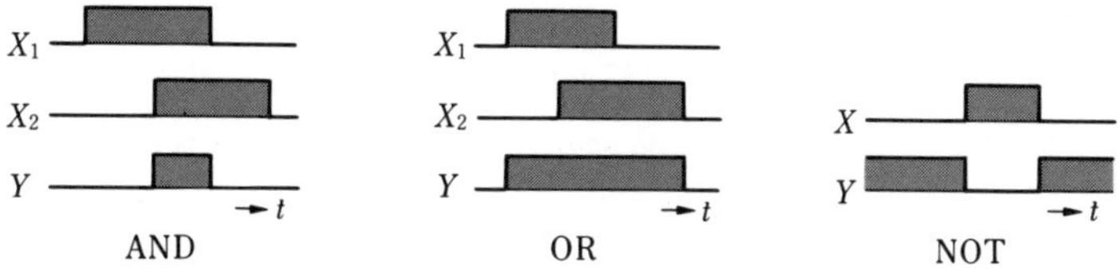

(b) タイムチャート

X_1	X_2	Y
L	L	L
L	H	L
H	L	L
H	H	H

AND

X_1	X_2	Y
L	L	L
L	H	H
H	L	H
H	H	H

OR

X	Y
L	H
H	L

NOT

(c) 真理値表

図 2・14　AND, OR, NOT 論理記号，タイムチャート，真理値表

図 2.14の右側に示した要素はNOT（否定論理）要素の図記号，タイムチャート，真理値表である。この要素は図より明らかなように，出力は入力とは反対の電圧，または信号が現れるものである。

図中の真理値表には，記号 H，L が示してある。これは，入力信号 X_1，X_2（出力信号 Y）が存在する状態（例えば + 5V）であれば H (High) レベル，存在しない状態 (0V) であれば L (Low) レベルという意味である。これらの信号「H」,「L」は「1」,「0」で表す場合もある。図 2.14 (c)の AND 要素の真理値表を見ると明らかなように，X_1，X_2 が H の場合に限って，Y は H になっている。また，OR 要素をみると，X_1，X_2 がともに L なら出力 Y は L だが，その他の場合すべて Y は H となっている。真理値表はこのように入力と出力を表にまとめ，いくつかある入力状態を見比べた結果（例えば AND の場合は入力が全て ON なら，出力も ON となる）を出力に書き込むような表である。

[AND 回路の応用例]

図 2.15 はミサイル発射装置を示す。発射の権限は大統領と副大統領が持っていて，両者が同時に発射を許可しない限りミサイルは発射できないようになっている。図 2.15 の場合，大統領が発射の許可を出しても，冷静な副大統領が NO という限り発射できない。両者が同時に許可する，つまりスイッチ A とスイッチ B を押し，電圧 X_1 と X_2 が AND 回路に同時に入力されるとミサイルは発射する。この AND 回路の応用例は，極めて危険な作業の判断を 1 人で任せられず，複数人の許可がない限り実行に移せないという場合の安全装置に使うことができる。

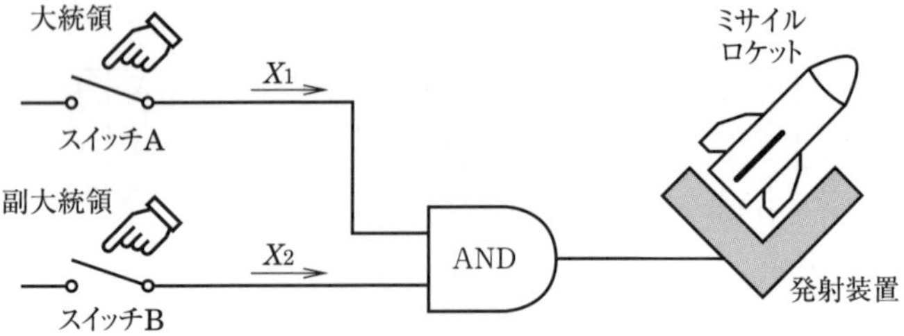

図 2･15　AND回路の応用（ミサイル誤発射防止装置）

[OR 回路の応用例]

つぎに OR 回路を考える。図 2.14 (b) の OR 回路のタイムチャートを見ると，X_1 でも X_2 でもどちらか一方の電圧が OR 回路に入っていれば，出力が現れている。このように，X_1 でも X_2 でも，あるいは両方でも ON 状態になっていれば出力 Y が現れる回路を OR 回路という。ここでは，2 入力の OR 回路を示したが，2 つ以上の入力あっても，そのうちのどれかひとつの入力が ON 状態になれば，出力は ON 状態になる。これが OR 回路である。

図 2.16 は乗り合いバスの降車ボタン（入力スイッチ）と運転席の降車合図ランプの関係を示す。いま，乗客の 1 人がバス内に沢山設置されている降車合図のどれかひとつスイッチボタンを押すと，OR 回路の動作原理に基づき，運転席前の降車合図ランプが点灯する。すると運転手は次の停留所で客が下車することを

知り，“次停車します”とアナウンスをする。これがOR回路の応用例で，バスの降車合図システムの原理である。

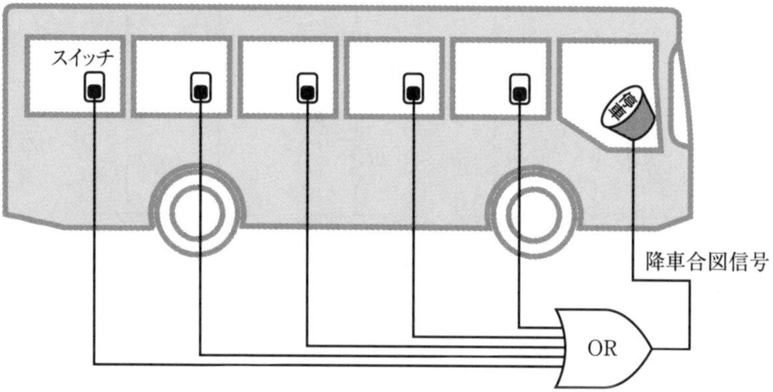

図2・16　OR回路の応用（バス降車合図ボタン）

［2］ 入力回路

前述した論理要素への入力信号Hレベル，Lレベルを発生させる方法にはいろいろある。簡単には，図2.17(a)，(b)に示すように，スイッチのON－OFFによる抵抗両端の電圧降下を利用するとよい。図(c)はリミットスイッチLS（マイクロスイッチ）のa接点（NO，normal open）を使い，図(a)，(b)と同様な方法でH（+5V）レベル，L（0V）レベル信号を得る電気回路である。

図(d)はリミットスイッチのb接点（NC，normal close）を利用したものである。そのため，接点は通常閉じているので，閉じている間の信号Vは0Vである。ところが，リミットスイッチが働き，接点が開くとVはH（+5V）に変わる（L→H）。図(d)の回路にリミットスイッチのa接点を用いると，通常はOFF状態であってスイッチは開いているので，VはHレベル（+5V）である。つぎに，リミットスイッチが働くと接点は閉じ，VはLレベルに変わる。

ここでは，リレーの接点という機械的な変位を利用してスィッチをON－OFFさせ論理回路への入力電気信号を発生させる方法について述べた。しかし，計

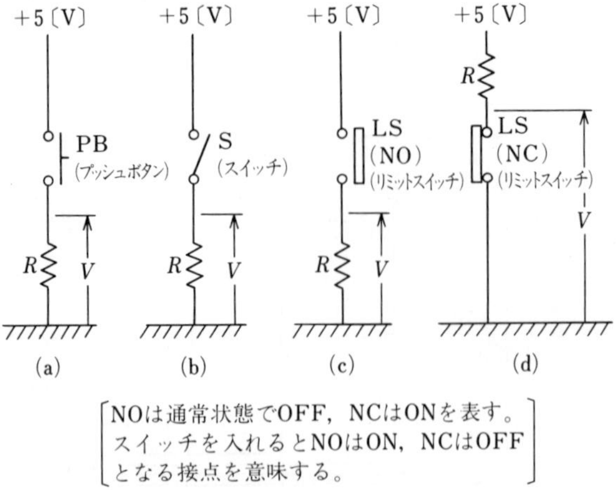

図 2·17　入力回路の例

測・制御対象から得られる検出信号は必ずしも機械量とは限らない。温度，圧力，液位，光の明暗など，様々な物理量がある。それらに対応する物理量をセンサで検出できるなら，目標とする物理量の値（ON か OFF させたい値）をあらかじめ設定しておき，その値に達したならスイッチを切るとか入れるとか，あるいは警報を発するということが可能になる。

[3]　出力回路

入力回路で発生させた電気信号は，AND 回路や OR 回路あるいはその組み合わせ回路である論理回路（シーケンス回路）へ導かれる。その信号を受けた論理回路では目的にかなった処理と判断を行う。その結果に基づき，電熱ヒータに電流を流し温度を上げるとか，モータを回転させ仕事をさせるというような最終目的を達成させる。この最終段では，熱的あるいは機械的仕事を実行させるため電力を扱う回路となる。このような最終段の回路は**出力回路**という。

図 2·18 は，出力回路の例を示す。図(a)は，例えば警報ランプをつけるとか，小型モータを回転させるというような比較的小規模の負荷を駆動する場合を示す。図(b)は，電磁リレーコイルの励磁を行う回路である。このようなリレーの

接点を用いると，大型電気炉の電熱ヒータとか大型モータに流れる大容量の電流をON−OFFさせることができる。

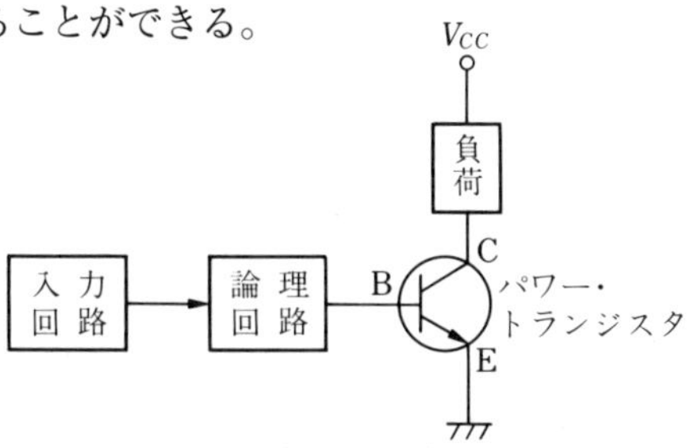

(a) トランジスタによる直接的負荷の駆動

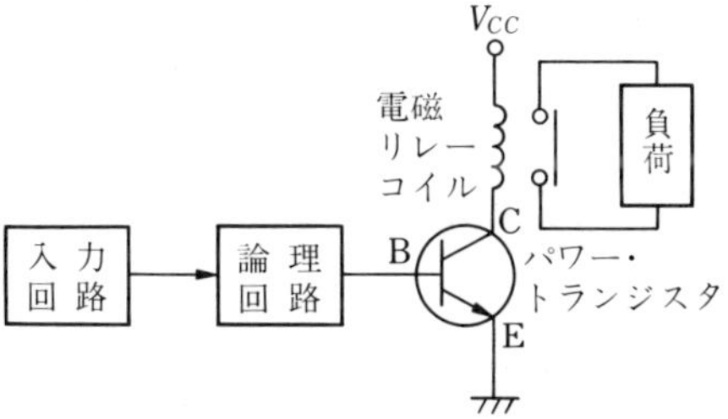

(b) 電磁リレーによる間接的負荷の駆動

図2・18　出力回路の例

[4]　簡単な論理（シーケンス）回路

事柄を進めるためには，順序が大切であることは，図2・1〜図2・3に示した。この順序を規定するために，論理の基本AND，OR，NOTなどを用いて論理（シーケンス）回路を設計するのである。

図2・19(a)は，スイッチS_1とS_2からなるOR回路，このOR回路とS_3でAND回路を構成し，その回路に電磁リレーコイルRを接続した論理回路である。このコイルRの接点にランプを接続すれば，X_1，X_2，X_3の論理状態に従ってランプを点灯させることができる。

ここでは，論理回路の動作を理解するため点線内の論理回路の負荷として電磁リレーコイルRを接続した。ここで，X_1，X_2，X_3は入力信号の状態，Yは出力信号の状態を表す。この図では，出力YはスイッチS_1〜S_3が閉じている状態が

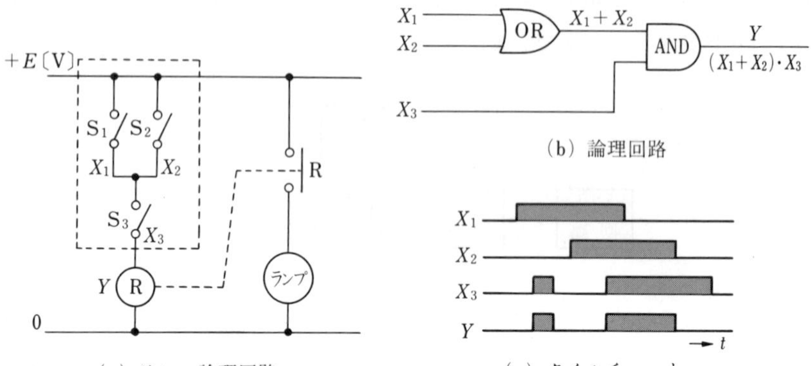

(a) リレー論理回路　(b) 論理回路　(c) タイムチャート

図2・19　OR・AND論理回路

ONで，開いている状態がOFFである。つまりS_1またはS_2がONでS_3がONであれば電磁リレーコイルRは励磁し，その結果，接点のRは閉じランプは点灯する論理回路である。

図2・19(b)は，図(a)の電磁リレーコイルR（負荷）を除く破線部分を論理記号で表したものである。OR回路，AND回路の出力に数式を示した。これはORやANDを数式で表した論理演算である。これについては，次節で説明する。図(a)のリレー論理回路は，スイッチの入り切りに従い電流の流れ方が明確にわかる。そして，スイッチのON状態によって電磁リレーコイルが励磁し，接点が働きランプが点灯するという順序も，図より安易に読み取れる。

ところが，図2・19(b)の論理記号で表した回路は，図2・14で示した論理の約束を明確にしておかないとわかりにくい論理回路図である。しかし，その約束さえ理解しておけば，論理記号で表した図2・19(b)の回路図は簡単で理解しやすい表記方法である。

さて，図2・19(b)は，入出力信号の質はつぎに述べるように異なっているが，図(a)と全く同じ論理回路を表している。すなわち，図(a)の入力はスイッチS_1～S_3であったので，手動でそれらのスイッチをON−OFFさせる機械的入力といえる。ところが，図(b)の入力信号は，入力回路の項で述べたように電圧の有無，つまり，H（5〔V〕）レベル，L（0〔V〕）レベルである。そして，出力信号YもHレベルかLレベルの電圧が現れる。この点が図(a)と異なる。したがって，出力のON－OFF状態をランプの点滅状態で判別しようとするなら，図2･18に示したような出力回路を図2･19(b)のAND出力端に接続する必要がある。

図2･19(c)は，図(a)および図(b)のタイムチャートを示す。図より明らかなように，出力Yが現れるのは，X_1あるいはX_2がHレベル状態のときに，X_3もHレベル状態となる場合である。

2・4　デジタル技術の活用法

これまで，デジタルの意味とその有効性，デジタル技術の考え方を述べてきた。そして，デジタル技術はスイッチのON－OFFで簡単な場合は具体化できることを示した。このON－OFF動作を高速で行うためには，デジタルICを使い電子工学的に行わなければならない。ここでは，デジタル技術のさらなる応用を考えるために，リレー回路と論理記号を併用し解説し，デジタル技術の具体例を考える。そのために必要な論理回路をブール代数の説明とタイムチャートを導入して論理回路をわかりやすく述べる。

論理回路をブール代数式で，その逆にブール代数式を論理回路で表現できるようになると大変都合がよい。ここでは，簡単なブール代数について述べる。ブール代数式で表した式を**論理式**という。

ブール代数で扱う変数は“0”，“1”である。しかし，これはこれまでに述べた“ON”－“OFF”，“高い”－“低い”，“H”－“L”などと，次のような対応があることに注意すべきである。

“0”：電圧ならL（low）レベル
　　　電磁リレー接点なら開（OFF）
　　　電磁リレーコイルなら消磁（電流を流さない状態）
“1”：電圧ならH（high）レベル
　　　電磁リレー接点なら閉（ON）

電磁リレーコイルなら励磁（電流を流した状態）

以上のように，“0”，“1” は，変数とはいうものの数字として量を示すのではなく，上述したような状態を示す論理値を示す記号と考えるとよい。ブール代数では，次の定義がある。

“0” でない変数は，必ず “1” である。また，“1” でない変数は，必ず “0” である。

このほかにも多くのブール代数の公理と法則があるが，ここでは省略する。参考文献を参照されたい。

[1]　論理積（AND）の演算式について

変数 X_1，X_2，Y があり，Y は X_1 であり，かつ，X_2 であるとき，Y は X_1 と X_2 の**論理積（AND）**にあるという。

この関係は，

$$Y = X_1 \cdot X_2 \tag{2·1}$$

と表し，Y イコール X_1 アンド X_2 と読む。

この関係をスイッチで表したものが図2·12(a)，リレー回路で表したものが図2·12(b)の AND 回路である。また，論理記号，タイムチャート，真理値表で表したものが，図2·14の AND である。

[2]　論理和（OR）の演算式について

変数 X_1，X_2，Y があり，Y は X_1 であるか，または X_2 であるか，いずれか一方であれば成り立つ関係を**論理和（OR）**にあるという。この関係は，

$$Y = X_1 + X_2 \tag{2·2}$$

と表し，Y イコール X_1 オア X_2 と読む。この関係をスイッチ，リレー回路で表したものが図2·12(a)，(b)の OR 回路，また論理記号，タイムチャート，真理値表で表したものが図2·14の OR である。

[3]　否定（NOT）の演算式について

2つの変数 X，Y がある。X でなければ Y，X であれば Y でないとき，Y は X の

否定（**NOT**）にあるという。この関係は，

$$Y = \overline{X} \tag{2·3}$$

と表し，YイコールノットXと読む。この関係を論理記号，タイムチャート，真理値表で表したものが図2·14のNOTである。

以上，2変数のAND，OR演算について述べたが，

$$Y = X_1 \cdot X_2 \cdot X_3 \qquad \text{(AND)}$$

$$Y = X_1 + X_2 + X_3 \qquad \text{(OR)}$$

のように，変数の数が増えてもその考え方は同じである。そして，これらの関係を組み合わせ，

$$Y = (X_1 + X_2) \cdot X_3$$

というような演算に拡張することもできる。このような論理演算式が与えられた後，逆にこの式に対応する論理回路を組み立てる場合がある。その例が図2·19(b)にすでに示した論理回路である。

［例題］2·2　図2·20のリレー回路を論理演算式で表せ。また，この関係を論理記号で表した回路を示せ。

［解］　X_1とX_2はAND回路を構成している。このAND回路とX_3はOR回路を構成している。したがって，論理演算式は，

$$Y = X_1 \cdot X_2 + X_3$$

となる。また，以上の関係を論理記号で表すと，図2·21のようになる。

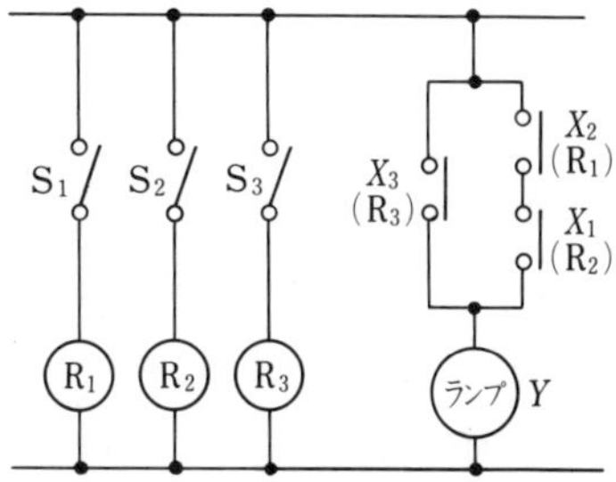

図2·20　リレーAND・OR論理回路

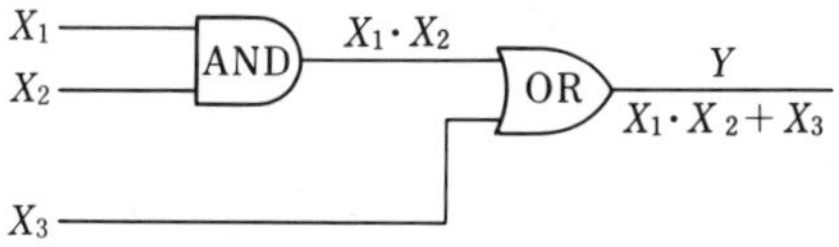

図2·21　図2·20の論理記号

2・5 論理回路とその応用

デジタル技術は，ON か OFF あるいは high (H) か low (L) というように，2値を取り扱う世界である。H と L の2値であれば，H は電圧あり（+5〔V〕)，L は電圧なし (0〔V〕) というような約束があることを前述した。H の状態を保持できる回路は，**記憶回路**と呼ばれる。この記憶が電子的に可能となったおかげで，デジタル技術の世界が開けたといっても過言ではない。このような記憶素子（メモリー）がIC化され，さらにそれを効率的に利用できるようになったためコンピュータや日本語ワープロが今日に見るように発達した。

本節では，論理回路の応用として記憶回路，フリップ・フロップ回路などデジタル技術の基礎について述べ，応用の広いデジタル技術の一端に触れる。

[1] 切換回路（安全確認回路）

2台の機械があって，その周辺の安全を確かめてからでないと，機械は運転できないスイッチ回路を考える。機械の駆動はモータである。その動力の切り換えはリレー接点で行うものとして，図2·22の回路を考える。

図2·22 (a) に示す回路のSは，2台のモータ回路を切り換える主スイッチである。1側に倒せばモータ M_1 を回せる準備ができたことになる。周辺の安全を確かめ，押しボタンスイッチ PB_1 を投入するとモータ M_1 は回転する。同様に，Sを2側に倒し，PB_2 を押せば，モータ M_2 は回転する。

さて，図2·22 (a) のSを1側に倒した場合，このSと押しボタンスイッチ PB_1 とは直列接続であることから，論理としては AND 回路と見ることができる。同様に，Sを2側に倒すと，Sと PB_2 とは AND 回路を構成している。スイッチSが1側にあるか2側にあるかを論理変数 X_C で表すと，1側を X_C とするなら，2側は $\overline{X}_C$ で表せる。つまり，$\overline{X}_C$ は X_C の NOT である。1側の直列回路はスイッチSの変数 X_C と PB_1 の変数 X_1（PB_1 が ON で X_1，OFF で $\overline{X}_1$ とする）とは AND 回路であることから，モータが回るという論理演算式は $X_C \cdot X_1$ と書ける。同

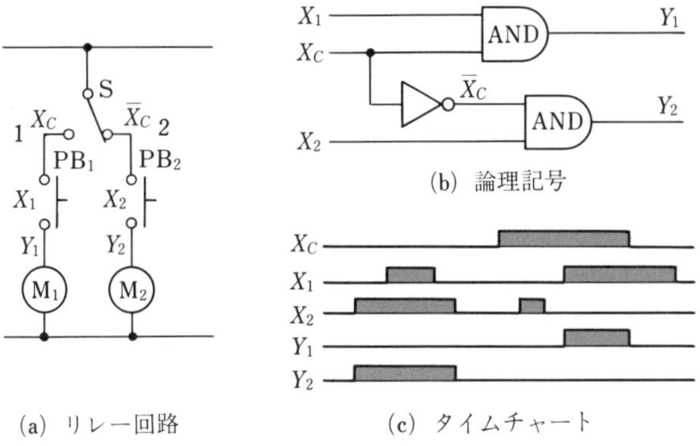

図 2・22　切換回路

様に，2側では，$\overline{X}_C \cdot X_2$ と書ける。

各岐路のモータが回るという場合の出力変数を Y_1，Y_2 とすると，

$$Y_1 = X_C \cdot X_1 \tag{2·4}$$

$$Y_2 = \overline{X}_C \cdot X_2 \tag{2·5}$$

となる。こうして得られた論理演算式を基に，式(2·4)と式(2·5)を論理記号で表した論理回路は，図(b)のようになる。

以上の関係をタイムチャートで表すと，図(c)となる。こうして見ると，スイッチSだけを切り換えただけではモータは回らない。安全の確認作業を行った結果で押しボタンスイッチ PB_1 または PB_2 を押し，始めてモータは回転する。このことから，AND 回路は作業の**安全論理回路**ともいえるであろう。

［2］　一致回路（階段の上と下で電灯を点滅できるしくみ）

2階家の階段上を照らす電灯スイッチについて考える。このスイッチは，まず1階にいる人が2階へ上がろうと階段下のスイッチ S_1 を入れると，電灯はつく。階段を上りきり2階のスイッチ S_2 を入れると，この電灯は消える。このように，上下いずれのスイッチでも，階段を照らす電灯の ON－OFF が可能である電気回路は，図 2·23(a)のようになっている。

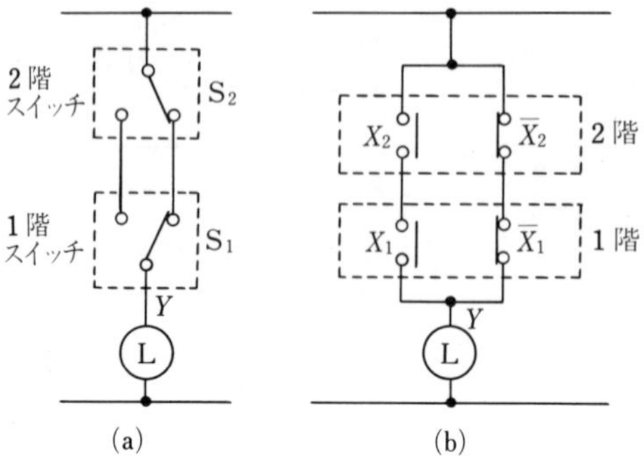

図 2·23　階段のスイッチ回路

スイッチ S_1，S_2 は切換スイッチであるから，ON 状態と OFF 状態がある。S_1 の ON−OFF 状態を改めて論理変数で表現し，X_1 (ON)，$\overline{X}_1$ (OFF) とする。同様に，S_2 に対する変数を X_2，$\overline{X}_2$ とする。このように変数を定め，図(a)を論理演算式で表現しやすいような回路図に書き改めると，図(b)のようになる。

図(a)と図(b)は，同じ階段スイッチ機能をもつということがわかれば，図を参照にして直ちに次のことが導ける。

① 変数 X_1 と X_2 は AND 関係にある ($X_1 \cdot X_2$)。

② $\overline{X}_1$ と $\overline{X}_2$ は AND 関係にある ($\overline{X}_1 \cdot \overline{X}_2$)。

③ ①と②の関係の OR 関係をとったものが電灯が点灯する条件である。
($X_1 \cdot X_2 + \overline{X}_1 \cdot \overline{X}_2$)

最終的に，電灯がつくという出力状態変数を Y とするなら，

$$Y = X_1 \cdot X_2 + \overline{X}_1 \cdot \overline{X}_2 \qquad (2\cdot6)$$

が導ける。この式が，図 2·23 に示した階段上下スイッチの ON−OFF 状態で電灯がつくという論理演算式である。

式(2·6)を基に論理回路を考えて見よう。式(2·6)より明らかなように，X_1 と X_2 を入力変数とすると，$X_1 \cdot X_2$ を演算する AND 回路が一つ必要である。次に，$\overline{X}_1 \cdot \overline{X}_2$ を演算する AND 回路も必要である。この回路の入力には，X_1 と X_2 の否定（NOT）が必要であるから，NOT 回路2個も必要である。こうして得られ

た$\overline{X}_1$，$\overline{X}_2$のANDがとれる回路を組めば$\overline{X}_1 \cdot \overline{X}_2$の論理回路が得られる。

さらに，$(X_1 \cdot X_2)$と$(\overline{X}_1 \cdot \overline{X}_2)$のAND出力をOR回路で結合すれば，図2・24(a)に示すような論理回路が完成する。図(b)は，図(a)あるいは図2・23のタイムチャートである。これより明らかなように，X_1とX_2あるいは$\overline{X}_1$と$\overline{X}_2$が同時にON状態の場合に，出力であるYがHレベルになる。つまり，電灯がつくことになる。

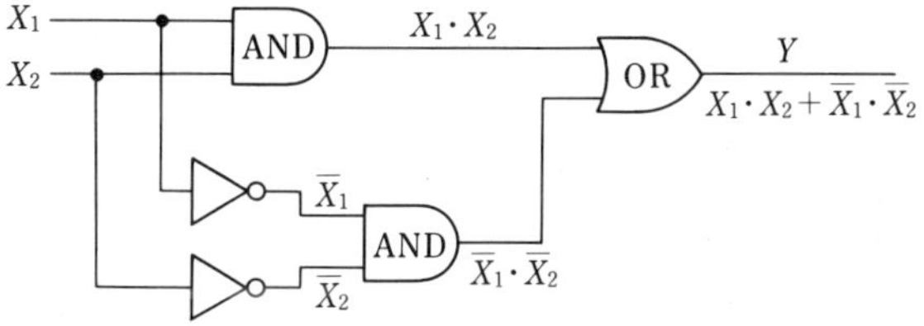

(a) 論理回路

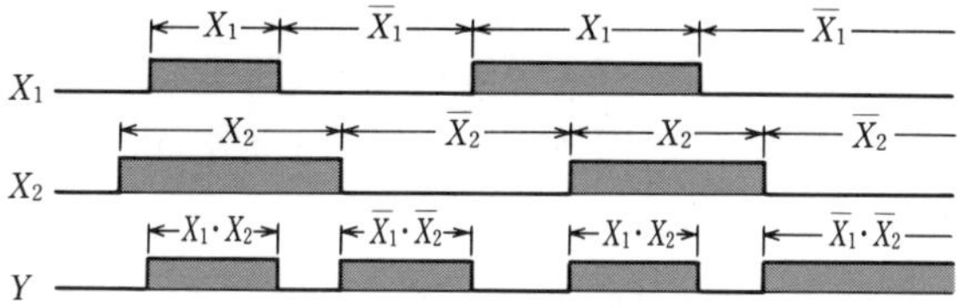

(b) タイムチャート

図2・24 階段スイッチ論理回路とタイムチャート

2・6　記憶機能と記憶回路

図2・25(a)は，2入力のOR回路である。いま，入力をX_1，X_2とする。X_1を図示のように$t_1 \sim t_2$時間だけH(high)とし，X_2をL(low)に保つものとしよう。この場合の出力Yは，図に示したように入力X_1と同じである。これはOR回路の動作原理より明らかなように，2入力の片方がHになれば，出力YはHになる。このOR回路について，図(b)に示すように，出力Yを入力のX_2へもどしてやる。つまり，フィードバックをかけてやるとどうなるかを考えてみる。

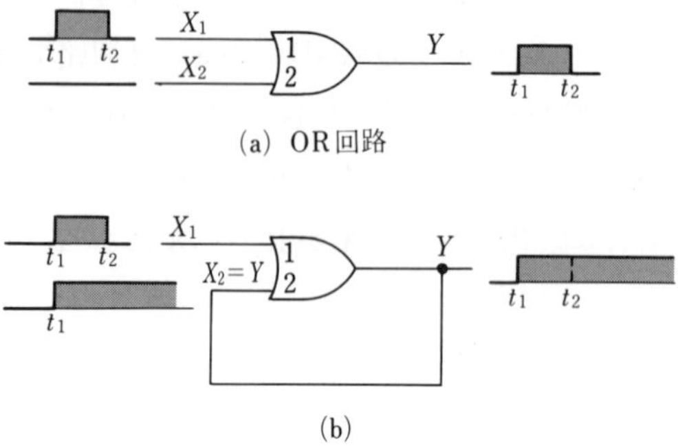

図2･25　OR回路と記憶機能

入力信号X_1は時刻t_1でHレベルとなり，t_2でLレベルとなることは前述した。この回路はOR回路であるから，時刻t_1でYの信号レベルは当然Hレベルになる。同時に，Yの信号は入力端子2へ戻されているので，OR回路への2つの入力は$t_1 \sim t_2$でともにHレベルの状態にある。時刻t_2となりX_1がLレベルになっても，もう一方の$X_2 (=Y)$がHレベルのままなので，OR回路の特性から出力Yは相変わらずHレベルを保っている。

以上述べたように，2入力OR回路の出力の一部を入力の一方へ戻すように回路を組み，入力X_1を一瞬Hレベルにすると，出力はHレベルを保ち続ける。このような機能は**記憶機能**と呼ばれる。

[1]　リセット優先自己保持回路

図2･25の回路は，入力のHレベルを記憶させることはできるが，それを消去することはできない。そこで，図2･26に示すように，OR回路の出力にAND回路を設け，その出力の一部をOR回路へ戻すような経路を設けると記憶と消去が行えるようになる。2入力AND回路の一方の入力にNOT回路を設け，その入力にX_2を加える。このX_2が記憶と消去を行う指令信号である。

さて図2･26の記憶回路の動作について考えてみよう。まず，X_2をHレベルに保つと，AND回路の一方の入力は$\overline{X}_2$であるから，これはLレベルである。こ

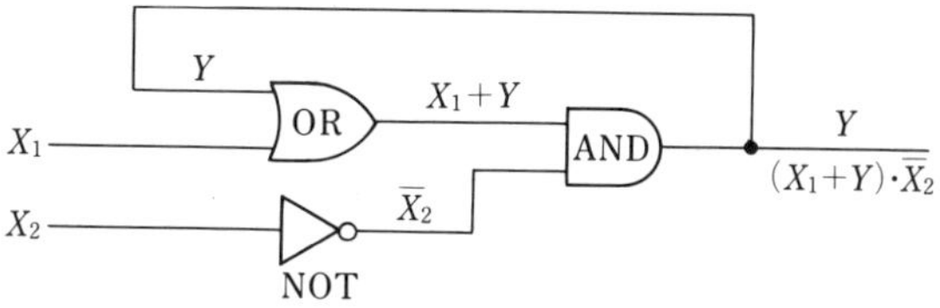

図 2･26　リセット優先自己保持論理回路

の状態でX_1をHレベルにするとOR回路の出力はHになる。しかし，$\overline{X}_2$がLレベルであるため，AND回路の出力YはHレベルにはならない。つまり，出力は現れない。

次に，X_2をLレベルに保つと，こんどは$\overline{X}_2$はHレベルになる。したがって，X_1をHにするとOR回路の出力はHになり，AND回路の出力YもHとなる。この状態で，X_1がLレベルになったとしてもOR回路には，もう一方の入力としてHレベルのY信号がフィードバック信号として入っているので，相変わらずOR回路とAND回路の両出力は共にHレベルを保っている。こうして，X_1のHレベルが出力Yに現れ，X_1をLレベルにしてもYはHレベルを保ち続ける。つまり，X_1のHレベルが記憶されたことになるのである。

一方，記憶されたYを消去するためには，AND回路入力$\overline{X}_2$をLレベルにすればよいことがわかる。そのためには，X_2をHレベルにしてやればよいのである。

図2･26のX_2がLレベルである限り，この回路の機能は図2･25(b)と同じ記憶機能をもつ。図2･26が図2･25(b)と異なる点は，X_2がHかLかで記憶したり消去したりできるという点である。図2･26の関係を論理演算式で表すと，

$$Y=(X_1+Y)\cdot\overline{X}_2$$

となる。

図2･27(a)は，図2･26の論理回路をリレー回路に置き換えた図である。この図は，励磁コイルRがON(励磁)状態になるとリレーR_2がON状態となりランプLが点灯することを表している。PB_1，PB_2のON−OFFはX_1，X_2のH，Lに対応し，励磁コイルRのON(励磁)−OFF(消磁)は出力YのH−Lに対応する。

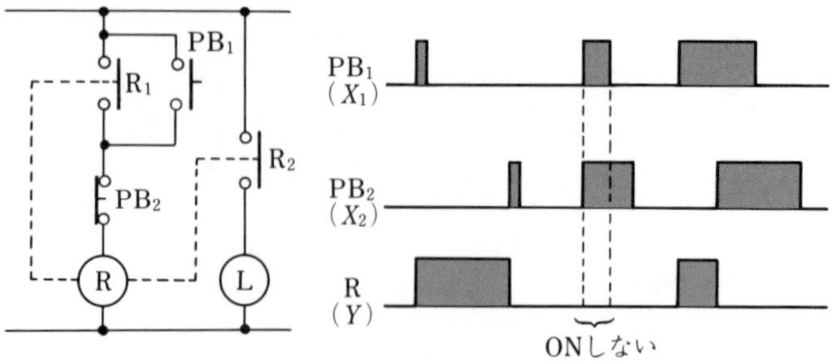

(a) リレー回路　　(b) タイムチャート

図2･27　リセット優先自己保持リレー回路

図2･27(b)は，この回路のタイムチャートである。PB$_1$とPB$_2$が押される時間的タイミングが完全に別れていれば，図でわかるように，保持機能（記憶機能）は問題なく発揮する。ところが，PB$_1$とPB$_2$が同時に押されたような場合，出力であるRがON状態になるかどうかが問題となる。図2･27(b)に示したように，PB$_1$とPB$_2$が同時に押された場合は，図2･27(a)のリセット優先自己保持回路では決して出力R（図2･26ではY）はON状態にはならない。ともかく，PB$_1$よりPB$_2$(X_2)が優先されるのである。

PB$_1$(X_1)は**セットボタン**とも呼ばれ，PB$_2$(X_2)は**リセットボタン**とも呼ばれる。以上の説明で明らかなように，図2･26ではX_2が，図2･27(a)の動作ではPB$_2$が優先する。そのため，この回路は**リセット優先自己保持回路**と呼ばれている。この回路は，PB$_1$(X_1)，PB$_2$(X_2)を誤って同時に入力したような場合でも，必ずOFF状態が優先することから，安全運転の起動停止回路に応用されている。

[2]　セット優先自己保持回路

図2･28は，セットを優先する記憶論理回路である。OR回路出力からAND回路を介してフィードバック経路を設けてある。AND回路にはX_2をNOT回路を介して加えている。このX_2がLレベル状態において，AND回路への入力$\overline{X}_2$はHとなるので，YがHレベルにあれば，AND回路出力はHとなる。つまり，X_2がLレベルであれば，図2･25(b)と同じ記憶回路となる。

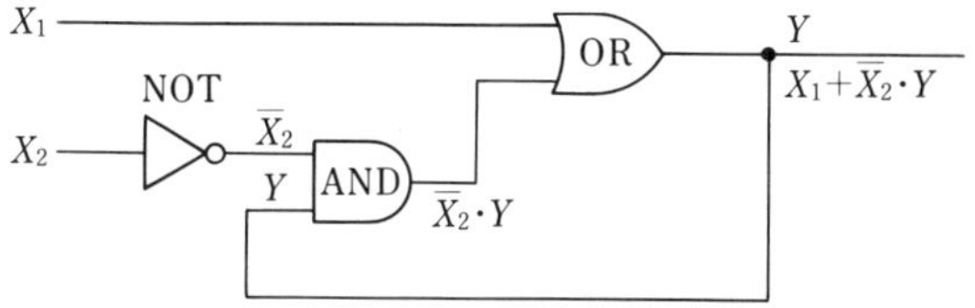

図 2・28　セット優先自己保持論理回路

ところが，X_2 をＨレベルにすると，NOT 回路の出力 $\overline{X}_2$ は，Ｌレベルとなる。AND 回路入力の一方がＬレベルであれば，いくらもう一方のフィードバック信号入力 Y がＨレベルになったとしても，AND 回路の特性から，その出力信号はＨレベルにならない。このことは，フィードバック経路が断ち切られた状態と同じであるから記憶機能は発揮できない。つまり，信号 Y は信号 X_1 の状態に等しく，X_1 がＨレベルであれば Y もＨレベル，X_1 がＬレベルになれば Y もＬレベルとなり，記憶作用は働かないのである。

このように見てくると，NOT 回路の入力 X_2 がフィードバック経路の ON-OFF を支配する役割をもっていることがわかる。つまり，記憶中の信号を X_1 とすると，X_2 をＨレベルにすることによって，記憶されたその X_1 のＨレベル（信号 Y のＨレベル）を消去できるのである。図 2・28 の論理回路を論理演算式で表すと，

$$Y = X_1 + \overline{X}_2 \cdot Y$$

となる。

図 2・29(a)は，図 2・28 の論理回路をリレー回路に置き換えた図である。PB_1，PB_2，R の ON-OFF 状態は，X_1，X_2，Y の H-L 状態に対応している。

リレーシーケンス回路では，この回路を**セット優先自己保持回路**と呼んでいる。その理由は，図 2・29(b)のタイムチャートに示したように，PB_1(X_1)，PB_2(X_2) が押される（あるいは入力される）タイミングが同時であると，出力である R はこの状態で ON（励磁）状態になる。この理由は，図 2・29(a) のリレー回路を見ればわかるように，PB_1 を押せばともかくリレー R が励磁されるということによる。この点が，先の図 2・27 のリセット優先自己保持回路と異なる。

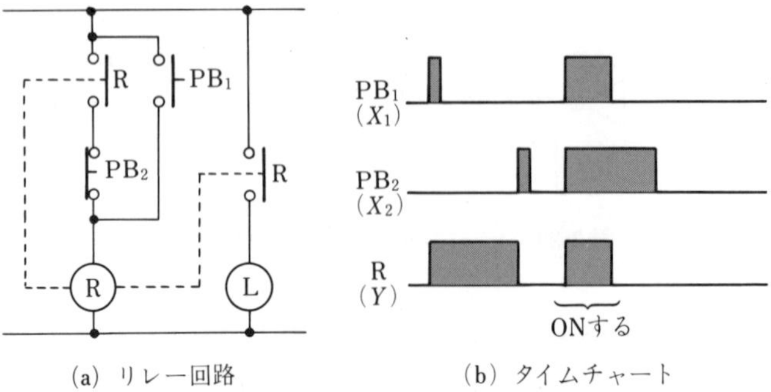

図 2・29 セット優先自己保持リレー回路

緊急事態が発生したような場合はとかく慌てがちである。こうした場合，緊急警報装置の PB$_1$（セット）と PB$_2$（リセット）を誤って同時に押すということも十分考えられる。このような場合でも，出力はともかくも ON 状態になるので警報は発せられる。以上のような理由で，この回路は警報装置関係に応用されている。

[3] フリップ・フロップ

図 2・28 は，H レベルを任意の時刻で記憶したり，それを消去したりすることができる回路であった。図 2・30 (a) は，この回路を書き直し，その入力記号の X_1，X_2 を S（セット，set），R（リセット，reset），出力記号の Y を Q で表した図である。この回路は，図 (b) のように，NAND 回路を用いても，同じ記憶・消去機能をもつ回路が構成できる。ここで，NAND というのは，AND 回路の否定である。

図 (b) の回路の入力は，S(set)，R(reset) という 2 入力であり，出力は Q とその否定 $\overline{Q}$ である。回路図は，図 (c) のように表し，**フリップ・フロップ**と呼んでいる。このフリップ・フロップの入出力タイムチャートは，図 (d) のようになり，出力 $\overline{Q}$ を除けば図 2・29 (b) と同じタイムチャートである。つまり，フリップ・フロップは，自己保持回路と同じように，記憶（セット）・消去（リセット）機能をもつ論理要素である。

図 (c) に示したフリップ・フロップは**セット・リセット-フリップ・フロップ**と

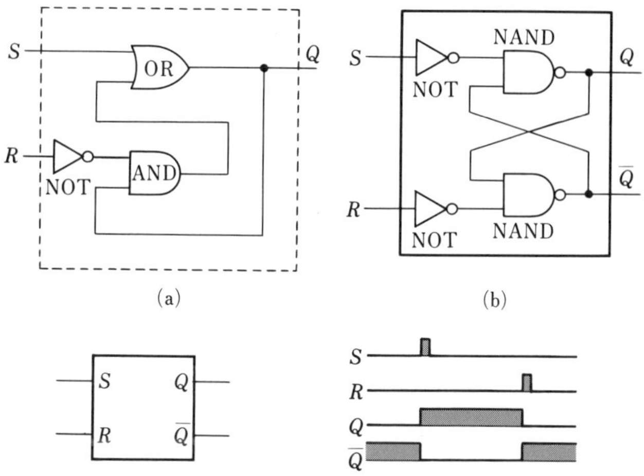

(a)　(b)

(c) フリップ・フロップの図記号　(d) タイムチャート

図 2・30　フリップ・フロップ

いい，記号でRS－FFと書き表すことがある。フリップ・フロップには，このほかにもいくつかの種類がある。記憶機能をもたせることのできるフリップ・フロップは，デジタル技術の中でも重要な役割を占め，メモリ（記憶），処理装置の中で一時的に数値を記憶するレジスタ，パルスの数を数えるカウンタなどに不可欠な要素である。

1個のフリップ・フロップは，Hレベル（“1”）か，Lレベル（“0”）の2値が記憶できることは前述のとおりである。これは1ビットのデータ記憶ができることになる。フリップ・フロップが2個あれば，それは2ビットの記憶が行え，それらのH，Lの組み合わせは(L，L)，(H，L)，(L，H)，(H，H)，あるいは(0，0)，(1，0)，(0，1)，(1，1)の4とおりの異なる2値データの記憶ができることになる。同様に，4個のフリップ・フロップは4ビットで16とおり，8個では8ビットで256とおりの相異なる2値データの記憶ができる。

デジタル・コンピュータ（電卓，パソコン，ミニコン，大～中型コンピュータなど）は，加減乗除を得意とし，各種論理命令体系をもっている。こうした命令語を“1”，“0”(“H”，“L”)の世界で表現し，それらを記憶させておくことができる。必要な命令が下されたとき，その命令に対応する1，0パターンの命令語が読み出され，演算処理がすみやかに実行される。こうした処理の中で，数値を記憶する役目をもつものを一般的に**レジスタ**といい，このレジスタにはフリップ・フロップが応用されている。

よくマイコン洗濯機とかマイコン炊飯器などと，マイコン入り製品という言葉を聞く。ところが，今ではそれが当り前になった製品ばかりである。そのような製品に使われているマイコンの役割は，複雑な数値計算を実行させるということよりむしろ，水位（圧力センサ使用），汚れ具合（光センサ使用），水道栓の開閉，脱水器の回転指令（ON－OFF）など，それぞれの作業段階での対象制御量と設定目標値との比較，判断，操作・運転時間の決定や運転命令の判断に用いられている。マイコンはこうした判断機能，記憶機能をもっているので，機械装置に組み込まれ，機械の機能向上に役立っている。

［例題］2･3　2個の温度センサ（サーモスタット），温水ヒータ，圧力計を用い家庭における室温と温水の制御系を考える。2個のサーモスタットのうちの1個は，日中用として20〔℃〕に，もう1個のサーモスタットは夜間用として15〔℃〕にセットしてある。熱源のバーナーは1台で室温と温水の両方の温度調節を行うものとする。①　日中に20〔℃〕以下，②　夜間で15〔℃〕以下，③　温水器は65〔℃〕以下になると，加熱装置はON状態になるものとする。上記①～③のいずれの場合も，加熱装置の蒸気圧は0.035〔kgf/cm^2〕以下でなければならないものとする。

以上の条件を満たし，加熱装置が作動する（ON状態）ための論理とその回路を示せ。

［解］　設問の内容を論理演算式で表現するために，次のような記号と条件を対応させる。

F＝加熱装置が作動，D＝日中である，$\overline{D}$＝日中でない

T_1＝温度＜20〔℃〕，T_2＝温度＜15〔℃〕，H＝温水器＜65〔℃〕

P = 圧力 < 0.035〔kgf/cm^2〕

"・"は"AND"，"+"は"OR"

設問の内容を論理演算式で現すと，次のようになる。

$$F = (D \cdot T_1 + \overline{D} \cdot T_2 + H) \cdot P$$

この論理演算式をもとに論理回路を求めると，図 2·31 となる。

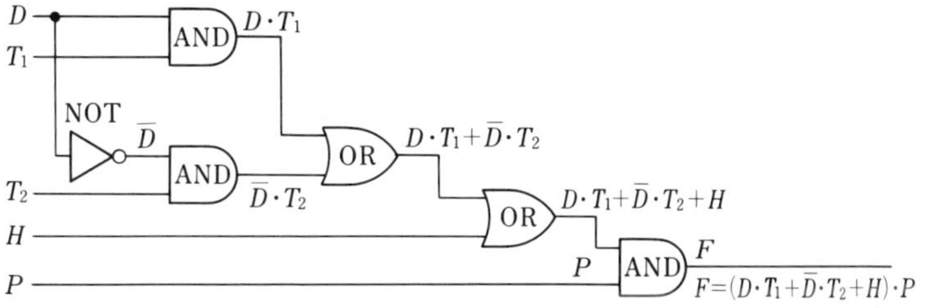

図 2·31　室温と温水の温度調節論理回路

演習問題 [2]

1. 図 2·32 の① タイムチャートと② 真理値表を完成せよ。また，③ Y の論理演算式を示せ。

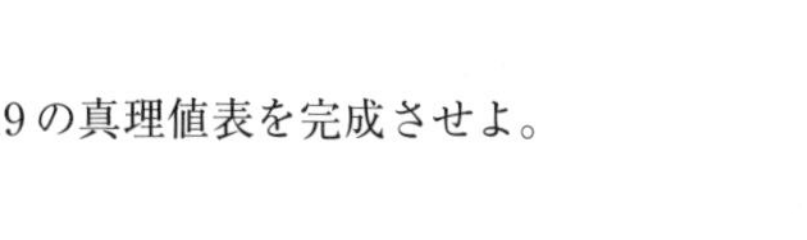

図 2·32

2. 本文中の図 2·19 の真理値表を完成させよ。

3. 2 進数 1 ビットの (0, 1) は，(低電圧：0，高電圧：1) のように物理量，運動，現象などと対応させることができる。そのような例を 5 項目挙げよ。

4. 図2·33の入力回路(a)〜(d)において，入力信号 v_i が図のように与えられた場合の出力信号 v_o の変化を図示せよ。

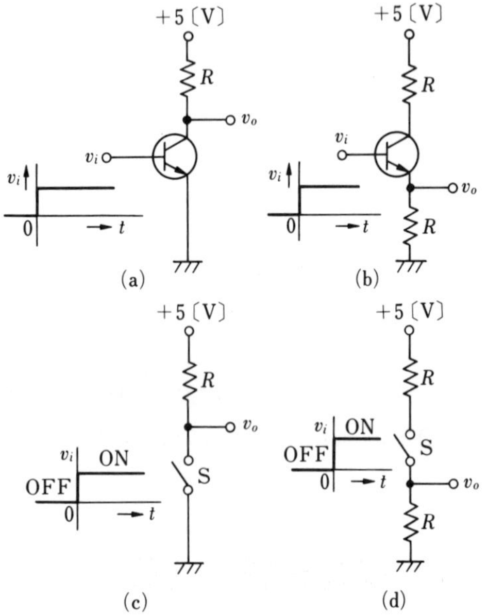

図2·33

5. 図2·34のリレー接点は，基本論理回路で何という回路か。回路名とその論理回路の図記号を示せ。

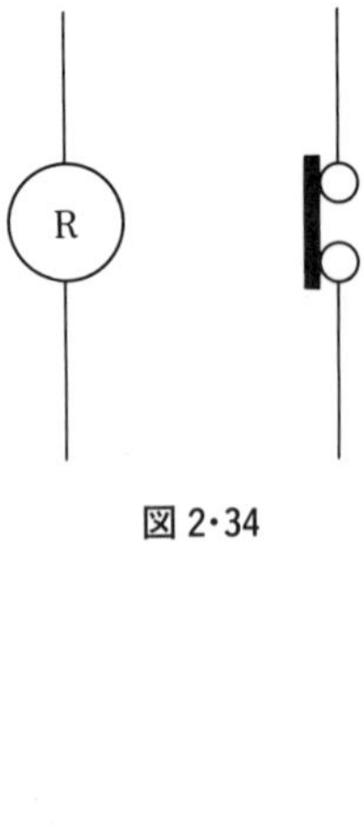

図2·34

6. 図2·35はNAND回路(破線部分)にNOT回路を直列接続した図である。その真理値表を完成させよ。この真理値を参考に，図のX_1, X_2, Y_1, Y_2のタイムチャートを描け。また，入出力関係を観察して，この回路に等価な論理回路は何であるかを示せ。

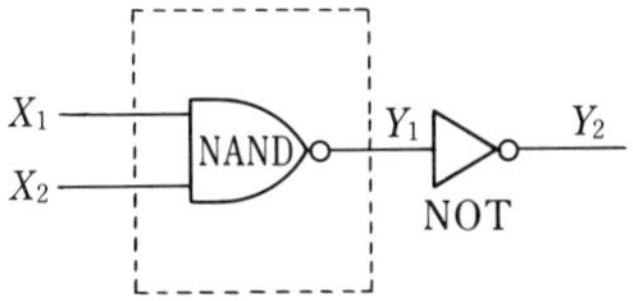

図2·35

7. ワンマンカーの座席窓際に降車合図用の押しボタンスイッチが取り付けられている。この押しボタンスイッチを押すと，「次は止まります」というサインが一斉につくようになっている。この押しボタンスイッチの動作機能から判断して，この降車用押しボタンスイッチ・システムには，どのような論理回路が応用されていると考えられるか。代表的な回路名を2つ挙げよ。

8. 図2·36の論理回路(a)～(e)に対応する回路名を次の①～⑤より選べ。

① 切り換え回路 (　　)
② 一致回路 (　　)
③ 記憶回路 (　　)
④ リセット優先自己保持論理回路 (　　)
⑤ フリップ・フロップ (　　)

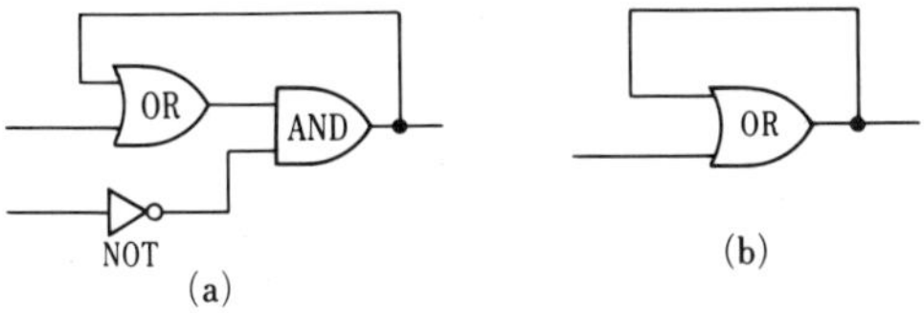

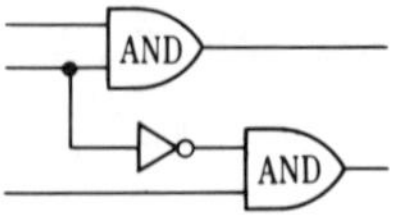

(c)

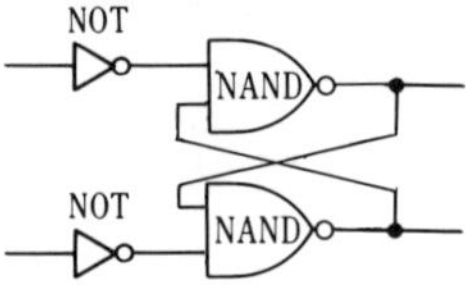

(d)

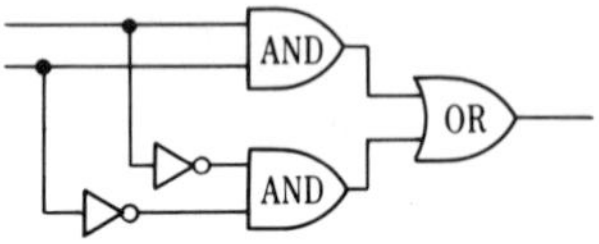

(e)

図 2・36

9.　図2·37に関して，次の設問に答えよ。

（1）　Y_2 の論理演算式を示せ。

（2）　X_1 が1，X_2 が1，X_3 が0のときの出力 Y_2 は何か。

（3）　X_1, X_2, X_3 ともに1のとき，出力 Y_1, Y_2 は何か。

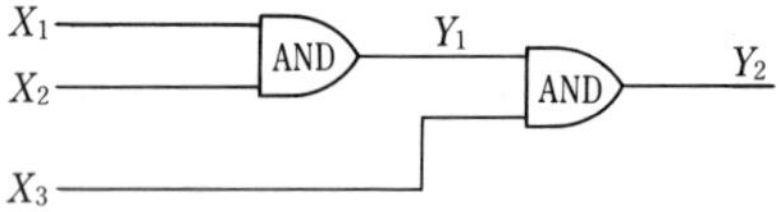

図 2・37

10.　図2·38の論理回路において，出力 Y が1となるためには，入力 X_1, X_2, X_3 がどのようなレベルであることが必要か。X_1, X_2, X_3 のレベルをいえ。

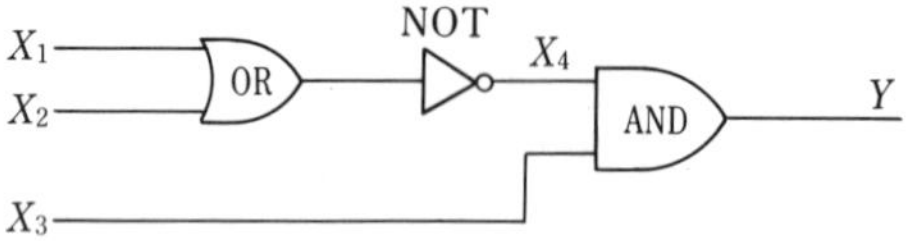

図 2・38

第3章　アナログ技術とオペアンプ

デジタル技術が普及し，アナログ技術の世界はエレクトロニクスの舞台から消え去ったかのような観さえ与えている。しかし，ここでよく考えてみると空気や水の流れ，動植物の成長，それらの行動，われわれ人間の動きなど，あらゆる自然界の現象はアナログ的なものばかりで，自然のものでデジタル的な変化や運動をするものを探すことは困難である。そこで，本章ではアナログ量について考察し，その量を処理するために有効なオペアンプ（演算増幅器）について述べる。

3・1　アナログ信号とアナログ技術

エレクトロニクスというと，大型コンピュータやマイコンを基本とするデジタル技術を指すかのように，現在ではデジタル技術が世に広まり，幅広い分野にその応用がなされている。1948 年にトランジスタが発明され，その後の 1956 年に IC が開発された。それ以前までエレクトロニクスといえばアナログの世界であったことを思うと，技術の進歩には目を見張るものがある。アナログ技術があってこそデジタル技術があるので，ここではそのアナログ量とその技術について考えてみる。

[1]　アナログ量の性質

アナログ（analogue）という言葉は，相似とか類似という意味がある。例えば，ものの長さや重さ，温度，圧力，液体の液位や流れ，電流や電圧などはすべてアナログ量として取り扱われている。つまり，長さや重さ，あるいは温度や圧力などの物理量は連続した量であって，すべて類似している状態量であるからアナログ量である。このような物理量の仲間である電気量について，これをアナログ信号の立場から考えてみよう。

温度や圧力のような物理量はセンサという物理量の変換素子を用いると電気量に変換可能である。したがって，電気量に関するアナログ信号の特徴を捕えておけば，物理量一般のアナログ的性質はわかる。

アナログ量というのは，前述したように連続量である。図3･1(a)に示すように，最小値0から最大値1（例えば，電圧5〔V〕を1とする）へ瞬時に変化するパルスであっても，図(b)のように時間軸を拡大するとその中間値は，すべて有効な値をもつアナログ量として観察できる。

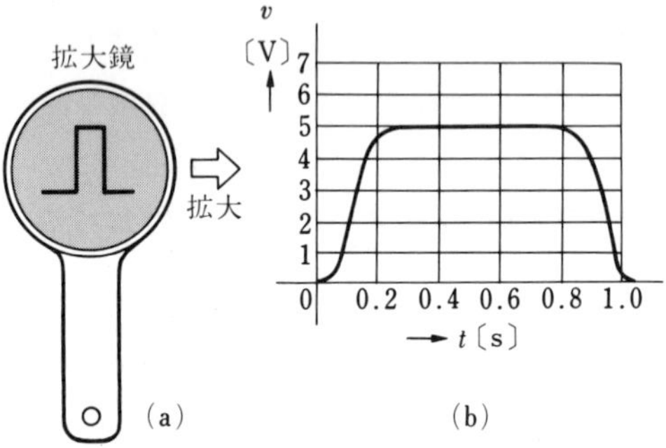

図3･1　パルス信号を拡大すればアナログ信号

図3･2は，時間経過に対して変化するアナログ量の例を示す。電気系について考えると直流（図(a)），交流（図(b)），電波（図(c)），過渡現象（図(d)）と，それぞれの図は見ることができる。ここで，直流というのは，第1章で述べたように，バッテリ，乾電池，太陽電池，直流発電機などによって発生する電気量であって，これは時間経過に対して，変動のない一定の値である。ところが，自然界の物理変化，産業現場で扱う各種物体の位置・速度・温度・圧力など物理信号のレベル(大きさ)は，次から次に変化する。その変化が定常的に繰り返す場合には，これを図(b)の交流信号(正弦波)と見なすことができる。

また，それらの信号を遠方へ運ぶためには図(c)のように搬送波という一定高周波と伝送したい信号とを合成し，変調波というものにその信号を変換する。図(c)

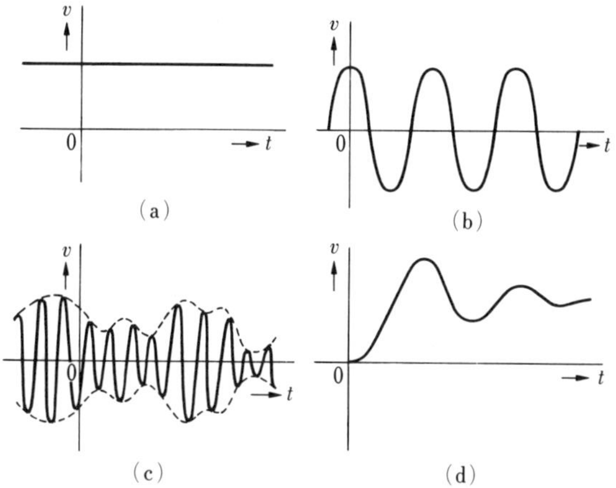

図 3・2 アナログ信号

のような変調波は振幅(AM)変調として知られている。図(d)のようなアナログ量の変化は，物理量を急激に変化させた場合に生じる過渡現象に見られる。これは，例えば抵抗，コイル，コンデンサからなる電気回路に階段状の電圧を与えた場合，過渡的に変化する回路電流として観測できる。また，台秤の上に測ろうとする物体を急に載せた場合の針の動きにも見られる現象である。

このような信号を取り扱う各種機器・製品・測定装置などに関わるエレクトロニクス製品には，必ずといってよいほどにオペアンプを初めとする各種 IC，LSI が組み込まれている。それらのエレクトロニクス製品を動作させるために，直流電源が必ず必要となる。そのために，交流 100〔V〕電源を使用するエレクトロニクス製品であっても，その内部においては交流 100〔V〕を直流 5〔V〕とか 12〔V〕に変換し，それをその装置の各種半導体要素の電源として使用している。このように，各種エレクトロニクス装置内部の電子回路は，外部から交流を供給し，それを直流に変換した電気を電源として使用している。

交流は，その繰り返す速さが遅いものを**低周波**，速いものを**高周波**といっている。このような高周波であっても交流はアナログ量として扱われている。こうしたアナログ量である物理量の変化は，いろいろなところに存在し，それらはわれわれの人間生活と密接な関係にある。

[2] アナログ技術

(1) アクチュエータとアナログ技術　人為的なデジタル式駆動源としてのパルスモータ（ステッピングモータ）は存在するが，このようなデジタル式駆動装置は極めて少ない。一般の電気モータ，油圧シリンダ，空気圧シリンダのように，人間の筋肉に対応する機械系の駆動装置一般は**アクチュエータ**という。そのアクチュエータにはアナログ式が多い。電車，自動車，ロボットを動かすというように，力を出すという場合には，すべてそこにはアクチュエータが存在し，アナログ技術が用いられている。ロボットやNC工作機械など機械装置類の多くにはデジタル・コンピュータが使われ，すべてがデジタル的に処理されて動いているかのように見える。しかし，実際にはコンピュータをはじめとするデジタル技術は，どちらかというと人間の脳の働きのように情報処理，演算，論理判断，記憶などの分野にその応用がなされている。機械の力の源であるアクチュエータや**センサ**（サーミスタ，熱電対，光センサなど物理量を電気量に変換する素子）の多くにはアナログ技術が活用されている。このように直接ものを動かす場合あるいは計測する場合にはアナログ技術が多いのである。

(2) センサとアナログ技術　動いた距離や変位を検出する方法の一つに，エンコーダというセンサを用いて測るデジタル技術がある。これに対し，温度，力(圧力)，光などの物理量は，現在のところアナログ技術による検出が主役である。しかし，それら物理量がひとたび電気量に変換されると，その処理の容易性からデジタル信号に変換されコンピュータで処理されることが多くなった。こうした理由で，これからもデジタル技術は，信号レベルの小さい情報処理の分野での活躍が期待される。そして，アナログ・デジタル両技術は，今後とも互いに相補いながら共存しなければならない技術である。

(3) オペアンプとアナログ技術　被測定対象の物理量を検知(測定)するためには，測定対象にセンサを取りつける必要がある。そのセンサの多くはアナログ的にその量を検出する。その量が微弱であれば，それを増幅する必要がある。

このように信号を増幅したり，加算したりあるいは積分が行えるアナログ要素の代表にオペアンプがある。アナログ技術というと**オペアンプ**(operational amplifier；演算増幅器）に関する技術のように受けとめられているほどに，オペアンプとアナログ技術は密接な関係にある。それは，アナログ信号の増幅・演算処理回路がオペアンプによって，極めて容易に構成可能であるからである。

自然界に存在するあらゆる物理現象はアナログ的変化といっても過言ではない。それをコンピュータに取り込み処理するためには，アナログ量をデジタル量に変換する必要がある。その変換器が**アナログ-デジタル変換器**(analog-digital converter）である。これを省略して**A/D 変換器**と呼んだり書いたりしている。コンピュータに取り込んだ物理量のデジタル表示だけなら，変換器は A/D 変換器だけですむ。ところが，その量を記録計に描かせたり，アクチュエータを使用して物体(ロボットや工作機械など)を動かしたりするような場合は，コンピュータの出力量であるデジタル信号をアナログ量に再び変換する必要がある。この場合には，**デジタル-アナログ変換器**（digital-analog converter；D/A 変換器）が必要となる。

3・2　オペアンプの基礎

オペアンプという名称は，すでに述べたように，正式にはオペレーショナル・アンプリファイヤ（operational amplifier；日本語で演算増幅器という）といい，これを縮めてオペアンプといっている。また，Op アンプあるいは Op. Amp. などと簡単に書くこともある。デジタル・コンピュータが普及する以前には，複雑な微分方程式を解くためにアナログ・コンピュータが盛んに使用されていた。このアナログ・コンピュータの演算回路には多くの増幅器が使用されていたことから，この増幅器を演算増幅器（オペレーショナル・アンプリファイヤ）といい，短縮した英語名でオペアンプと広く呼ぶようになった。オペアンプはアナログ信号の加減算，微積分が行える大変便利なアンプ(増幅器)である。

ここでは，オペアンプの特徴とその有効性について述べる。

[1] オペアンプ

(1) アンプとオペアンプの違い 一般に，**アンプ**（正確にはアンプリファイア，Amplifier，増幅器と呼ぶ）というのは，その入力側に微小信号電圧を加えると，それが何倍かに増幅されて出力に現れる電子回路や装置のことをいう。増幅器は，交流増幅器と直流増幅器に大別され，増幅する信号電圧の周波数，使用目的などによって，それぞれの増幅器には特別な回路的考慮が払われている。増幅器と一概にいってもいろいろあり，トランジスタ1個で構成する簡単な増幅器から，何十個ものトランジスタで構成する増幅器もある。

これに対してオペアンプというのは，直径1〔cm〕ほどのトランジスタ形（TO-99形）オペアンプ，矩形状のSIP形（SINGLE IN LINE PACKAGE），DIP形（DUAL IN PACKAGE）などがある。いずれも集積化（IC）され，トランジスタ20個程度で構成された高性能演算増幅器である。その図記号は，図3･3のように簡単に表す。

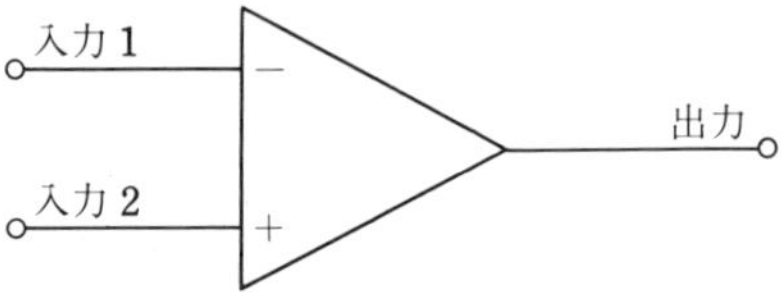

図3･3 オペアンプの図記号

オペアンプは基本的にはトランジスタ回路である。しかし，その中味については，われわれはブラックボックス（入力と出力との関係は分かっているがその中味は不明なもの）と考え，入力･出力に注目してオペアンプ回路を考えるのが普通である。

オペアンプは一般的な増幅器として，また各種産業における計測･制御･監視･検査などの電子装置内部の信号処理・波形整形・波形発生用として広く使用されている。

(2) 反転増幅と非反転増幅 オペアンプ（演算増幅器）は抵抗やコンデンサと組み合わせて回路構成を行う。単に信号電圧を増幅するという機能のほかに，複数のアナログ信号を加えたり引いたり，あるいは積分したり微分したりする，いわゆる演算が行え，その上同時に増幅も行える融通の効く演算増幅器である。ここでは，増幅の基本である反転増幅と非反転増幅についてまず考える。

(a)　反転増幅　図3・4は，1周期分の正弦波交流電圧を反転増幅器に加えた場合の入出力信号波形を示す。入力電圧の最大値は1〔V〕，最小値は－1〔V〕で，その持続時間は1〔s〕である。増幅器図記号内にマイナス(－)符号が書いてあるのは，この増幅器が反転増幅器(入力と出力が逆相)であることを示す。また，図中の2という数は増幅器が2倍の増幅度をもっているということを表す。

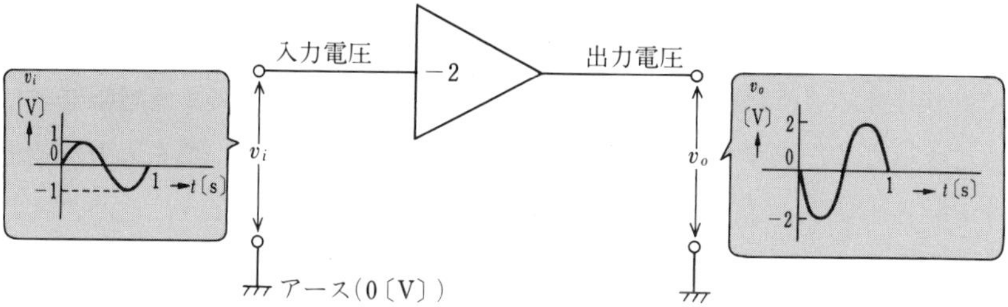

図3・4　反転増幅器

このような増幅器の入力端子に入力電圧 v_i が加わると，その電圧は2倍され，方向が入力電圧と全く逆向き(逆相)の電圧 v_o が出力側に現れる。このような増幅機能をもつ増幅器を**反転増幅器**という。

図3・4に示した増幅器の出力電圧 v_o は，$-2v_i$ となることから，演算増幅という立場からみると，出力電圧 v_o は入力電圧 v_i の関数と見ることができる。つまり，入力電圧 v_i に（－2）という定数を掛ける演算が，この増幅器によって行われたとみるのである。

(b)　非反転増幅器　図3・5は，非反転増幅器とその入力電圧，出力電圧の波形

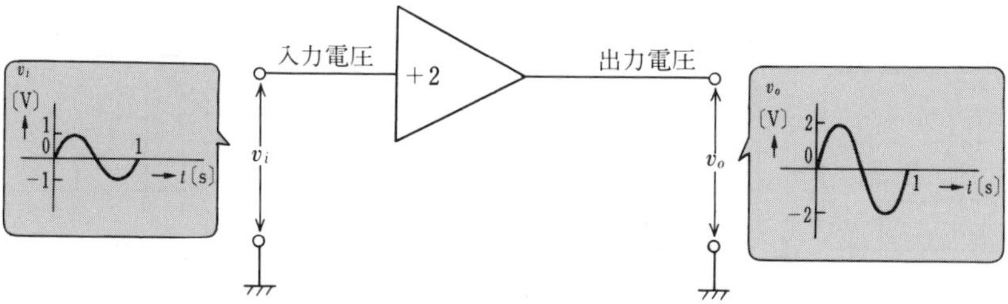

図3・5　非反転増幅器

を示す。図3･4と異なるのは，増幅器の増幅度が＋2となっている点である。そのため出力電圧 v_o の絶対値(大きさ)は入力電圧 v_i の2倍となっているが，その変化の方向は入力電圧 v_i と同じ(同相)である。このように同相(入力と出力の極性が変わらない)であるという意味から，この種の増幅器は**非反転増幅器**と呼ばれている。

以上，増幅器の反転・非反転増幅の意味について考えた。オペアンプの増幅度は，これまでに述べた増幅器のように，その増幅度が2倍などと小さいものではなく，後述するように極めて大きいのである。そのため，そのまま増幅器として使うことはなく，必ずフィードバックといって，出力信号の一部を入力端子側へ戻すという方式をとる。オペアンプはまた，図3･3に示したように2つの入力端子をもち，その一方が**反転入力端子**，もう一方が**非反転入力端子**となっているところにもその特徴がある。反転入力端子に加える電圧や信号は，**反転入力電圧**と呼ぶほかに，**逆相入力電圧**とか**負極性入力電圧**と呼ぶこともある。また，非反転入力電圧については，**正相入力電圧**とか**正極入力電圧**などと呼ぶことがある。

(3)　差動増幅　　ある増幅器を利用して，演算増幅を行わせるためには，そ

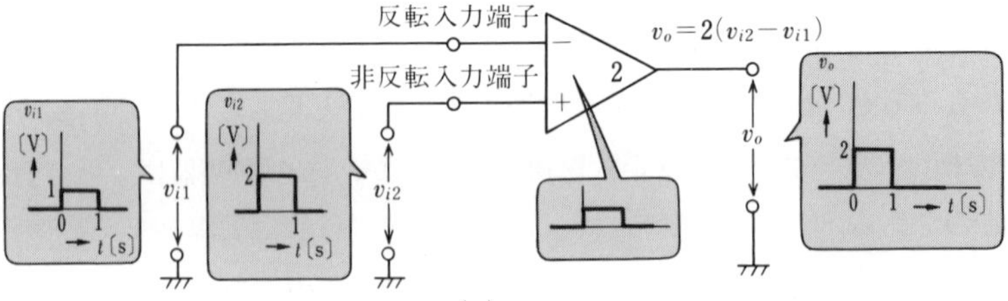

(a)

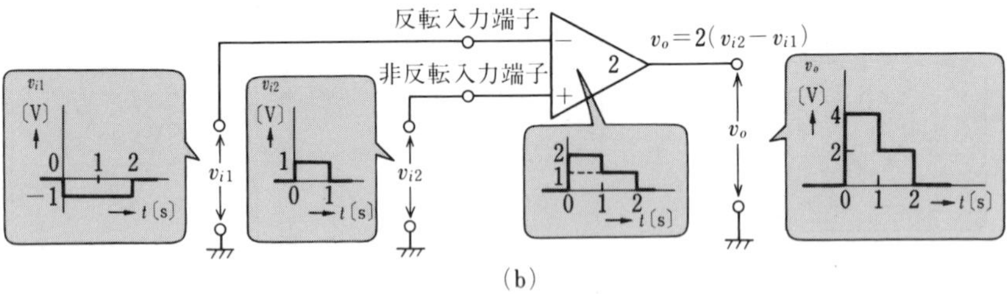

(b)

図3･6　差動増幅器の入出力関係

の増幅器の入力端子は2つ以上必要である。図3・4，図3・5に示したような増幅器は，反転あるいは非反転の入力端子しかもっていないので，差動的な演算とその増幅は行えない。ところが，図3・3に示したような反転・非反転両方の入力端子をもつオペアンプはそれが可能である。

さて，通常オペアンプという場合には，図3・6に示すように，入力端子の一方が反転入力端子（マイナス端子），もう一方の入力端子が非反転入力端子（プラス端子）となっている。これらの反転入力端子と非反転入力端子に電圧を加えると，両入力端子に加えた電圧の差が増幅され出力端子に現れる。図3・6に示すように，反転と非反転入力をもつ増幅器は**差動増幅器**ともいう。

増幅度が2*であるオペアンプの2つの入力端子に，図3・6に示したような大きさの矩形波入力電圧 v_{i1} と v_{i2} を同時に加えた場合を考えてみよう。

図(a)では，v_{i1} と v_{i2} が同時にオペアンプの入力端子に加わるので，まずそれら2つの入力電圧の差 $v_{i2}-v_{i1}$ が演算され，つづいてその結果が2倍され出力電圧 v_0 となって出力端子に現れる。図(a)の場合，$v_{i1}=1$〔V〕，$v_{i2}=2$〔V〕が0～1秒間持続するので，この時間内において，それらの差 $v_{i2}-v_{i1}$ は，

$$v_{i2}-v_{i1}=2-1=1\text{〔V〕}$$

となる。オペアンプの増幅度が2であることから，この1〔V〕という電圧は2倍され，それが出力電圧 v_0 となって出力端に現れる。

図(b)に示すオペアンプの増幅度は，図(a)と同じ2であると仮定する。この増幅器の反転入力端子へ電圧－1〔V〕が2秒間，また非反転入力端子へ電圧＋1〔V〕が1秒間加わった場合を考えよう。

時間0～1秒間についてまず考える。反転入力端子に加わる電圧は－1〔V〕であるから，これが反転され＋1〔V〕となる。この電圧と，非反転入力端子からのプラス電圧（1〔V〕）が加算され2〔V〕の電圧となる。この電圧2〔V〕が2倍され

---

*　オペアンプの増幅度は外部抵抗（フィードバック抵抗）を接続しない場合には，非常に大きい（10^5 程度）ものであるが，ここでは差動増幅の意味を説明するために，オペアンプ単体の増幅度は2であると仮定した。

4〔V〕となって出力に現れる。次の時間1～2秒の間は，反転入力に－1〔V〕，非反転入力には0〔V〕が加算され－1〔V〕となる。結局，この時間帯1～2秒間では反転入力電圧の－1〔V〕が＋1〔V〕と符号が反転され，さらにこれが2倍され2〔V〕となって出力に現れる。

以上の結果，出力電圧 v_0 は，図(b)の出力側に示したように0～1秒間は4〔V〕，1～2秒間は2〔V〕，それ以上の時間では0〔V〕というような波形の電圧が出力側で観察される。

以上は，2つの入力端子に異なる入力電圧が加わった場合を示した。ここで，極端な場合として，2つの入力端子の一方を0電位，つまりアース(接地，グランド)した場合を考えてみよう。

図3･7(a)は非反転入力端子をアース，図(b)は反転入力端子をアースした場合を示す。もともと2つの反転・非反転入力端子をもつ増幅度 k のオペアンプの出力端子には，2つの入力 v_{i2} と v_{i1} の差 $(v_{i2}-v_{i1})$ が増幅度 k 倍されて現れる。これら入力端子のうち図(a)では非反転入力端子を0電位にしたわけであるから，残りの反転入力端子に加えた電圧 v_{i1} は反転され，それがさらに k 倍されて，$-kv_{i1}$ となって出力端子に現れることになる。また，図(b)のように，反転入力端子側を0電位にすれば，その出力電圧 v_o は非反転入力電圧 v_{i2} だけが k 倍され，kv_{i2} となって出力端子側に現れる。図(a)，(b)は，入力端子が1つである普通の増幅器（図3･4，図3･5参照）の，反転あるいは非反転増幅器として使えることを示している。

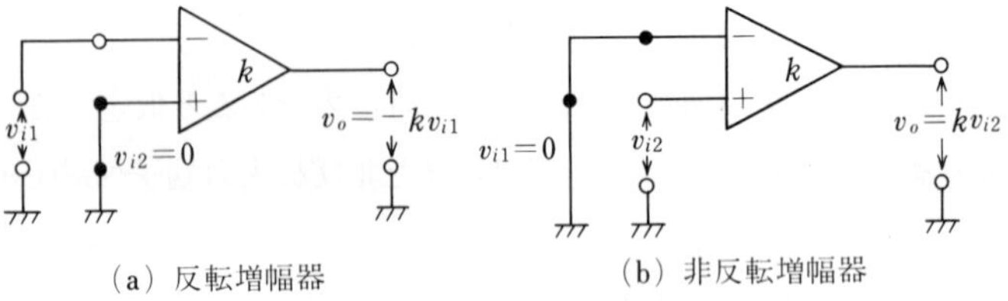

図3･7　反転・非反転増幅器

以上述べたように，反転入力端子と非反転入力端子をもつオペアンプというのは，それら2つの入力端子に加えた入力電圧の差を計算し，その差を k 倍（増幅度倍）して出力するという機能をもっている。このような機能をもっているために，オペアンプは差動増幅器であるともいうのである。

（4）　増幅度と電圧利得（ゲイン）　増幅器の出力電圧の大きさを入力電圧の大きさで割った値は増幅度とか増幅率と呼ぶことは，2・2節［4］（3）項で述べた。英語でいう**ゲイン**(Gain)は利得と訳され，増幅器のように入力，出力ともに電圧である場合には**電圧利得**(ゲイン)という。増幅器においてゲインといえば，増幅度と同じことを意味する。

入力電圧を v_i，出力電圧を v_o，増幅度を A で表すと，増幅度は次のように定義される。この単位は，〔V〕/〔V〕で無次元である。

$$A=\frac{v_o}{v_i} \tag{3・1}$$

増幅度は，また以下に述べる**デシベル**〔dB〕という単位で表すことがある。ここでは，出力は入力の何倍であるかを表すときには増幅度という言葉を用い，デシベル〔dB〕単位で増幅度を表す場合には，ゲインという言葉を用いることにする。

オペアンプは，通常フィードバックをかけて使用する。フィードバックをかけない，つまりオペアンプに外部抵抗を接続しない裸の状態を**開ループ**という。開ループ状態の増幅度を**開ループ増幅度**（あるいは**開ループゲイン**〔dB〕）という。理想オペアンプにおいては，この開ループ増幅度は無限大である。これに対し，実用オペアンプでは 10^4～10^6 である。

ゲインは，増幅度の常用対数を20倍したものとして定義され，その単位は〔dB〕である。例えば，上述したオペアンプの開ループ増幅度が 10^4～10^6 であるという場合，その上下限をゲイン，つまりデシベル単位で表すと，次のようになる。

$$20\log_{10}(10^4)=80\,\text{〔dB〕}\sim 20\log_{10}(10^6)=120\,\text{〔dB〕}$$

このように，10をいくつも並べるような大きな増幅度は，〔dB〕を単位とするゲインで表すと，80～120〔dB〕という小さな数値で表現できる。ここで，デシベル〔dB〕についてもうすこし詳しく考えてみよう。

デシベルというのは，電力，電圧，電流，音などの大きさを対数的に表す単位で，1〔dB〕とは1/10〔B〕である。この単位ベル〔B〕は，電話の発明者ベル(Bell)

の名をとって定められたものである。音のエネルギーは電流の2乗に比例するので，情報を伝送する通信系あるいは機器（例えば電話器）からの出力エネルギーとその機器への入力エネルギーとの比をとり，これを次のように〔B〕の単位で表すことにした。

$$\log_{10}\frac{I_o^{\,2}}{I_i^{\,2}}\ \text{〔B〕}$$

ここで，I_i は送信側，I_o は受信側の電流である。実用上，この単位は小さすぎて使いにくいので，その10倍を使った。そのために10で割る必要が生じたのである。こうして，単位ベルのBの前にデシ（deci，1/10の意味）のdをつけ，

$$10\log_{10}\left(\frac{I_o^{\,2}}{I_i^{\,2}}\right)\ \text{〔dB〕}$$

とした。

ところが，これはパワーについての比であるから，電圧や電流などの場合には，その平方を取り，次のように表す。

$$10\log_{10}\left(\frac{I_o^{\,2}}{I_i^{\,2}}\right)=20\log_{10}\left(\frac{I_o}{I_i}\right)\ \text{〔dB〕}$$

式(3･1)で示した増幅度 A をゲイン〔dB〕で表すと，

$$g=20\log_{10}A\ \text{〔dB〕} \qquad (3\cdot2)$$

となる。

例えば，増幅度(倍率)が10であるという場合，それをゲイン g に直すと，次のようになる。

$$g=20\log_{10}10=20\ \text{〔dB〕}$$

もちろん，半端なゲインも同様に取り扱うことができる。例えば，増幅度55という場合は，これをゲイン g に直すと，

$$g=20\log_{10}55=34.8\ \text{〔dB〕}$$

ということになる。このように，任意の増幅度(倍率)は，ゲイン〔dB〕に変換することができる。

[2]　理想増幅器と実用オペアンプの例

(1)　理想増幅器　増幅回路は，電子工学における最も基本的な回路である。ある増幅器の入力端子へ電圧または電流信号を加えると，より大きい電圧または電流信号となって出力端子に現れる。図3・8(a)は，実用的な増幅器の等価回路を示す。ここで，入力端子abの左側は信号電圧 v_s とその信号源の内部抵抗 R_s を表す。増幅器内部に示した R_i は，増幅器の入力抵抗である。

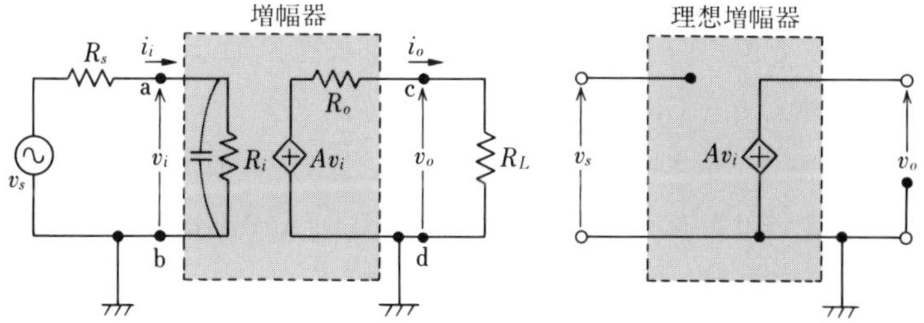

(a) 実用増幅器の等価回路　(b) 理想増幅器の等価回路

図3・8　実用・理想増幅器の等価回路

四角記号で表した Av_i は，“増幅器によって増幅された電圧”である。ここで，A は開ループ電圧増幅度である。R_o は増幅器の出力抵抗，R_L は増幅器の外部に接続する負荷抵抗を表す。

増幅器入力端子ab間の電圧 v_i は，信号電圧 v_s を R_s と R_i で分圧した電圧である。また，出力端子cdに現れる電圧 v_o は Av_i を R_o と R_L で分圧した電圧である。以上の関係より，出力電圧を入力電圧で割った実際の増幅器の増幅度 A_r (v_o/v_s) は，次のように導くことができる。まず，v_i は，

$$v_i = \frac{R_i}{R_s + R_i} v_s \tag{3・3}$$

となる。出力電圧 v_o は増幅された電圧 Av_i を分圧して求まるので，次のようになる。

$$v_o = \frac{R_L}{R_o + R_L} A v_i$$
$$= \frac{R_L}{R_o + R_L} \cdot \frac{R_i}{R_s + R_i} A v_s \tag{3·4}$$

以上の結果，実際の増幅度 A_r は，次のようになる。

$$A_r = \frac{v_o}{v_s} = \frac{R_L R_i}{(R_o + R_L)(R_s + R_i)} A \tag{3·5}$$

通常のオペアンプの動作状態では，入力抵抗 R_i は極めて大きく，また出力抵抗 R_o は極めて小さい。R_i が非常に大きい場合(式(3·3)で $R_i = \infty$ とおく)には，$v_i = v_s$ と置くことができ，これは信号電圧 v_s は内部抵抗 R_s によって影響を受けない（R_s を適当に選んでもよい）ことを示している。

一方，出力抵抗 R_o が非常に小さいということは，$v_o = A v_i$ と考えることができる(式(3·4)で $R_o = 0$ とおく)。これは，出力電圧 v_o は負荷抵抗 R_L によって影響を受けない(R_L を適当に選んでもよい)ことを表す。このように，入力抵抗 R_i は極端に大きく $R_i = \infty$ であって，出力抵抗 R_o は極端に小さい $R_o = 0$ であるような増幅器を**理想増幅器**という。

図3·8(b)は，$R_i = \infty$，$R_o = 0$ である理想増幅器の等価回路を示す。理想増幅器においては，$v_o = A v_i = A v_s$ とすることができる。つまり，出力電圧は信号電圧 v_s に開ループ増幅度 A を掛けた値となる。その増幅度 A は，$v_o / v_s = v_o / v_i$ と置くこともできる。このような理想増幅器の増幅度 A は，入力抵抗に依存せず，入力電圧や周波数に対しても影響を受けない。

［例題］3·1　増幅器の入力抵抗 R_i と出力抵抗 R_o が，もし，$R_i = \infty$，$R_o = 0$ と仮定できるとするなら，その増幅器の増幅度 A_r は理想増幅器の増幅度 A に等しく（$A_r = A$）なることを式(3·5)を用いて証明せよ。

［解］　式(3·5)右辺の分子と分母を $R_L R_i$ で割り，これを整理すると次のようになる。

$$A_r=\frac{1}{\left(\frac{R_o}{R_L}+1\right)\left(\frac{R_s}{R_i}+1\right)}\times A$$

ここで，理想状態 $R_i=\infty$，$R_o=0$ が成り立つものとすると，有限な R_s や R_L に関係なく，$A_r=A$ となることがわかる。

オペアンプにはいろいろなパラメータがある。ここで，理想オペアンプの各種パラメータの理想値をまとめたものを表3･1に示す。

表3･1　オペアンプの理想条件

	パラメータ	理想の値
1	増幅度（ゲイン）	∞
2	最大出力電圧	∞
3	入力インピーダンス	∞
4	入力範囲（電圧）	∞
5	入力バイアス電流	0
6	同相ゲイン	0
7	出力インピーダンス	0
8	小振幅信号・大振幅信号の周波数帯域幅	∞
9	電力効率	100 %
10	オフセット電圧	0
11	ノイズ出力	0
12	温度係数	0

(2)　実用オペアンプの例　表3･2は，汎用オペアンプとしてよく知られているオペアンプ μA741，高入力インピーダンスのオペアンプLF356の標準特性と理想オペアンプの特性を示す。

LF356は，μA741に比べ入力インピーダンス，スルーレート（出力応答の指標）の面ではるかに優れていることがわかる。このように，オペアンプの種類によっては特性は異なる。オペアンプを使用する場合，その使用目的に合わせ，適切なオペアンプを選定することが大切である。

表 3・2　オペアンプの標準特性の比較

特　　性	記号	理想オペアンプ	μA741	LF356
入力オフセット電圧〔mV〕	V_{io}	0	1.0	3.0
入力オフセット電流	I_{io}	0	20〔nA〕	3〔pA〕
入力バイアス電流	I_{i1}	0	80〔nA〕	30〔pA〕
入力インピーダンス〔Ω〕	Z_i	∞	2×10^6	10^{12}
出力インピーダンス〔Ω〕	Z_o	0	75	−
スルーレート〔V/μs〕	SR	∞	0.5	12
電圧増幅度（〔dB〕)（〔V/V〕)	A	∞	2×10^5	2×10^5
最大電圧〔V〕	V	∞	±13	±13
消費電流〔mA〕	I	∞	1.7	5

電源電圧：±15〔V〕

〔3〕 オペアンプの反転・非反転増幅度

オペアンプの等価回路は，図 3・9(a)のように表せ，またその図記号は図(b)のように表す。図(a)に示したようなオペアンプ（差動増幅器）の出力電圧 v_o は，正（非反転入力端子）と負（反転入力端子）の入力端子間の電位差（$v_{i2}-v_{i1}$）と増幅度 A の積

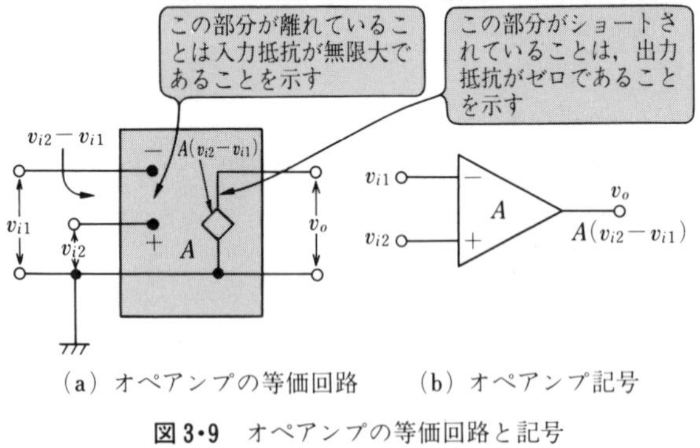

（a）オペアンプの等価回路　　（b）オペアンプ記号

図 3・9　オペアンプの等価回路と記号

で表せる。図(b)に示したオペアンプ端子の電圧は，アースを基準として測定可能である。この図では，入力端子と出力端子に対するアース端子を便宜上省略してある。

現在では，非常に高い入力インピーダンス Z_i，非常に低い出力インピーダンス Z_o，そして電圧増幅度が $10^4 \sim 10^6$ という非常に高い増幅度のオペアンプが容易に入手できる。このため，オペアンプは理想増幅器に近い特性をもつものとして使用でき，増幅器，計測器，計装，波形発生，あるいはオーディオなどの民生品などにおけるアナログ量の演算処理に幅広く応用されている。

（1） 反転増幅回路の増幅度 図3・10は，フィードバックをかけたオペアンプ増幅回路の等価回路（図(a)）と，その記号図（図(b)）を示す。ここで，入力電圧 v_1 は

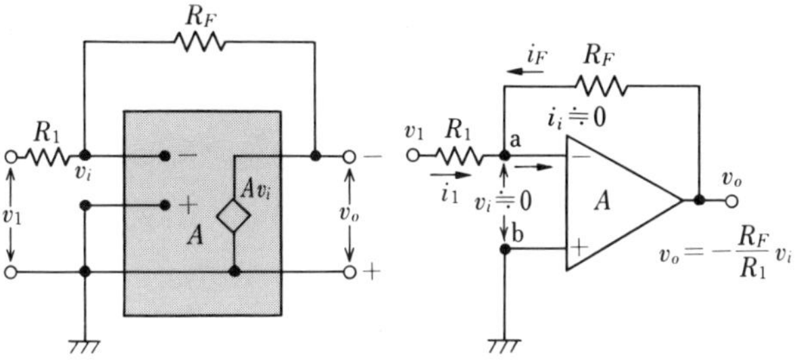

（a）フィードバック回路　（b）オペアンプ記号

図3・10 反転増幅回路

反転入力端子に供給し，非反転入力端子はアースしてある。入力電圧 v_1 は抵抗 R_1 に直列に供給し，出力電圧 v_o は抵抗 R_F を通してフィードバックさせてある。そうすると，オペアンプの増幅度 A は非常に高いので，$v_i = -v_o/A = 0$ と見なすことができる。また，入力抵抗 R_i も非常に大きいので，$i_i = v_i/R_i = 0$ と見なすことができる。このように見ると，$v_i = 0$，$i_i = 0$ という理想増幅器の条件は，実用オペアンプにおいても近似的に満たしているとみてよい。したがって，図(b)において a 点への合成電流 i_i は，次のようになる。

$$i_i = i_1 + i_F = \frac{v_1}{R_1} + \frac{v_o}{R_F} = 0 \tag{3・6}$$

これより，出力電圧 v_o は，次のように近似的に求まる。

$$v_o = -\frac{R_F}{R_1} v_1 \tag{3·7}$$

または，

$$\frac{v_o}{v_1} = A_F = -\frac{R_F}{R_1} \tag{3·8}$$

この関係は反転増幅回路，すなわち，フィードバックをかけた回路の増幅度が $A_F = -R_F/R_1$ であることを示している。

以上の結果から，次のような結論が得られる。

① $v_i = 0$，$i_i = 0$ を仮定できる増幅器では，入力電流 $i_1 = v_1/R_1$ となり，これは R_F に影響されない。したがって，入力は出力と絶縁されているとみなすことができる。このフィードバック回路（反転増幅回路）の入力抵抗は，$R_1 = v_1/i_1$ で表すことができる。

② 無限大の増幅度をもつ理想増幅器あるいは高増幅度をもつ一般のオペアンプに対するフィードバック増幅回路の増幅度 A_F は，式(3·8)に示したように，外部に接続した抵抗 R_1 と R_F のみ(R_F，R_1 の比)によって決まる。

(2) 非反転増幅回路の増幅度　非反転増幅回路の増幅度を考えてみよう。いま，図3·11に示すように，非反転入力端子（+）へ増幅する信号 v_1 を加える一方，出力電圧 v_o をフィードバック抵抗 R_F を通して反転入力端子(−)へフィードバックする。前述のように，ここでも，$v_i = 0$，$i_i = 0$ である理想増幅器の条件を仮定する。v_1 は，次のように，v_a と v_i の和で与えられる。

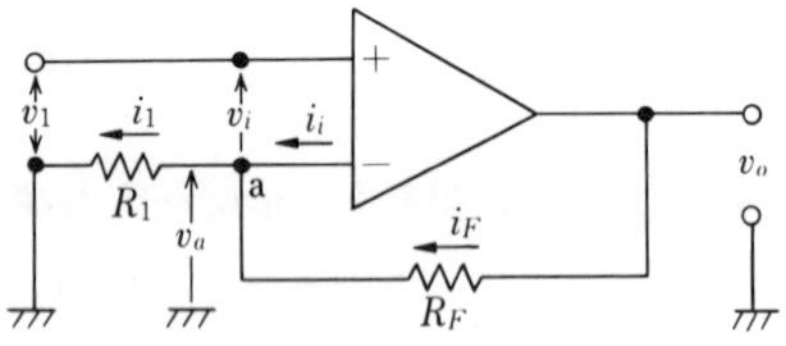

図3·11 非反転増幅回路

$$v_1 = v_a + v_i \tag{3·9}$$

ここで，理想増幅器の条件から，$v_i = 0$ である。また，v_a は v_o を R_1 と R_F で分圧した電圧であるから，

$$v_a=\frac{R_1}{R_1+R_F}\times v_o \tag{3・10}$$

となる。したがって，式(3・9)は，次のようになる。

$$v_1=\frac{R_1}{R_1+R_F}\times v_o \tag{3・11}$$

増幅器の増幅度は，出力電圧を入力電圧で割ったものであるから，式(3・11)を変形すると，

$$A_F=\frac{v_o}{v_1}=\frac{R_1+R_F}{R_1} \tag{3・12}$$

となる。式(3・8)の反転増幅回路の増幅度と同様，この場合も入力抵抗 R_1 とフィードバック抵抗 R_F の値によって増幅度 A_F が決まる。ここで，注意しなければならないことは，非反転増幅器の増幅度は正(プラス)であって，1あるいは1より大きい値であるということである。つまり，式(3・12)より明らかなように，A_F は，

$$A_F=1+\frac{R_F}{R_1}$$

と変形することができる。これは，$R_F=0$ の場合に最も増幅度が小さく，$A_F=1$ となる。R_F が0より大きい場合には，A_F は1より必ず大きいことを式(3・12)は表している。

これに対して，反転増幅回路は，式(3・8)に示したように，

$$A_F=-\frac{R_F}{R_1}$$

であった。これは，符号のマイナス(−)は変えることができないが，R_F/R_1 で与えられる増幅度は，R_F と R_1 の大小関係によって1より大きくも小さくもすることは可能である。

［例題］3・2 図3・12に示す値の抵抗 R_1，R_F をオペアンプ回路に接続した。入力電圧として直流0.1〔V〕を加えた場合，この回路の増幅度と出力電圧を求めよ。

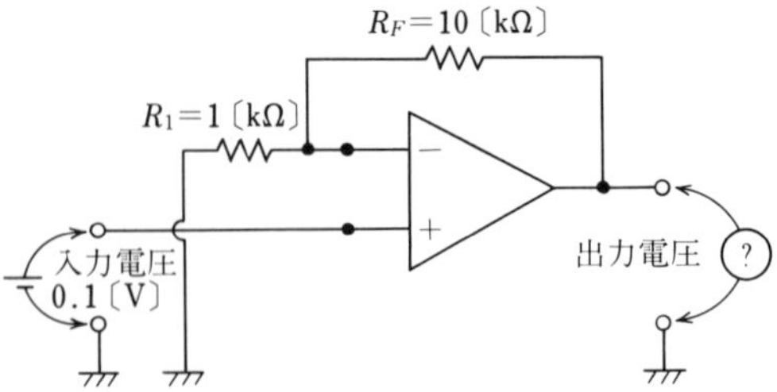

図 3・12

［解］　この回路は非反転増幅回路である。したがって，増幅度は，式(3・12)より，

$$A_F=\frac{R_1+R_F}{R_1}=\frac{1\,000+10\,000}{1\,000}=11$$

となる。また，出力電圧は，式(3・12)より，次のように求まる。

$$v_o=A_F\times v_1=11\times 0.1=1.1〔\mathrm{V}〕$$

［4］ オペアンプによる増幅演算回路

デジタル計算機の演算処理速度がいくら速いからといっても，デジタルの演算処理は時系列のパルスを順次処理していくために，瞬時に演算を行い結果が得られるというわけにはいかない。ところが，オペアンプは複数のアナログ入力電圧の演算が瞬時に行えるという点に特徴がある。ここでは，オペアンプによるアナログ演算のうち加算回路，減算回路，積分回路について詳しく述べる。

（1） 加算回路　　図3・13は，オペアンプを使用した加算回路を示す。図において，v_1，v_2，v_3 はそれぞれ加算を行う入力電圧である。この回路にそれぞれの入力電圧が加わると，それらの各電圧は抵抗比 R_F/R_i（R_iは R_1，R_2，R_3）倍され，さらに加算されオペアンプ出力側に現れる。ここでは，入力電圧 v_1，v_2，v_3 の加算回路に必要な外部接続抵抗について考える。

回路設計を行うにあたり，オペアンプの非反転入力端子（＋入力端子）の電圧 v（抵抗 R 両端の電圧）は 0〔V〕であることと，非反転入力端子と反転入力端子間の電圧

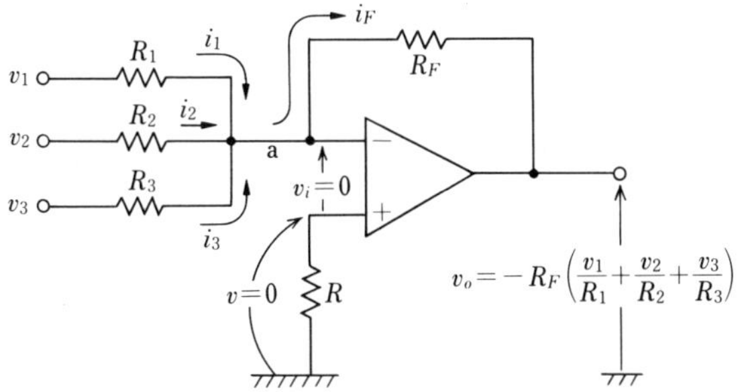

図 3・13 加算回路

v_i は 0〔V〕であることを仮定する。そうすると，a 点の電圧は 0〔V〕と仮定できる。その結果，反転入力端子に接続した抵抗 R_1，R_2，R_3，R_F に流れる電流 i_1，i_2，i_3，i_F は，次のようになる。

$$\left.\begin{aligned} i_1&=\frac{v_1}{R_1}\\ i_2&=\frac{v_2}{R_2}\\ i_3&=\frac{v_3}{R_3}\\ i_F&=\frac{-v_o}{R_F}\end{aligned}\right\} \tag{3・13}$$

図 3・13 で明らかなように，これらの電流 i_1～i_3 は合成され，i_F となってフィードバック抵抗 R_F にすべて流れていく。このことを式で表すと，次のようになる。

$$i_1+i_2+i_3=i_F \tag{3・14}$$

式(3・14)に式(3・13)の各電流を代入すると，次のようになる。

$$\frac{v_1}{R_1}+\frac{v_2}{R_2}+\frac{v_3}{R_3}=-\frac{v_o}{R_F} \tag{3・15}$$

これより，v_o は次のように求まる。

$$v_o=-R_F\left(\frac{v_1}{R_1}+\frac{v_2}{R_2}+\frac{v_3}{R_3}\right) \tag{3・16}$$

これは，抵抗 R_F と R_1～R_3 の値を適当に選ぶことによって，v_1 の 30 %，v_2 の

150 %, v_3 の 30 %などというように，ある倍率を各々の入力電圧に掛けたものの加算が行えることを示している。このような演算は,「入力電圧 v_1～v_3 の重み付き加算を行う」という。

例えば，重み付けをかけずに各々の入力電圧そのものの加算を行うという場合には，$R_1=R_2=R_3$ のように入力抵抗 R_1～R_3 を選べばよい。この場合の出力電圧 v_o は，式(3･16)より明らかなように，

$$v_o=-\frac{R_F}{R_1}(v_1+v_2+v_3) \qquad (3\cdot17)$$

となる。さらに，この式で，$R_F=R_1$ と選べば，$v_o=-(v_1+v_2+v_3)$ と符号は反転するが入力の加算が行える。

オペアンプの非反転入力端子に接続する抵抗 R は，反転入力端子に接続する抵抗の並列合成抵抗に等しくするとよいとされている。これはオフセット電流を小さくするという条件から導かれる。そこで，この条件を満たすための R を計算すると，次のようになる。

$$R_P=R_1 /\!/ R_2 /\!/ R_3$$

$$=\frac{1}{\dfrac{1}{R_1}+\dfrac{1}{R_2}+\dfrac{1}{R_3}}=\frac{R_1R_2R_3}{R_1R_2+R_2R_3+R_3R_1}$$

$$R=R_P /\!/ R_F$$

ここで，記号“//”は，R_P と R_F の並列合成抵抗を表し，結局，R は次の式で求めることができる。

$$R=\frac{R_P\times R_F}{R_P+R_F} \qquad (3\cdot18)$$

［例題］3･3　図3･13の加算回路において，v_1 を 0.5 倍，v_2 を 1 倍，v_3 を 2 倍して加え合わせる回路を設計せよ。

［解］　式(3･16)より，$R_F=10$〔kΩ〕とすると，

$$\frac{R_F}{R_1}=0.5 \qquad \therefore\quad R_1=20\text{〔k}\Omega\text{〕}$$

$$\frac{R_F}{R_2}=1 \qquad \therefore \quad R_2=10 \text{〔kΩ〕}$$

$$\frac{R_F}{R_3}=2 \qquad \therefore \quad R_3=5 \text{〔kΩ〕}$$

と $R_1 \sim R_3$ が決まる。また，R は，式(3･18)より，次のように求まる。

$$R_P=20 /\!/ 10 /\!/ 5$$

$$=\frac{20\times10\times5}{20\times10+10\times5+5\times20}=2.86 \text{〔kΩ〕}$$

$$R=\frac{R_P\times R_F}{R_P+R_F}=\frac{2.86\times10}{2.86+10}=2.22 \text{〔kΩ〕}$$

以上の結果，出力電圧 v_o は，

$$v_o=-(0.5v_1+v_2+2v_3)$$

となり，この加算回路は，図 3･14 のような回路構成となる。

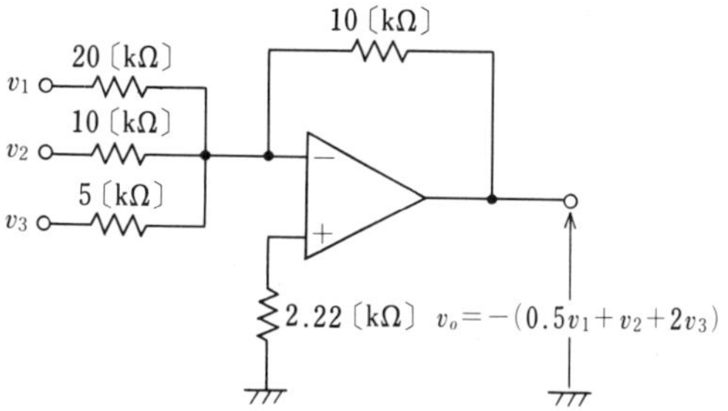

図 3･14

(2)　引き算回路の設計　オペアンプの反転増幅器と非反転増幅回路を組み合わせることによって，引き算回路が構成できる。図 3･15 は，v_1 と v_2 との差，つまり引き算（v_2-v_1）が行えるオペアンプ回路である。オペアンプの入力抵抗は非常に大きいので，オペアンプ入力には電流は流れないものと仮定できる。したがって，b 点の電圧 v_b は，電圧 v_2 を抵抗 R_2 と R_b で分圧した値である。その結果，v_b は次のようになる。

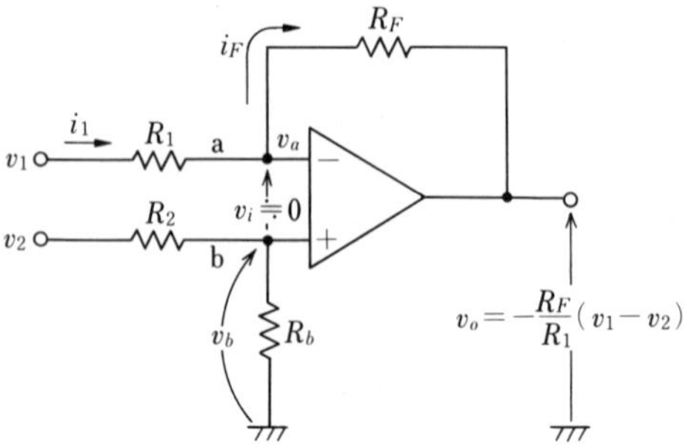

図 3・15 引き算回路（$R_1/R_F = R_2/R_b$）

$$v_b = \frac{R_b}{R_2 + R_b} \times v_2 = \frac{1}{\frac{R_2}{R_b} + 1} \times v_2 \tag{3・19}$$

また，オペアンプの反転・非反転入力端子間の電圧 v_i は 0 と見なせるので，a 点と b 点の電圧 v_a と v_b は等しく，$v_a = v_b$ とすることができる。抵抗 R_1 の両端の電圧は，$v_1 - v_a$（$= v_1 - v_b$）である。したがって，R_1 に流れる電流 i_1 は，次のようになる。

$$i_1 = \frac{v_1 - v_b}{R_1} \tag{3・20}$$

オペアンプの入力抵抗を無限大と仮定すると，抵抗 R_1 に流れる電流 i_1 はオペアンプ内へは流れ込まない。したがって，フィードバック抵抗 R_F に流れる電流 i_F は，i_1 に等しい。R_F の両端の電圧は v_b と v_o であるから，i_F はそれらの電圧の差 $v_b - v_o$ を R_F で割ったものである。したがって，i_F は次のようになる。

$$i_F = \frac{v_b - v_o}{R_F} \tag{3・21}$$

この式は，式(3・20)に等しく，$i_F = i_1$ であるから，

$$\frac{v_1 - v_b}{R_1} = \frac{v_b - v_o}{R_F}$$

となる。これより，次の式を導くことができる。

$$v_o = -\frac{R_F}{R_1}v_1 + \left(1 + \frac{R_F}{R_1}\right)v_b \qquad (3\cdot22)$$

この式に，式(3・19)の v_b を代入すると，出力電圧 v_o は次のように求まる。

$$v_o = -\frac{R_F}{R_1}v_1 + \frac{R_F}{R_1}\left(1 + \frac{R_1}{R_F}\right)\frac{1}{\left(1 + \frac{R_2}{R_b}\right)}v_2 \qquad (3\cdot23)$$

この式において，

$$\frac{R_1}{R_F} = \frac{R_2}{R_b}$$

となるように，R_1 と R_F，R_2 と R_b との比を選定すると，式(3・23)は，次のように簡単になる。

$$v_o = -\frac{R_F}{R_1}(v_1 - v_2) \qquad (3\cdot24)$$

これは，入力電圧 v_2 と v_1 の差に比例する電圧が出力に現れることを示している。すなわち，v_2 と v_1 の引き算が行えることを表している。

(3)　積分の意味と *RC* 形積分回路　オペアンプを用いた積分回路を述べる前に，電気回路における積分の意味および抵抗とコンデンサによって構成する *RC* 形積分回路について考えておこう。

(a)　*RC* 形積分回路　図3・16において，コンデンサ C に蓄えられる電荷量は，次のように電流を積分することによって求まる。

$$q = \int i\,dt \qquad (3\cdot25)$$

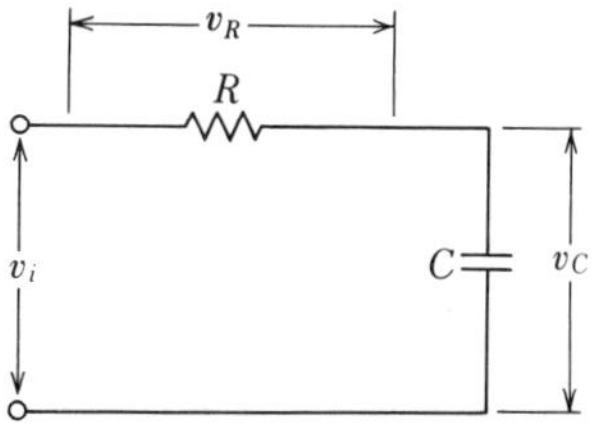

図3・16　*RC*積分回路

コンデンサの容量 C とコンデンサの端子電圧 v_C を掛けたものは，コンデンサに蓄えられる電荷に等しい。したがって，次の式が成り立つ。

$$q = \int i\,dt = Cv_C \qquad (3\cdot26)$$

C は定数であることを考慮して，この式を微分すると，電流 i は次のように求まる。

$$i = C\frac{dv_C}{dt} \tag{3·27}$$

図3·16における入力電圧 v_i は，抵抗 R の両端の電圧 v_R とコンデンサ両端の電圧 v_C の和に等しいことから，次の式が成り立つ。

$$v_R + v_C = v_i \tag{3·28}$$

ここで，$v_R = R \cdot i$ であるから，

$$R \cdot i + v_C = v_i \tag{3·29}$$

となる。さらに，式(3·27)の i を式(3·29)に代入すると，

$$RC\frac{dv_C}{dt} + v_C = v_i \tag{3·30}$$

となる。式(3·30)は1階の微分方程式である。

このような微分方程式を解く数学的手法に**ラプラス変換**がある。この手法を用い，$v_i = 1$〔V〕（$t \geqq 0$），$v_i = 0$〔V〕（$t < 0$）として，式(3·30)を解いた結果は，次のようになる。

$$v_C = 1 - e^{-t/RC} \text{〔V〕} \tag{3·31}$$

式(3·31)における RC の値をパラメータとして，縦軸に v_C を，横軸に時間 t をとると，図3·17のようになる。この図より明らかなように，RC の値が大きいと v_C はゆっくりと1〔V〕へ向かって上昇し，RC が小さいと速やかに1〔V〕に到達する。このように，RC の大小によってコンデンサの端子電圧 v_C の変化は異なる。

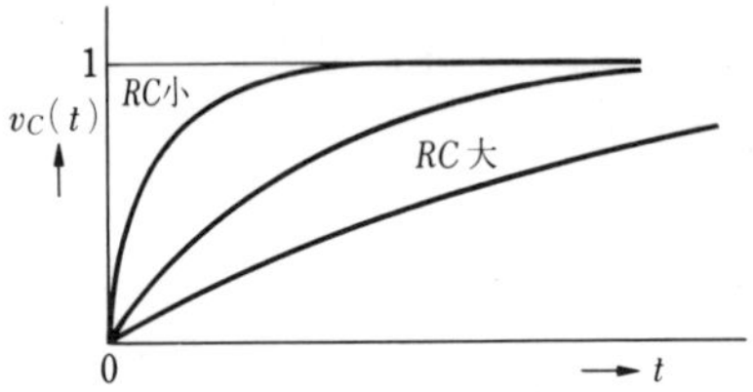

図3·17 単位ステップ応答

このような RC 回路の R と C の積は**時定数** (time constant) τ という。コンデンサの容量をマイクロファラッド〔μF〕，抵抗をメガオーム〔MΩ〕とした場合に，時定数 τ の単位は秒〔s〕となる。例えば，$C = 0.1$〔μF〕，$R = 1$〔MΩ〕の場合の時

定数 τ は，次のようになる。

$$\tau = RC = 1 \times 10^{6} \times 0.1 \times 10^{-6} = 0.1 \text{〔s〕}$$

この時定数は，式(3・31)の右辺の指数 t/RC が1に等しくなるときの時間と定義されている。このときの時間 t を改めて τ とおくと，この τ が時定数に等しいのである。これを式で表すと，

$$\frac{\tau}{RC} = 1$$

となる。これより時定数 τ は，次のようになる。

$$\tau = RC \text{〔s〕} \qquad (3\cdot32)$$

式(3・31)において，$t = \tau$ （$= RC$） である場合には，

$$v_C(t) = 1 - e^{-1} \qquad (3\cdot33)$$

となる。e は2.71828………であるから，式(3・33)の値は，

$$v_C(\tau) = 0.63212 \text{〔V〕}$$

となる。

以上の結果，図3・16に示した RC 回路の入力にステップ状の電圧（1〔V〕）を加えた場合，出力電圧とみた v_C が入力電圧の63.2%（0.632〔V〕）に達する時間が時定数であるということもできる。

図3・17は，図3・16の入力に単位ステップ電圧を与えた場合，時定数 RC の大小で，出力とみたコンデンサの端子電圧がどのように変化するかを示したものであった。次に，図3・18に示すように，単位ステップ電圧（1〔V〕）をある時間だけ加え，再び0〔V〕にもどした場合，RC の大小で v_C がどのように変化するかを見てみよう。

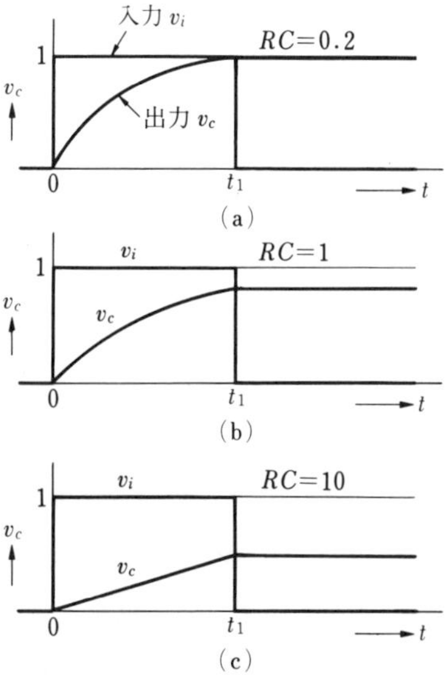

図3・18　RCによる応答の違い

RC が小さいと，v_C は，図(a)に示すように，速やかに 1〔V〕に達し，t_1〔s〕後に v_i を 0 にすると，図示したように 1〔V〕一定値を保持する。ところが RC が大きい場合には，図(c)に示すように，v_C は t_1 時点までほぼ直線的にゆっくりと増加し，v_C が 1〔V〕に達する前に v_i が 0〔V〕に切り換ってしまう。v_i が 0〔V〕になると，v_Cは図示のような一定値を保持する。このように，入力に一定電圧 v_i を加えた場合，出力 v_C が直線的に増加（減少）することは，v_i を近似的に積分しているともいえる。つまり，回路の時定数 RC が大きい場合には，この回路は近似的に積分回路として働いているということを示している。このような理由で，図 3・16 のような回路は RC 形積分回路と呼ばれることがある。

以上述べたように，電気回路でいう積分とは，入力信号を蓄えていくような回路であるということがいえる。

(b)　オペアンプ積分回路　図 3・19 は，図 3・10 (b)の反転増幅器フィードバック抵抗 R_F をコンデンサ C で置き換えた**オペアンプ積分回路**（**積分器**ともいう）である。ここでは，この回路が前述した RC 形積分回路と比べ，理想に近い積分特性を発揮することを述べる。

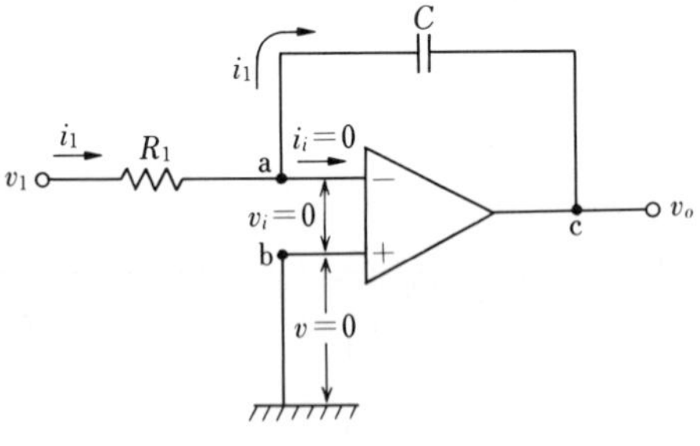

図 3・19　積分回路

まず，図 3・19 がなぜ積分特性をもつかを考えてみよう。これまでに述べたように，オペアンプへの入力電流 i_i，入力電圧 v_i は，0〔V〕と仮定して解析を行う。仮定によりオペアンプの反転入力端子（－端子）の電圧は 0〔V〕であるから，積分回路への入力電圧 v_1 が抵抗 R_1 に加わっているものとみることができる。したがって，この抵抗 R_1 に流れる電流は，

$$i_1=\frac{v_1}{R_1} \tag{3・34}$$

となる。また，オペアンプへの入力電流 i_i は 0〔A〕と仮定できるので，抵抗 R_1 に流れる電流 i_1 とコンデンサ C に流れる電流 i_F は等しく，$i_F=i_1$ である。

一方，コンデンサ左端 a の電位は 0，右端 c の電位は出力電圧 v_o であるから，電流 i_F の流れる方向を考えると，コンデンサ両端 ac には $-v_o$ が加わっているものと考えることができる。コンデンサ両端の電位は，コンデンサに流入する電流 i_F（$=i_1$）を積分すれば求まる。したがって，出力電圧 v_o は，式(3・26)を参照して，次のように i_1 を積分して求まる。

$$-v_o=\frac{1}{C}\int i_1\,dt \tag{3・35}$$

ここで，i_1 は式(3・34)で与えられているので，出力電圧 v_o は，

$$v_o=-\frac{1}{R_1C}\int v_1\,dt \tag{3・36}$$

となる。結局，出力電圧 v_o は入力電圧 v_1 の積分値に比例するということを表している。

式(3・36)の R_1C を**積分定数**といい，積分の速さを決める定数である。一定電圧を積分する場合には，R_1C が大きいほど，その出力変化の割合は小さくなる。

図 3・19 にオペアンプ積分回路の基本構成回路を示した。実際の回路では，積分開始直前にコンデンサに蓄えられた電荷を放電させておかなければならない。さもなければ前回の積分結果に，これから行う積分結果が加算されてしまうことになる。このように，前回の積分結果を 0 にすることを**リセット**(reset)という。このほかに，積分をいつまでも続けるわけにも行かず，途中で積分結果を保持したい場合もある。

こうした要求に応えるため，実際の回路では，図 3・20 に示すように，コンデンサに蓄えられた電荷を放電するための抵抗 R_2 とスイッチ S_1，S_2 を使用する。そして，スイッチ S_1 と S_2 の位置によって，リセット(reset)，積分(integrate)，保持(hold)の 3 動作が行えるようにする。

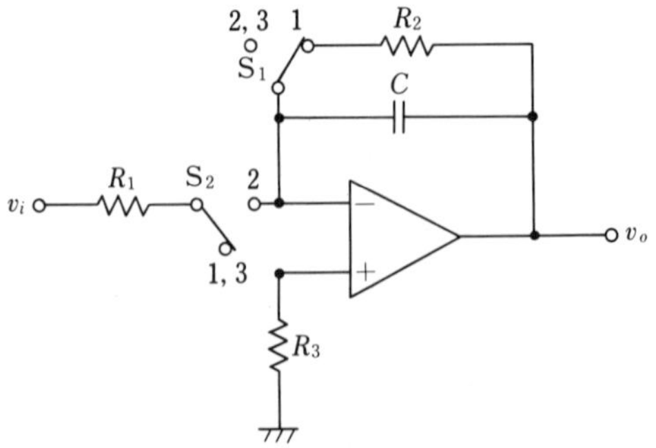

図 3・20　実用積分回路

次に，スイッチの位置でどのような動作が行われるかを見てみよう。スイッチ S_1，S_2 を 1 の位置にするとコンデンサ C に蓄えられている電荷を全て放電する。この時の放電の速さは抵抗 R_2 とコンデンサの容量 C の積，つまり R_2C によって決まる。R_2 と C の単位をそれぞれ〔MΩ〕（メガ・オーム），〔μF〕（マイクロ・ファラッド）とすると，R_2C は秒の単位となることは前述した。また，この値は時定数といって，RC 形積分回路のところで述べた時定数と同じ意味をもっている。

次に，S_1，S_2 を 2 の位置に切り換えると入力電圧 v_1 の積分が開始される。もしも，入力電圧 v_1 が正の一定電圧（ステップ入力）であるならば，式(3・36)に従い出力電圧 v_o は負の方向へ直線的に減少していく。この減少する積分結果が飽和する最小値はオペアンプの電源電圧に依存することはいうまでもない。

入力電圧 v_1 が正弦波（$\sin t$）であるような場合には，出力電圧 v_o は余弦波 $(\cos t-1)/R_1C$ となる。この関係を計算によって求めると，次のようになる。

$$v_o=-\frac{1}{R_1C}\int_0^t \sin\theta\, d\theta=-\frac{1}{R_1C}\left[-\cos\theta\right]_0^t$$

$$=\frac{1}{R_1C}(\cos t-1) \qquad (3\cdot37)$$

図 3・21 (a), (b)は，入力に一定電圧および正弦波電圧 v_i を加えた場合の積分器出力電圧 v_o の変化を示す。図(c)は，入力に矩形波電圧を加えた場合，積分器の出力

電圧は三角波になることを示す。これは，$0 \sim 1$〔s〕の間の入力電圧 v_i が正の一定値であるから，図(a)を参照すると出力電圧は負の方向へ増加することがわかる。$t=1$〔s〕で入力が反転し，負の一定値となるから，こんどは出力電圧は正の方向へ増加する。そして，$t=2$〔s〕のとき v_o は0となる。これは，t が $0 \sim 1$〔s〕の間と $1 \sim 2$〔s〕の間の矩形波入力電圧は，その面積の絶対値が等しく符号が反対であることから容易に理解できよう。

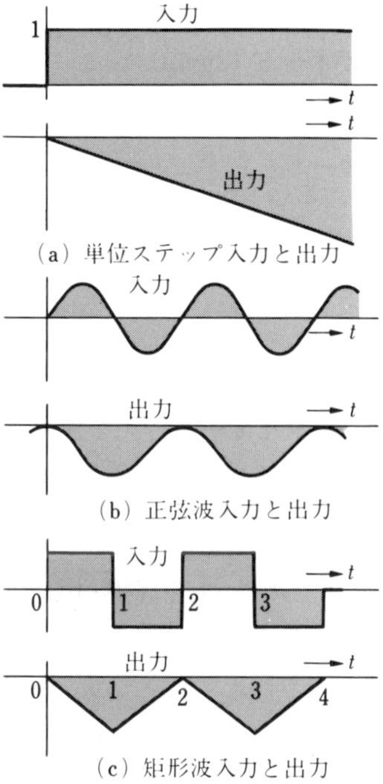

図 3・21 積分波形の例

以上述べたように，いくつかの基本電気回路を組み合わせることによって，積分回路にセット，積分，リセットという機能をもたすことができ，使いやすい回路構成とすることができる。さらに，加算回路のような別のオペアンプ回路と組み合わせ，多入力の重みつき積分と加算，あるいは多入力の加算を行ってから積分するというような新しい演算機能をもたせた回路を考えることもできる。

3・3 ダイオードとその応用

ダイオード，トランジスタ，オペアンプ，IC（集積回路）など半導体素子は**能動素子**（active element）と呼ばれ，今日よく知られるように，それらは電子工学の基本要素となっている。半導体には，ダイオード，トランジスタ，ホト・ダイオード，ホト・トランジスタ，発光ダイオード，ツェナー・ダイオード，サイリスタ，バリスタ，太陽電池などと豊富な種類と幅広い応用がある。ここでは，ダイオードの基本特性と電子回路，電子装置には必要不可欠な電源回路について述べる。

ダイオード (diode) とは，二極 (真空) 管という意味がある。現在，一般にダイオードといえばシリコン・ダイオードやゲルマニウム・ダイオードなどの**半導体ダイオード**を指すことが多い。交流を直流に変換するいわゆる整流を目的とするダイオード，AM 変調波から可聴波 (音声やオーディオ波) を取り出すという復調 (検波) を目的とするダイオードなど，その使用目的に応じていろいろな種類のダイオードがある。

特殊なダイオードとしては，光を発する**発光ダイオード**，定電圧特性をもつ**ツェナー・ダイオード**，光を検出する**ホト・ダイオード**などがある。本節では，整流作用，スイッチング作用をもつ一般的な半導体ダイオードについて詳述する。

[1] ダイオードの特性

半導体ダイオードは，シリコン (Si) ダイオードとゲルマニウム (Ge) ダイオードに大別できる。シリコン・ダイオードは，熱に強く，逆方向電圧が高いので，大電流回路に用いられることが多い。また，ゲルマニウム・ダイオードは，順方向電圧の範囲の狭いところを活用して復調 (検波) に利用できる。両者の特性，耐圧，電流容量に違いはあるものの，ダイオードとしての特質は同じである。

図 3.23 は，ダイオードの図記号である。ダイオードは，アノード (A) とカソード (K) と呼ばれる二本の足 (電極) をもっている。図 3.24(a)に示すように，ダイオードのアノードを正の電源端子へ，カソードを抵抗 R を通して負の電源端子へ接続する。このときのダイオード両端の電圧を V_F とする。電源電圧を増加させると，電流 I_F は増加し，ダイオード両端の電圧 V_F も増加する。このようにして，V_F と I_F との関係を調べると，V_F はシリコン・ダイオードで約 0.6〔V〕，ゲルマニウムダイオードで約 0.3〔V〕より，I_F は急激に増加する。この V_F と I_F の関係を図示したものが，図 3·25 の右半面の Si と Ge の特性である。

このように V_F の値が，Ge で約 0.3〔V〕，Si で約 0.6〔V〕で急激に増加するという点にダイオードの特質がある。図 3·24(a)のように，ダイオードのアノード側を正，カソード側を負にしたとき電流がよく流れる。この方向は「**順方向**」といい，その電流 I_F を「**順方向電流**」という。このとき加えた方向の電圧を「**順方向電圧**」といい，V_F で表す。ここで，添字Fは Forward（順方向）の頭文字Fをとったもので，V_F は順方向電圧を意味する。

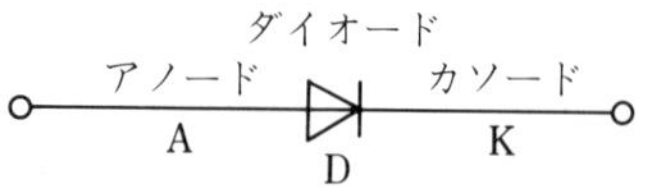

図 3・23　ダイオードの図記号

ダイオードの向きを図 3.24(b)のように逆にし，アノード側を負，カソード側を正として電流を増加させた場合を考えよう。この場合，ダイオードに加わる電圧 V_R が少し高くなっても電流は流れない。かなり高い電圧になるとブレークダウン現象を起こし，大きな電流が急激に流れ始める。この現象は**ツェナー効果**といい，このときの電圧を**ツェナー電圧**という。ツェナー効果の始まる電圧，つまりツェナー電圧を積極的に利用するために設計されたダイオードである。それは**ツェナー・ダイオード**と呼ばれ，定電圧回路に広く利用されている。

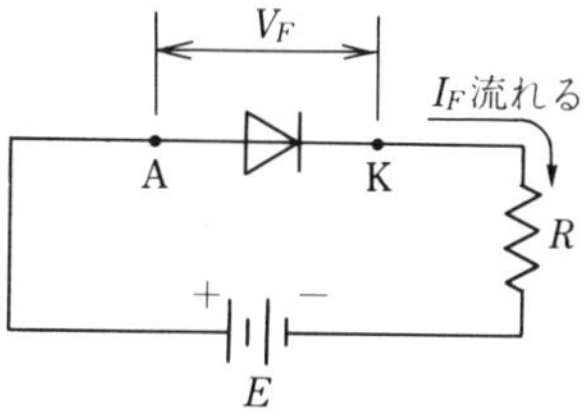

（a）順方向電圧

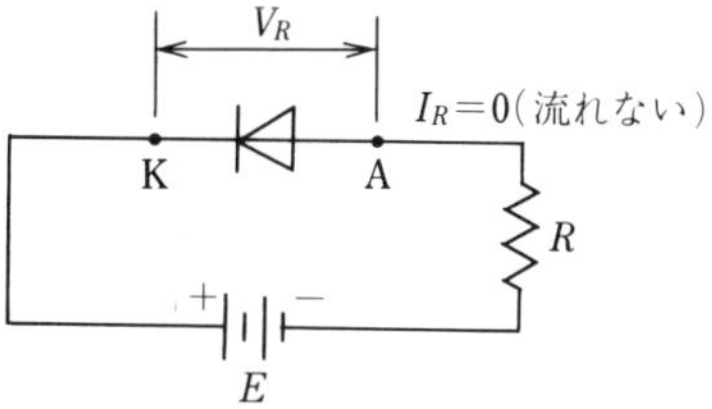

（b）逆方向電圧

図 3・24　ダイオード回路

図 3.24(b)のように，電流が流れにくい方向の電流は「**逆方向電流**」，その方向に加えた電圧は「**逆方向電圧**」といい，それぞれ記号 I_R，V_R で表す。ここで，添字Rは Reverse（逆方向）の頭文字Rをとったものである。

図 3.25 は，ダイオードの順方向と逆方向の特性をまとめて示した図である。この図では，特性曲線を見やすくするために，順方向（正）目盛を拡大，逆方向（負）目盛を縮小して描いてある点に注目してほしい。もし，図 3.25 の図で順方向，逆方向電圧目盛を同じ目盛で表すとすると，概略図 3.26 のようになる。これは順方向電圧に対しては電流が流れ，ダイオード内部抵抗が低いことを示している。

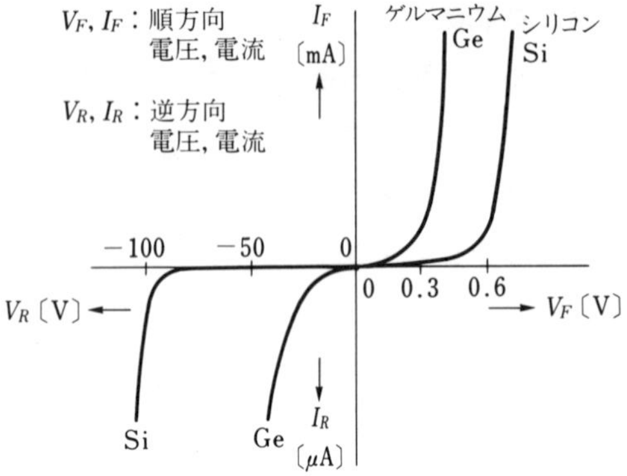

図 3·25 ダイオードの特性

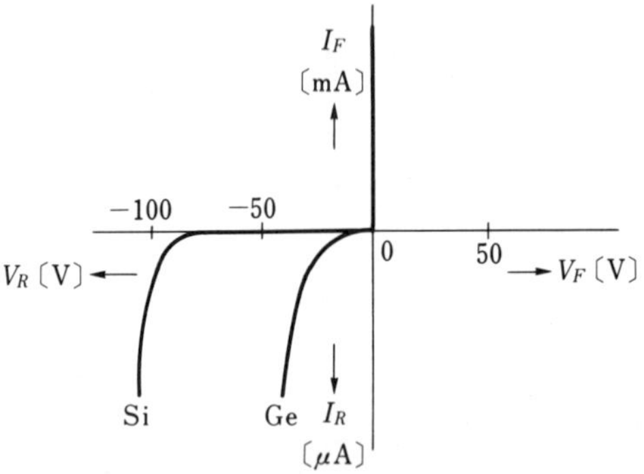

図 3·26 順・逆方向等分目盛で示したダイオード特性

電流をよく通す物体は，電気抵抗の低い導体の特性をもち，その反対に電流を通さない物体は，電気抵抗の高い絶縁体の特性をもつ。したがって，ダイオードは順方向に電圧を加えるとその抵抗は極めて小さくなり，逆方向に電圧を加えると抵抗が極めて大きくなるという特性をもつ素子である。

図3.27(a)，(c)に示すダイオード回路の電流は，電源をポンプに，ダイオードを弁に，電気抵抗を流体抵抗にそれぞれ対応させた図(b)，(d)に示す流体系の流体の振る舞いと同じである。

図(a)のように，ダイオードに順方向電圧が加わった場合は，図(b)のように流体が流れる方向と同じと考えられる。つまり，流体圧でバルブのスプリングが押し開けられ，流体が流れるものと等価的に同じである。ダイオード回路のこの状態は，図(a)のスイッチ（ダイオード）が閉じ，電流が流れる状態と考えることができる。

これに対し，図(c)のように，ダイオードに逆方向電圧が加わった状態は，図(d)の流体系で弁が閉まる方向に流体が流れようとするものと等価的に同じである。この状態は，図(c)のようにスイッチ（ダイオード）が開き電流が流れない状態とも

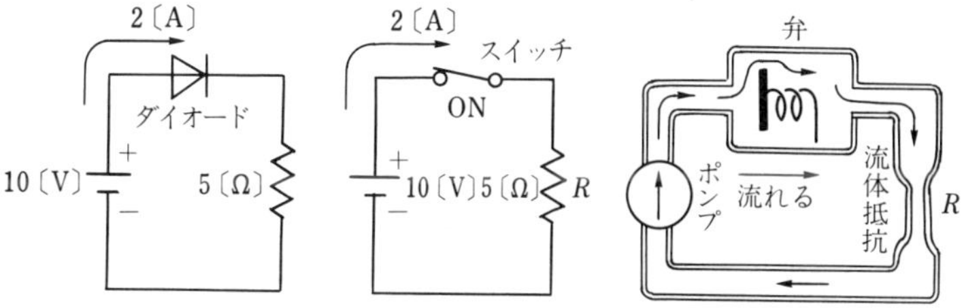

（a）ダイオード回路（順方向電圧）　　（b）流体回路

［ダイオードに順方向電圧が加わった場合には，電流は流れる。この状態は，ダイオード抵抗が極めて小さく，スイッチのON状態と同じである。］

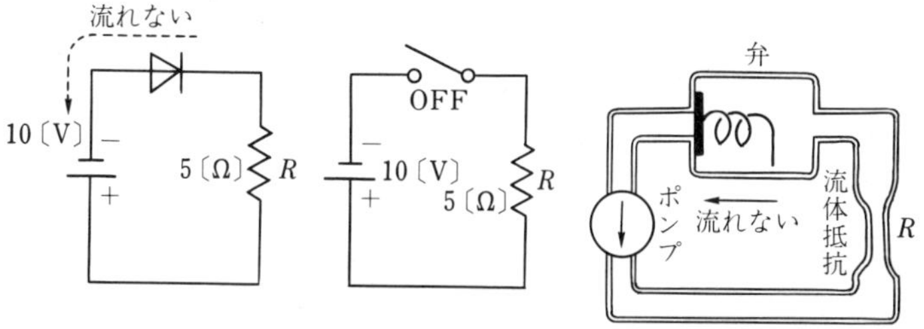

（c）ダイオード回路（逆方向電圧）　　（d）流体回路

［ダイオードに逆方向電圧が加わった場合には，電流は流れない。この状態は，ダイオード抵抗が極めて大きく，スイッチのOFF状態と同じである。］

図 3・27　ダイオードとスイッチ・弁との比較

いえる。このようにダイオードはスイッチの役割を果せることから，これをダイオードの**スイッチング作用**ということもある。

[2]　ダイオードの整流作用

ダイオードはそれに加わる電圧の極性に応じて，順方向電圧で電流をよく通し，逆方向電圧では通さないという性質があることがわかった。そこで，ダイオードに交流を加えた場合，ダイオードを通過する電流はどうなるかを検討してみよう。

図3.28(a)は，小型トランスを用いて，一次側の電圧100〔V〕を，二次側で例えば10〔V〕に降圧し，その電圧を電源として用いた図である。図(b)はこの図の電源部を簡単な記号で表した図である。電源電圧を入力電圧 v_i，抵抗両端の電圧を出力電圧 v_o とした。交流は正負の値を交互に繰り返すので，正の半周期の電圧が加わる場合，ダイオードに順方向電圧が加わることになる。この場合は，図3.27(a)と同じ状態であるから，順方向電流はよく流れ，抵抗 R の両端に電圧降下 v_o が現れる。これに対し，電源電圧が負となる半周期では，図3.27(c)の状態と同じで，

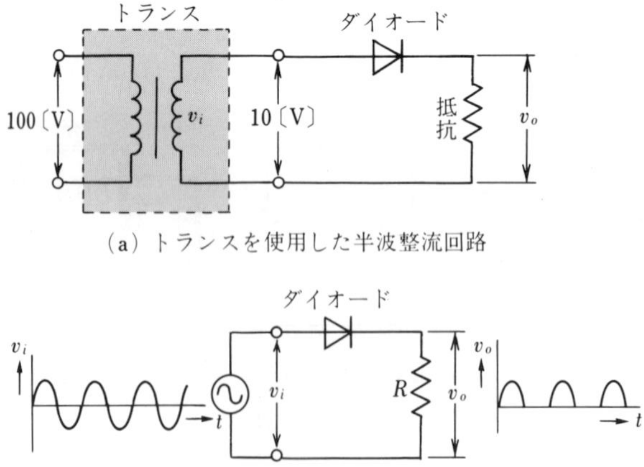

(b) 半波整流回路の入出力波形
(トランスも交流電源の一種であるから，交流電源の図記号を用いると，図(a)は図(b)のように表せる。)

図3·28　半波整流回路

ダイオードに逆方向電圧が加わり電流は流れない。したがって v_o は現れない。

オシロスコープ（波形測定器）を用いると，図 3.28 に示した波形 v_o のような正の半周期においてのみ v_o は現れ，負の半周期では現れない波形を観察できる。このような波形は**脈流波形**といい，直流電圧（電流）の仲間ではあるが，直流電圧としての質はよくない。

以上述べたように，正・負の交流電流のうち正の一方向のみを通す機能は**整流作用**という。図 3.28 に示した回路の場合，交流波形の正の半周期を流すことから**半波整流**といい，この回路を**半波整流回路**という。

図 3.29(a)は，ダイオード 4 個を用いた全波整流回路を示す。この回路において，

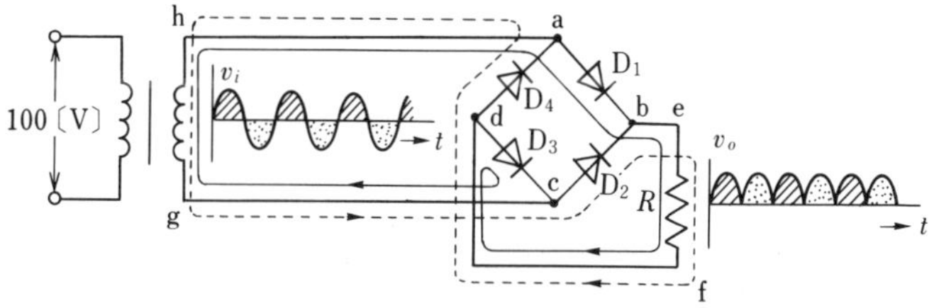

（a）ブリッジ式全波整流回路

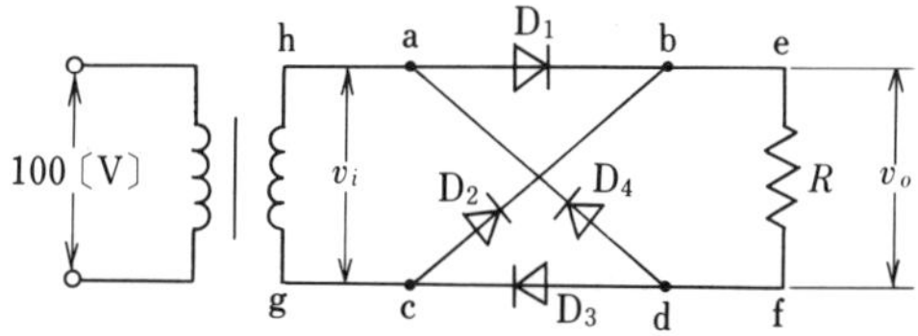

（b）ブリッジ式全波整流回路（図(a)と同じ）

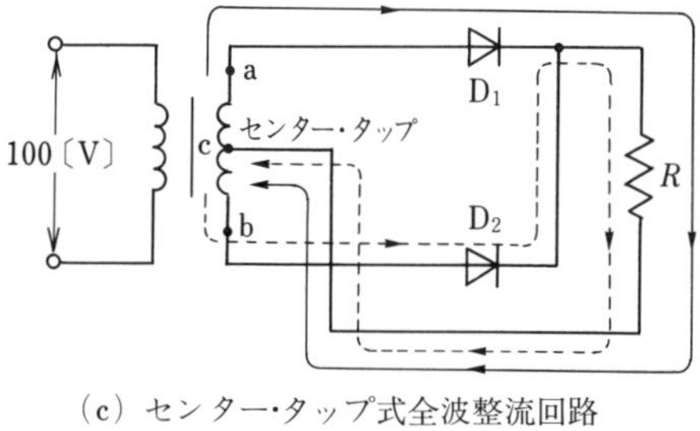

（c）センター・タップ式全波整流回路

図 3・29 全波整流回路

電源端子hが正となる半周期に流れる電流は，実線habefdcgの経路を通り，回路を一巡する。この間ダイオードD_1，D_3には順方向の電圧が加わるので，それらのダイオードには順方向電流が上記経路にしたがって流れる。次に，電源端子hが負（gが正と考えてもよい）となる半周期に流れる電流は，破線gcbefdahの経路をとり，ダイオードD_2，D_4を通過する回路を一巡する。抵抗Rを通る電流は，実線，破線ともに同一方向である。したがって，図示のように電源電圧の負の半周期部分は正の電圧に変換された波形（電源電圧v_iの絶対値）となる。

図3.29(a)は，**ブリッジ整流回路**といい，ダイオードをブリッジに組んだ様子がよくわかる。ところが，この図(a)と全く同じ回路であるが，図(b)のようにブリッジ整流回路を描いた教科書もある。この図(b)が図(a)と全く同じブリッジ整流回路であることを確認しておくとよいであろう。

図(c)のように，トランスにセンター・タップがある場合には，ダイオード2個で全波整流回路（センター・タップ式整流回路）を構成できる。この回路に流れる電流は，トランスの端子a側がプラスならダイオードD_1を流れ（実線），端子b側がプラスならD_2を流れ（破線），負荷Rを経て端子c側に流れ込む。このように，いずれの全波整流回路も，負荷抵抗には同一方向の電流（直流）が流れるように工夫された回路である。

[3]　ダイオードの応用回路

図3·30は，半波整流回路の出力端子abに抵抗R（図a），コンデンサC（図b），抵抗とコンデンサ（図c）をそれぞれ接続した整流回路を示す。図(a)の負荷抵抗Rには，すでに図3·28で示したような脈流が流れる。これが，ダイオードのもつ整流作用であった。

次に，図(b)のように，抵抗の代わりにコンデンサCを負荷として接続した場合を考える。この場合，電圧v_oの正の半周期でコンデンサに充電された電荷は逃げ場がなく，そのままの状態を保ち続ける。図中の出力電圧波形v_oに破線で示したように，コンデンサCには脈流電圧が常に加わっているものの，コンデンサ両端の電圧は下がることはなく一定の値を保ち続ける。つまり，出力電圧v_oは理想的な直流電圧となっている。

実際には，何らかの負荷を接続することになるから，図(c)のような回路構成となろう。この場合，同図出力波形 v_o に示したように，抵抗 R の両端の電圧はわずかに波打つ直流となる。これは，図(a)の図(b)を合わせたような出力特性となり，図(a)では，t_2-t_4 間では完全に 0 ボルトであったものが，図(c)では，0 ボルトにはならず，わずかに電圧が下がる程度である。負荷抵抗が小さいほど，この下がり具合は大きいことに注意しよう。この下がり具合を小さくするためには，コンデンサの容量を大きくすればよい。このような現象が起こるのは，正の半周期で充電したコンデンサの電荷が，負の半周期でその電荷を抵抗に向けて放電するからである。図(a)のように質の悪い脈流電流電圧を，図(c)のようにコンデンサを附加して質のよい理想直流電圧に一歩近づけることを**平滑化**するといい，その回路を**平滑化回路**という。

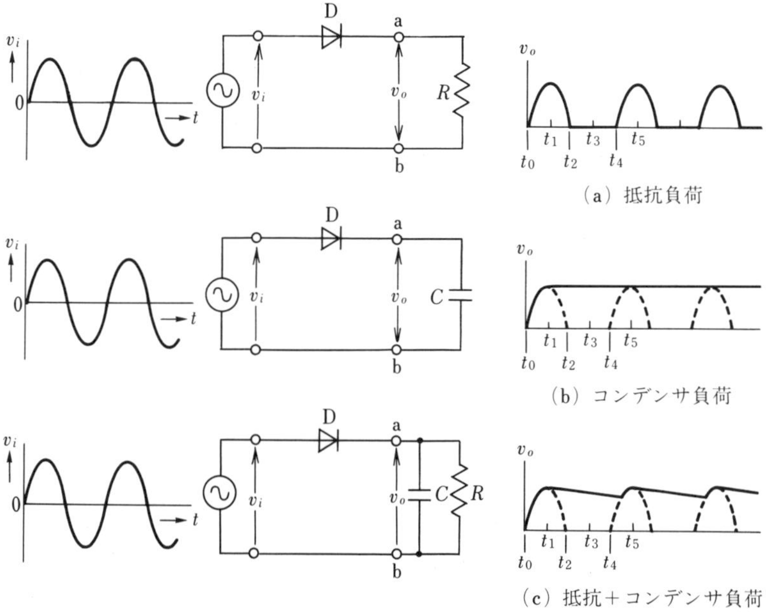

図 3・30　平滑化回路

演習問題　[3]

1.　20 デシベルを増幅度(倍率)で表せ。

2.　増幅度 100 をデシベル〔dB〕で表せ。

3.　反転増幅回路において，外部入力抵抗を R〔Ω〕，フィードバック抵抗を R_F〔Ω〕とした場合の増幅度を示せ。また，R を 10〔kΩ〕，R_F を 50〔kΩ〕とした場合の増幅度(倍率)とゲイン〔dB〕を求めよ。

4.　非反転増幅回路において，外部入力抵抗を R〔Ω〕，フィードバック抵抗を R_F〔Ω〕とした場合の増幅度を示せ。また，R を 10〔kΩ〕，R_F を 50〔kΩ〕とした場合の増幅度(倍率)とゲイン〔dB〕を求めよ。

5.　増幅度 10 倍のオペアンプ増幅回路を設計したい。外部入力抵抗を 10〔kΩ〕とした場合，① 反転増幅器，② 非反転増幅器それぞれについて，フィードバック抵抗 R_F の値を求めよ。

6.　図 3·31 のようなオペアンプ加算回路において，出力を $-(v_1+10v_2)$ となるように設計したい。$R_F=20$〔kΩ〕として，R_1，R_2，R_0 を決定せよ。

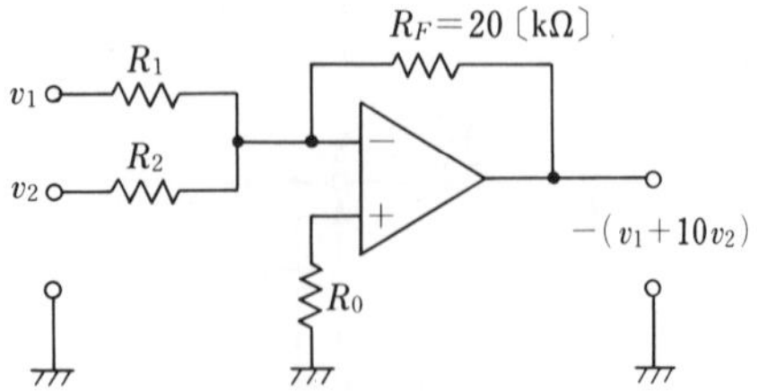

図 3·31

7．図3・32のオペアンプ積分回路に，①②のような入力信号 v_i が加わった場合の出力 v_o の波形の概要を示せ。

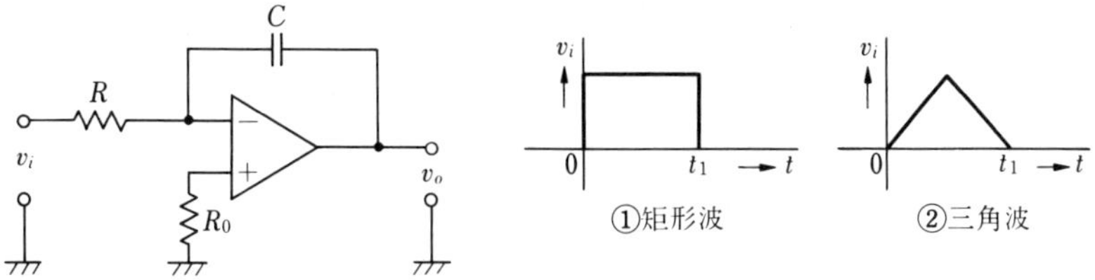

図3・32

8．抵抗 R とコンデンサ C を直列接続した RC 積分回路のコンデンサ C の容量が 10〔μF〕，抵抗が 100〔kΩ〕である。この回路の時定数は何秒か。

9．問題8の RC 積分回路の入力に直流電圧 10〔V〕をステップ状に印加した。時定数に相当する時間が経過したときのコンデンサ両端の電圧はいくらか。

10．図3・33(a)～(d)に示すオペアンプ回路の名称を示せ。

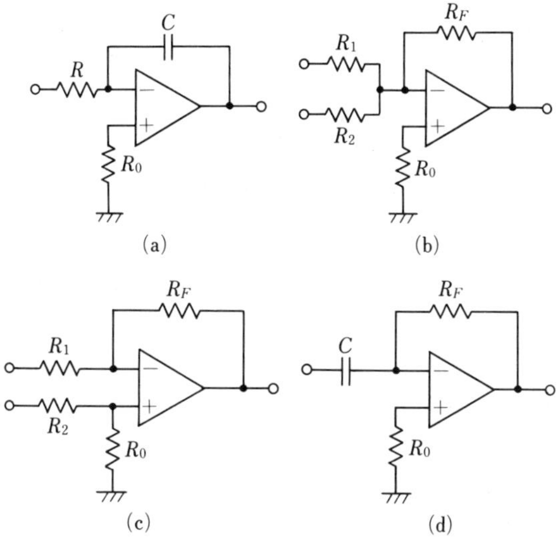

図3・33

11. 図3·34(a)〜(e)は，いずれもダイオードを応用した回路である。図(f)に示した入力信号波形 v_i がこれらの回路を通過すると，どのような波形に整形されて出力端子に現れるか。その出力信号波形 v_o の概要を図で示せ。

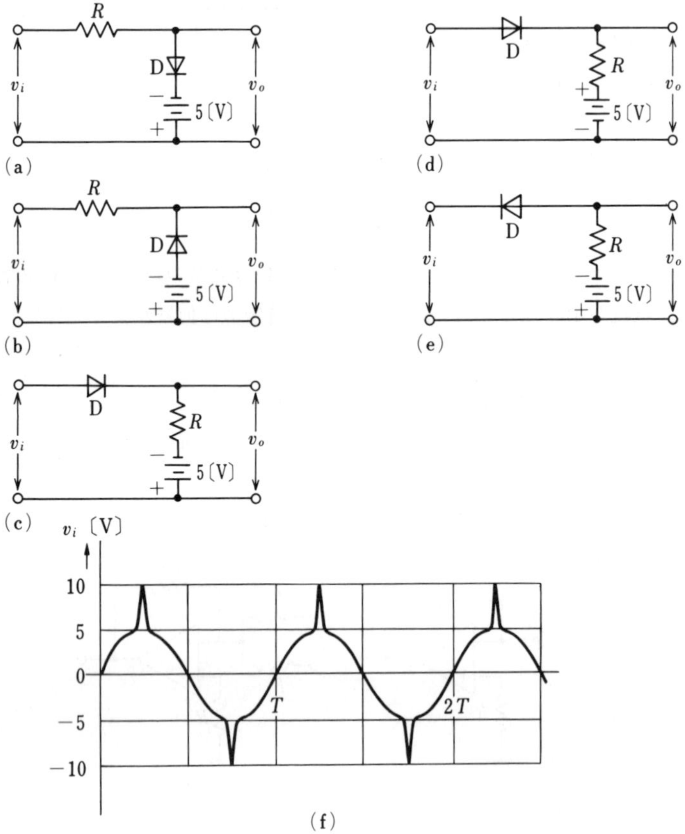

図3·34

第4章　センサと制御技術

4・1　センサと電子工学

半導体はダイオード，トランジスタ以外の電子回路部品あるいはセンサにも幅広く応用されている。半導体がセンサに応用されている例をあげると，温度に対し抵抗が変化するサーミスタ，光を照射すると電気を発生するホト・ダイオード，ホト・トランジスタ，光の明暗で抵抗が変化するCdS（硫化カドミウム），印加電圧がある値に達するとその電圧を一定に保つツェナー・ダイオードなどがある。それらは，温度，光，電圧を検出する半導体センサとして広く用いられている。ここでは，センサのもつ意味，センサの特徴について述べる。

[1]　センサとは何か

センサ(sensor)とは，「対象の状態に関する測定量を，信号に変換する系の最初の要素」とJIS（日本工業規格）では定めている。この意味に従うと，環境温度を測定するために用いる水銀温度計もセンサの仲間である。しかし，これを自動制御系で使用する場合は，このように目視で温度を知る要素では役立たず，温度という物理量が電気量で測れることが必要なのである。このような目的に適するセンサの一つに**熱電対**がある。また，温度検出用の半導体要素には，温度変化を抵抗変化として捉えることができる**サーミスタ**がある。この要素は，後述するように温度の増減で抵抗が大きく変化するセンサである。このセンサと抵抗，直流電源を用いて回路構成すると，温度を電気量の変化として検出することができる。

このように見ると，センサとは，物理量の変換素子(要素)といえる。つまり，センサという変換要素は，温度という物理量の変化を電気量に，また光という物理量の強弱を電気信号に変換する要素でもあるからである。図4·1(a)は，時間経過に対して温度が変化する様子を示す。この温度変化は，図4·2に示すように，炉内温度の変化と考えてもよい。このように変化する温度が，図4·1(b)のように，電気量の変化として検出できるならば，炉の温度を自動的に調整できる制御系が実現できる。

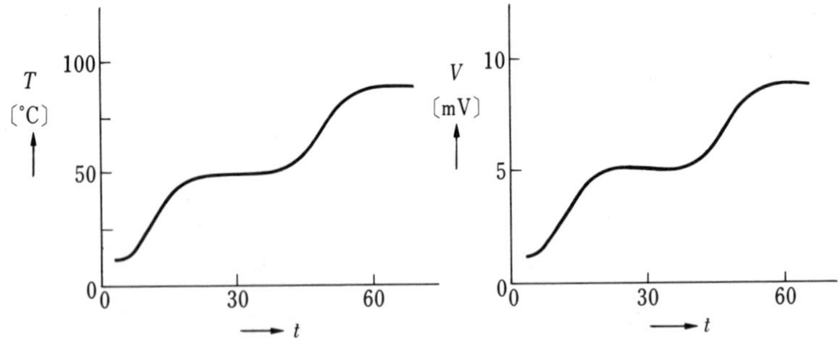

(a) 測定対象の温度変化　　(b) センサ出力電圧

図4·1　温度変化とセンサ出力電圧

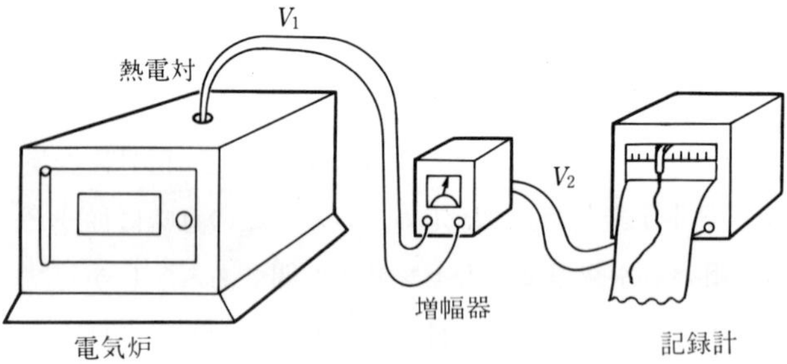

図4·2　熱電対による温度測定システム

図4·1(a)のように変化する温度が図(b)のように電気量として直接検出できる最も簡単なセンサは熱電対である。それは，熱電対は，微少ではあるが熱起電力を直接発生するからである。図4·3(a)は，アルメル·クロメル熱電対の特性を示す。温度1〔℃〕に対する出力電圧の値は**感度**といい，それは特性の傾きでもある。図(a)の直線部分の傾きは，42〔μV/℃〕であって，この値がこの熱電対の感度である。

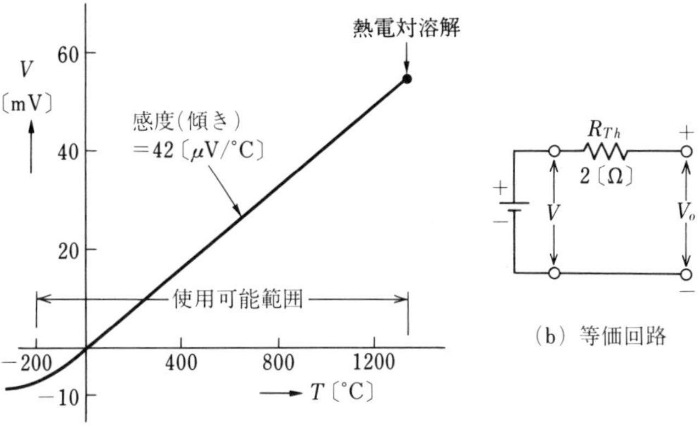

（a）熱起電力特性　（b）等価回路

図 4・3　アルメル・クロメル熱電対の熱起電力特性

図(b)は，熱電対を一種の直流電源と見なした場合の等価回路で，R_{Th} は内部抵抗（2〔Ω〕は平均的な値）である。熱起電力は微弱であるから，図 4・2 に示した熱電対の発生起電力(電圧)を増幅することによって，ペン書き記録計に温度変化の様子を記録することができる。図 4・3 の特性を見ると，−200〔℃〕以下では感度は小さくなっている。したがって，この温度が，この熱電対の使用下限であることがわかる。一方，この熱電対の上限は，高温度で破壊される約 1 350〔℃〕である。

以上，図 4・2 で，温度センサの一種である熱電対を用いた温度検出の例を示した。その他の温度検出用センサとして，抵抗線温度計や測定範囲は狭いがサーミスタを使用しても温度測定は可能である。

表 4・1 は，各種センサの例とその変換量，感度，測定範囲，インピーダンスの典型例を示す。この表に示したように，ある物理量を測定するためのセンサは一つではないことが分かるであろう。

表 4・1 センサの典型例

センサ	物理量の変換	感度	測定範囲	インピーダンス
熱電対	温度→電圧	40〔μV/℃〕	−200～1 350〔℃〕	2〔Ω〕
圧電素子	圧力→電圧	2.0〔V/psi〕	1～5 000〔psi〕	1 000〔pF〕
タコジェネ	角速度→電圧	0.03〔V/rpm〕	100～10 000〔rpm〕	100〔Ω〕
ホール効果素子	磁気→電圧	10〔μV/G〕	1～10 000〔G〕	1 000〔Ω〕
ホトセル	光→電流	0.5〔μA/lx〕	0.1～100〔lx〕	10〔MΩ〕: <0.2〔V〕
サーミスタ	温度→抵抗	3〔%/℃〕	−50～300〔℃〕	100〔Ω〕～100〔kΩ〕
CdS	光→抵抗	3〔kΩ/lx〕	0.01～100〔lx〕	300〔Ω〕～3〔MΩ〕
ひずみゲージ	変位→抵抗	0.012〔Ω/μm〕	0.02～120〔μm〕	120〔Ω〕
ポテンショメータ	変位→抵抗	50〔Ω/mm〕	0.2～200〔mm〕	10～10〔kΩ〕
キャパシタ(可動板型)	変位→キャパシタ	1〔pF/mm〕	1～100〔mm〕	1～100〔pF〕
インダクタンス(可動コア型)	変位→インダクタンス	100〔μH/mm〕	0.2～20〔mm〕	20〔μH〕～2〔mH〕

〔2〕 半導体センサ

(1) サーミスタ　一般に，半導体は温度が上がると抵抗値が減少するという負の電気抵抗温度係数をもっている。温度変化に対し，抵抗が著しく変わるように作られた半導体を**サーミスタ**(thermistor)という。これは熱に敏感に反応する抵抗体という意味の thermally sensitive resistor という名称から生れた言葉で，マンガン，ニッケル，コバルト，鉄，銅などの金属酸化物焼結体（セラミックス）である。温度が1〔℃〕変化した場合の物体の抵抗変化率を数量化しておくと，いろいろな材料の温度に対する抵抗変化の比較が容易に行える。ここで，**抵抗変化率**というのは，ある物体の抵抗を R とし，その抵抗の変化量を ΔR とした場合に，次のように表されるものである。

$$\varepsilon_R = \frac{\Delta R}{R} \times 100 \text{〔\%〕} \qquad (4\cdot1)$$

温度1〔℃〕当たりの抵抗変化率 ε_R が大きい物体ほど，それを温度センサとして使う場合の温度検出能力は高いといえる。温度変化1〔℃〕に対する抵抗の変化率 $\Delta R/R$ をパーセントで表した，次の式(4・2)は**電気抵抗温度係数** α〔%/℃〕という。

$$\alpha = \frac{\varepsilon_R}{\varDelta T} \text{〔\%/℃〕} \tag{4·2}$$

ここで，ε_R は抵抗変化率，$\varDelta T$ は温度差である。

［例題］4・1　ある温度における金属の抵抗が 100〔Ω〕である。その金属の温度が 5〔℃〕上昇したために，抵抗は 102.5〔Ω〕に変化したという。この金属の電気抵抗温度係数 α はいくらか。

［解］　式(4・2)により，次のように α を求めることができる。

$$\alpha = \frac{\dfrac{102.5-100}{100}}{5} \times 100 = 0.5 \text{〔\%/℃〕}$$

一般的な純金属の抵抗温度係数 α は 0.3～0.7〔%/℃〕である。ところが，サーミスタのそれは，−1～−8〔%/℃〕と金属の α に比べはるかに大きい。ここで，サーミスタの抵抗温度係数のマイナス符号は，プラスの温度上昇に対してサーミスタの抵抗は減少(マイナス)するということを表している。

図 4・4 は，−50〔℃〕から 300〔℃〕の範囲にわたる NTC (negative temperature coefficient) サーミスタの温度特性例を示す。図より明らかなように，サー

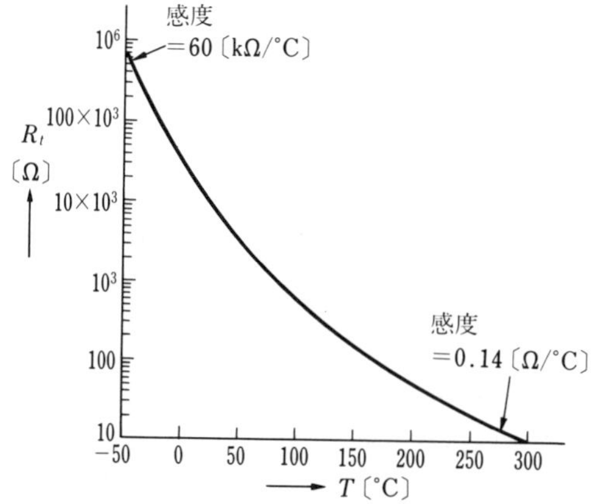

図 4・4　サーミスタの抵抗・温度特性

ミスタは100〔℃〕の温度変化に対して，約数キロオームという大幅な抵抗変化がある。しかし，サーミスタを用い温度を測る場合，その使用可能温度範囲は，表4･1に示したように，−50〔℃〕～300〔℃〕の範囲であって，熱電対に比べて，その使用温度範囲は狭い。

以上述べたように，サーミスタは，温度に対する抵抗変化が大きいという特徴がある。この特徴を利用し，体温計，ヘアドライヤー，クーラーなど身近な家庭用電気製品から，各種の温度計，風速計，液面計，電気毛布の温度制御，電気回路の温度補償など広範囲にわたる分野で応用されている。

(2) CdS（硫化カドミウム）　CdSは，カドミウム(Cd)と硫黄(S)との化合物で，これに光が当たると光の強さに比例して抵抗値が減少するという性質がある。CdSは，可視光の範囲を感じる特性をもち，入射する可視光の強弱に従い，その抵抗値は大きく変化する。受光面積が広く電流容量の大きいCdSが製造可能であることから，比較的大きな電流が流せるホト･リレーがある。これは，光によって電磁リレーを直接駆動できるものである。

CdSは，入射光の急変に対する抵抗変化の追従性はあまりよくない。しかし，人間の目にはチラツキを感じる蛍光灯やテレビ画面の光の強弱を検出するような場合に，このことが逆に有利に作用し，CdSを用いるとチラツキのない光の検出が可能である。

CdSセル(単素子)の特性の概略は，次のとおりである。

抵抗変化：
- 明抵抗　10～100〔kΩ〕
- 暗抵抗　0.5～5〔MΩ〕

最大定格（25〔℃〕）：
- 許容消費電力：50～500〔mW〕
- 印加直流電圧：150～500〔V〕

図4･5に，CdSの照度に対する抵抗変化の概要を示す。CdSは，図のように光の変化に対して，大きく抵抗が変化する。図4･6は，この性質を利用して光を電圧(電流)に変換する基本回路を示す。この回路において，CdSの抵抗をR_cとすると，この回路に流れる電流Iおよび抵抗R両端の電圧降下V_oは，次のようになる。

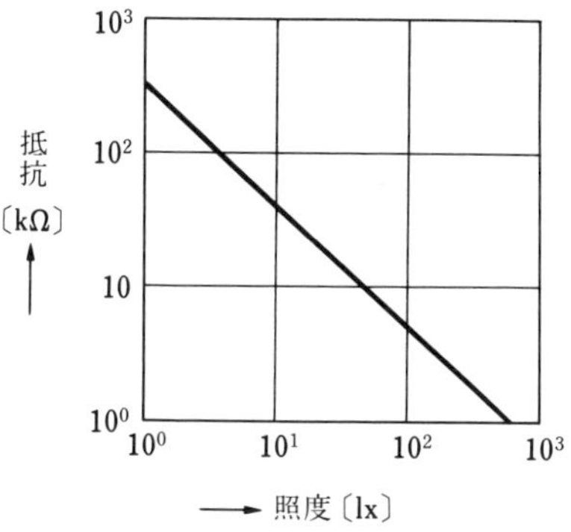

図 4・5　CdS の抵抗・照度特性

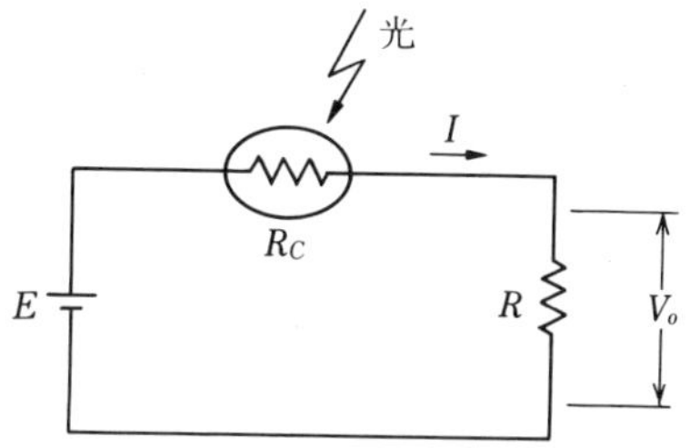

図 4・6　CdSによる光・電気変換回路

$$I = \frac{E}{R + R_C} \text{〔A〕}$$

$$V_O = IR = \frac{R}{R + R_C} \times E \text{〔V〕} \qquad (4 \cdot 3)$$

ここで，直流電源電圧 E を 10〔V〕とし，抵抗 R を 1〔kΩ〕，明るいときの CdS の抵抗 R_C を 1〔kΩ〕，暗いときの抵抗 R_c を 1〔MΩ〕とすると，明暗に対する出力電圧 V_O は次のようになる。

（明）　$$V_O = \frac{1\,000 \times 10}{1\,000 + 1\,000} = 5 \text{〔V〕}$$

（暗）　$$V_O = \frac{1\,000 \times 10}{1\,000 + 1\,000 \times 10^3} = 0.01 \text{〔V〕}$$

これより明らかなように，光の明暗で約 5〔V〕差の出力電圧が得られることがわかる。このように，CdS は光の明暗を電圧の有無に変換できるので，その電圧の有無でリレーを働かせ，夕方暗くなると電灯が自動的に点灯する街路灯自動点滅装置が構成できるのである。

CdS センサは，このような街路灯自動点滅に利用されているほかに，カメラの自動露光，露光計，テレビ受像機やデジタル時計の輝度調整などに広く利用されている。

(3)　ホト・ダイオードとホト・トランジスタ　ホト・ダイオードは，光スイッチ，テープリーダ，カードリーダ，煙センサ，テレビのリモコン，光通信などに広く使用されている光センサである。これは，P型とN型半導体からなる光半導体素子である。この素子のPN接合面に光を照射させると，光エネルギーの吸収により，光電流が流れる。この電流を測って光量を検知することができる。

ホト・ダイオードに流れる光電流は，マイクロアンペア〔μA〕オーダで非常に小さい。そこで，ホト・ダイオードにトランジスタを組み合わせ，光に対する感度を上げるように工夫された。それがホト・トランジスタである。

(a) ホト・ダイオード 図4·7は，ホト・ダイオードに光を照射して流れる電流の概要を示す。これはホト・ダイオードに逆方向電圧を加えた状態で光を照射すると，その光量に従い逆方向電流が増すことを示している。換言すると，ホト・ダイオードに光を照射すると，その抵抗は減少するともいえる。

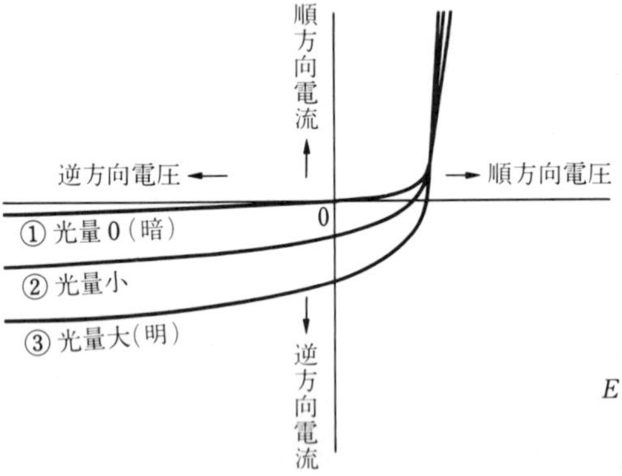

図4·7 ホト・ダイオードの光・電流特性

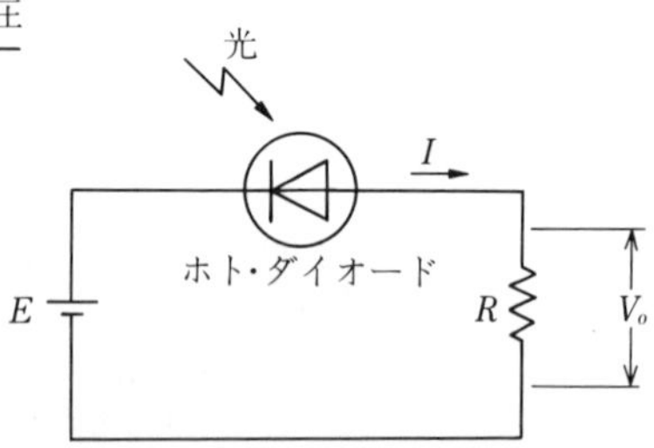

図4·8 ホト・ダイオードによる光・電気変換回路

図4·8の回路におけるホト・ダイオードに逆方向電圧を加えた状態で光を照射すると電流が流れる。この電流による抵抗 R の電圧降下 V_o と光量との関係をあらかじめ求めておけば，電圧 V_o を測り，ホト・ダイオードへの入射光量を知ることができる。

(b) ホト・トランジスタ ホト・ダイオードに光を照射して流れる電流は，マイクロ・アンペアオーダという非常に小さい値である。この欠点を補うために，ホト・ダイオードとトランジスタを一体化し，図 4・9 に示すような構造の光センサが開発された。これがホト・トランジスタである。

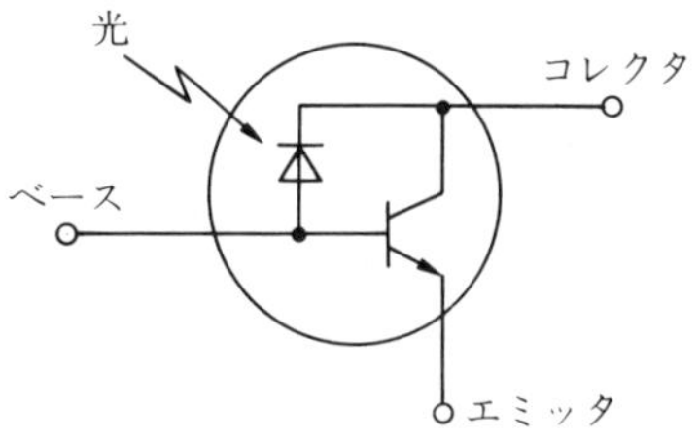

図 4・9　ホト・トランジスタの構造

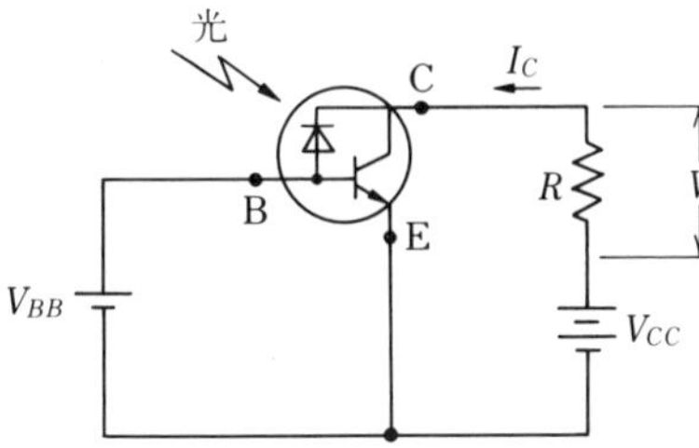

図 4・10　ホト・トランジスタによる光電気変換回路

図 4・10 に示すような回路構成で，ホト・トランジスタに光を照射すると，数ミリアンペアオーダのコレクタ電流が流れる。この電流による抵抗 R の電圧降下 V_o を取り出せば，光量が電気量（電圧）に変換できたことになる。

ホト・トランジスタには，ベース端子のない 2 端子，ベース端子付きの 3 端子，トランジスタ 2 個使いさらに光感度を高めたダーリントン接続ホト・トランジスタがある。

ホト・トランジスタの出力特性は，一般のトランジスタの出力特性に似た図 4・11 のような特性をもっている。トランジスタでは，ベース電流が変化するとコレクタ電流 I_C が変化した。ホト・トランジスタでは，入射光量が変化すると，図のようにコレクタ電流 I_C が変化する。

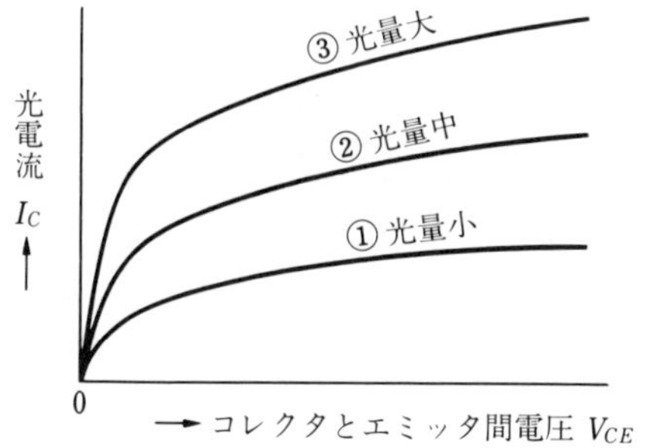

図 4・11　光電流-コレクタ・エミッタ間電圧特性

(4) ツェナー・ダイオード ツェナー・ダイオードというのは，逆方向電圧を加え，それがある値に達すると電流が急激に流れ始めるという性質をもつダイオードである。図4・12は，ダイオード特性とツェナー・ダイオード特性を比較した図である。図(b)において，電流が急に流れはじめる逆方向電圧 V_Z(この例では−6〔V〕)を**ツェナー電圧**あるいは**降伏**（**ブレーク・ダウン**）**電圧**という。一般のダイオードの V_Z は，図(a)のように，かなりその絶対値は大きいところにある。図4・13(b)は，V_Z が6〔V〕のツェナー・ダイオードの等価回路，図(c)はツェナー・ダイオードによるクリッパ回路，図(d)は入出力波形を示す。この図は，入力信号 v_i が6〔V〕と0〔V〕でクリップされ出力信号 v_0 となる様子を示している。

このような特性をもつツェナー・ダイオードと抵抗 R を，図4・14のように電源 V_i に接続した回路に関して，「ツェナー・ダイオードは定電圧特性をもつ」ということを考えてみよう。図4・13(c)のクリッパ回路における v_i は交流であり，6〔V〕以上の電圧はツェナー・ダイオード両端には現れないことを示した。同様に，図4・14の V_i が6〔V〕以上の直流電圧であったとしても，このツェナー・ダイオード(V_Z=6〔V〕)両端の電圧 V_O は常に6〔V〕に保たれることは理解できるであろう。これがツェナー・ダイオードの定電圧特性である。

ツェナー・ダイオードのツェナー電圧 V_Z は，3～30〔V〕程度で各種のものがある。図4・15は，ツェナー・ダイオードの定電圧回路に負荷抵抗 R_L を接続した図を示す。電源電圧 V_i が負荷端子電圧 V_O（V_Z に等しい電圧）より高ければ，許

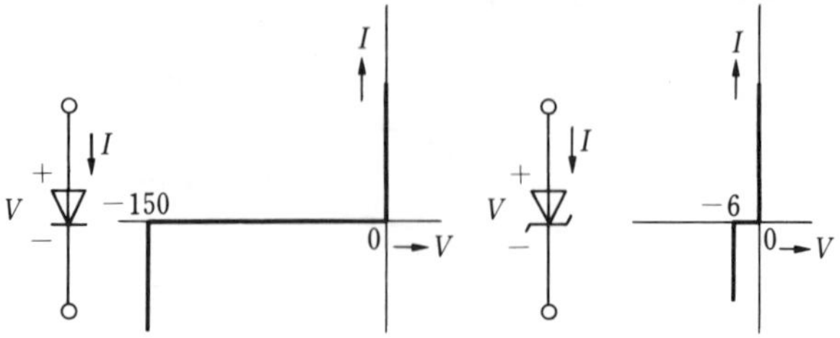

(a) ダイオード　　(b) ツェナー・ダイオード

図4・12 ダイオードとツェナー・ダイオードの特性比較

容範囲内ではあるが V_i の変動に対して V_O はツェナー電圧 V_Z に保たれることがわかる。

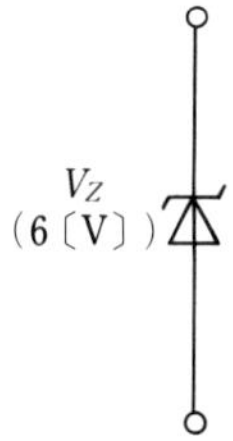

(a) ツェナー・ダイオードの図記号

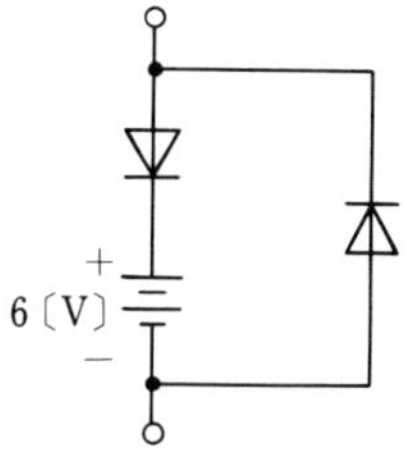

(b) ツェナー・ダイオードのモデル

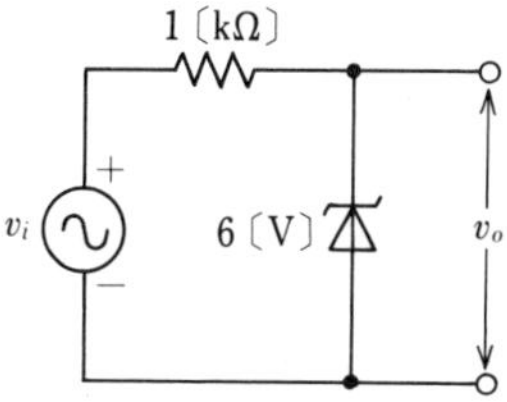

(c) ツェナー・ダイオード回路（クリッパ回路）

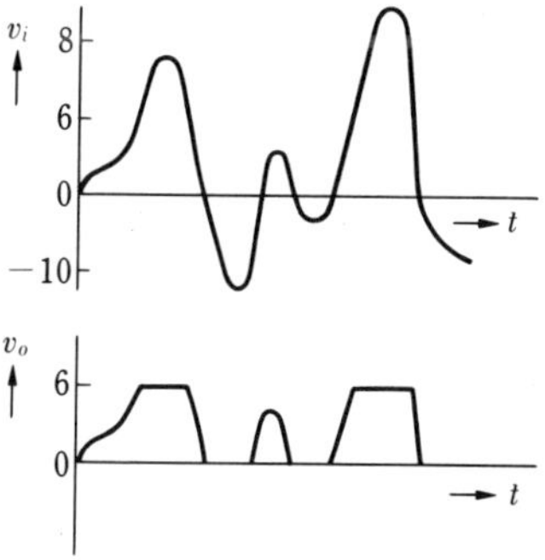

(d) ツェナー・ダイオード回路の入出力波形

図 4・13　ツェナー・ダイオード，モデル，クリッパ回路

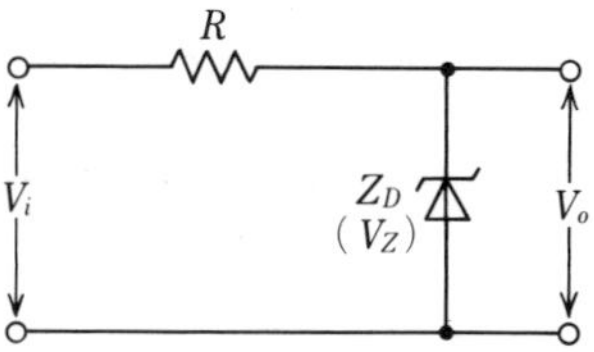

図 4・14　ツェナー・ダイオードの基本回路

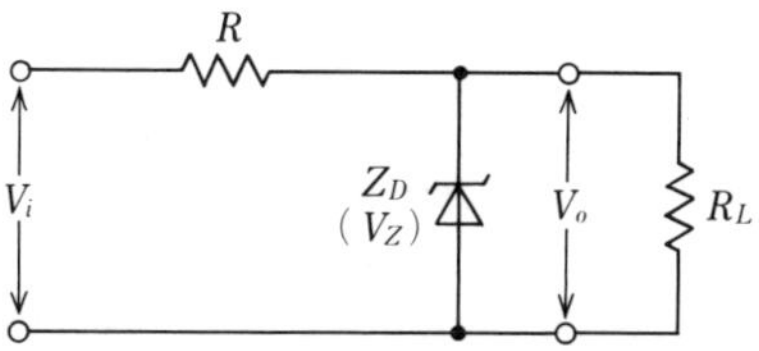

図 4・15　ツェナー・ダイオード定電圧回路

[3]　その他のセンサ

ある物体に熱を加えたり光を照射するなど，その物体に物理的な刺激を与えると，物体から起電力が発生する。これには次のようなものがある。

①　熱起電力形（thermoelectric）　➡ 熱電対（温度検出）

②　光起電力形（photoelectric）　➡ 太陽電池，ホト・ダイオード（光検出）

③　ピエゾ効果形（piezoelectric）　➡ 圧電素子（力（圧力），加速度検出）

④　電磁誘導形（electromagnetic）　➡ ムービング・コイル（運動検出）

このような物理効果をもつ素子は，温度，光，力，運動などを電気信号に変換するセンサとして使用できる。

表4･1は，各種センサとその感度や使用範囲をまとめたものであった。物理量を検出するために，抵抗の変化を利用することがよくある。その典型例にポテンショメータ，ひずみゲージ，サーミスタ，CdSなどがある。

ひずみゲージは，測定対象に貼付したゲージ長が微少量伸びる（縮む）と抵抗が変わるセンサである。この抵抗変化を電圧または電流変化に置き換える簡単な回路がある。図4･16(a)に示すホイートストン・ブリッジは，抵抗変化を電圧変化に置換するための回路の一例である。

センサ抵抗を R_t とし，その R_t が500〔Ω〕に近い値であるならば，ブリッジの

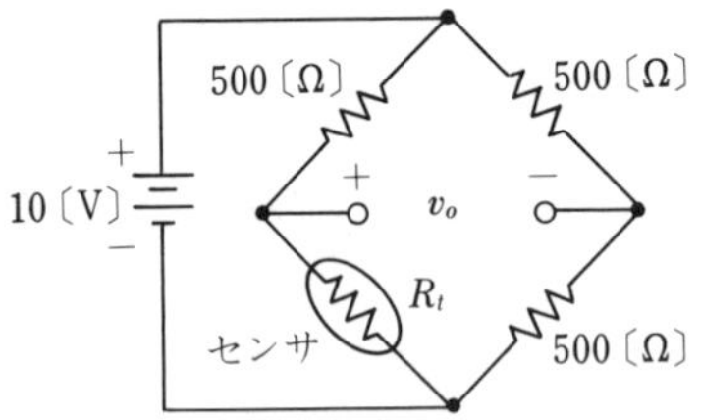

(a) 抵抗のホイートストン・ブリッジ

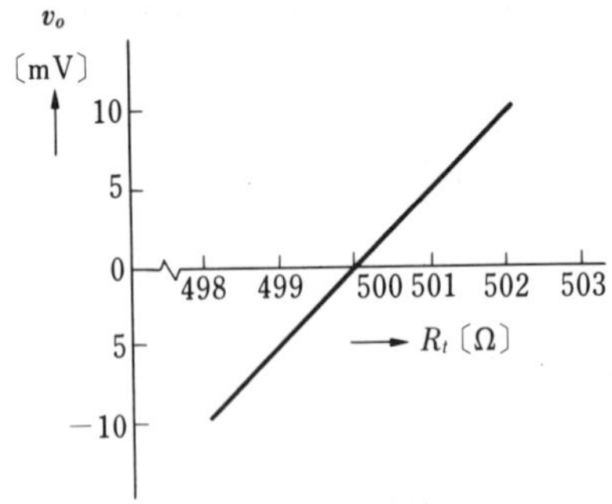

(b) 出力特性

図4･16　微小抵抗変化を電圧変換する回路とその出力特性（直流）

出力電圧 v_0 は，次のようになる。

$$v_0=\frac{500R_t-500\times500}{(R_t+500)(500+500)}\times10\ 〔\mathrm{V}〕$$

ここで，分母の (R_t+500) は，ほぼ 1 000 である。したがって，v_o を〔mV〕で表すと，次のように簡単な式で近似できる。

$$v_0\fallingdotseq5(R_t-500)\ 〔\mathrm{mV}〕 \tag{4・4}$$

この式に従う直線が図(b)である。

物理量の変化に対して，キャパシタンス，インダクタンス，相互インダクタンスなど，いわゆるインピーダンスが変化するセンサがある。例えば，キャパシタンス（容量）が変化するセンサは，図 4・17 (a)のように，ホイートストン・ブリッジを組み，その電源として交流を接続すると，コンデンサ容量の微少な変化に対し，図(b)のような特性の出力の交流電圧が得られる。

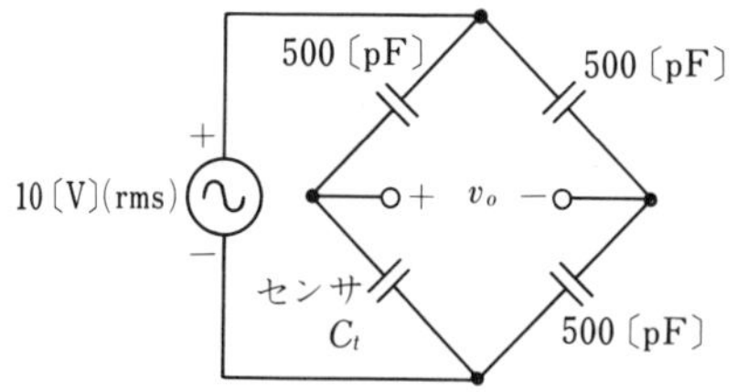

(a) コンデンサのホイートストン・ブリッジ

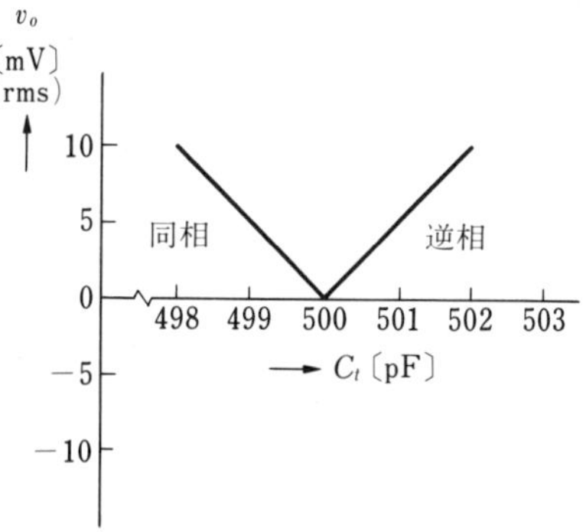

(b) 出力特性

図 4・17 コンデンサのキャパシタンス微小変化を電圧変化に変換する回路とその出力特性（交流）

図 4・18 (a)は，コア変位に対してインダクタンスが変わる差動変圧器というセンサで，このセンサは交流電源を必要とする。このセンサは，図(a)に示すコアの位置 x が変わると，図(b)のような出力電圧 v_0 が得られる。

センサを活用するためには，① サイズ，② 感度，③ 線形性，④ 温度範囲，⑤ 使用範囲，⑥ 周波数応答などを考慮しなければならない。

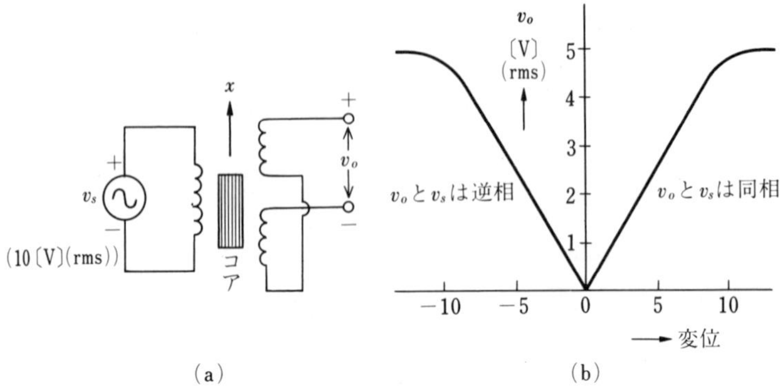

図 4・18　差動トランスの動作原理

表4・1に示したセンサの使用目的は明らかであるが，その目的以外にも応用があることに注意したい。例えば，ひずみゲージは構造材のひずみ測定(応力測定)に多用されているが，それ以外の用途として力(圧力)，変位，加速度も測れるのである。例えば，ダイヤフラムといって金属薄膜の裏面にひずみゲージを貼り，その表面に圧力を加えれば，薄膜はひずみ，ゲージ抵抗は変化する。こうして，圧力変化 ➡ 薄膜のひずみ変化 ➡ 抵抗変化 ➡ 電気量変化 という順にいくつかの物理量の変換を経て，圧力は電気量として測定できるようになる。

質量と板ばねを用い，その板ばねにひずみゲージを貼付すると，質量に加わる加速度が測れる。図4・18に示した差動変圧器のコアを図4・19のようにスプリングと組み合わせると，もともと変位を測定するセンサである差動変圧器は力測定器（電子ばかり）に応用できる。それは，ばね（k はばね定数〔N/m〕）に加わる力 F は，

$$F = kx \text{〔N〕} \qquad (4\cdot5)$$

で与えられる。これより図4・19の力測定器で得られる力（質量）と変位 x との関係は直線であることがわかる。したがって，変位 x が正確に測定できれば，力測定器に加わる力(質量)は求まったことになる。

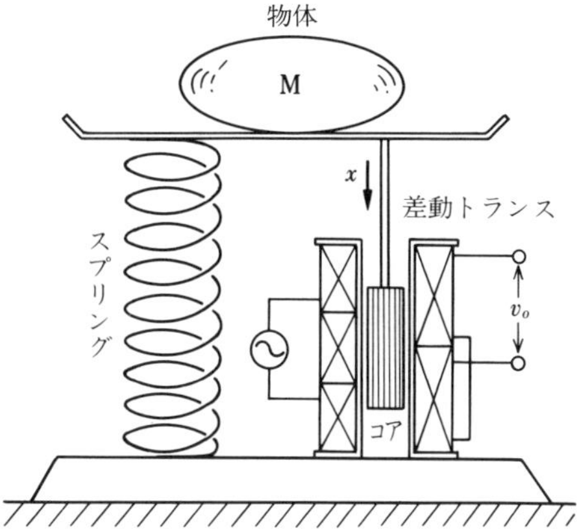

図 4・19　差動トランスの応用（電子ばかりの原理）

4・2　センサと制御

温度，圧力，流量などの状態量，位置，角度，速度などの機械量を目標通りに適合させたり，動かしたい場合がしばしばある。その具体的な例として，一般家庭の冷暖房装置による部屋の温度調整，工場のロボットや数値制御（NC）工作機械による自動工作・自動組立などがある。

ここでは，こうした自動化技術の背景にある基礎電子工学とセンサ・制御技術の係わりについて考えてみる。

［1］ ON-OFF 制御

われわれの身近には，部屋のランプを点灯するとか，テレビのスイッチを入れるなど，ON-OFF で事が足りる場合が少なくない。図 4・20 は，スイッチを入れるとランプが点灯するとかモータが回る電気機器およびその電源・スイッチとの関係を示す。図中の要素（機器）というのは，例えば電球，ブザー，テレビ，ラジオ，電熱器，モータなどの電気用品・機器を表している。家庭用電気製品は，スイッチの入り切りを人が行うことでその目的が達せられるものが多い。しかし，

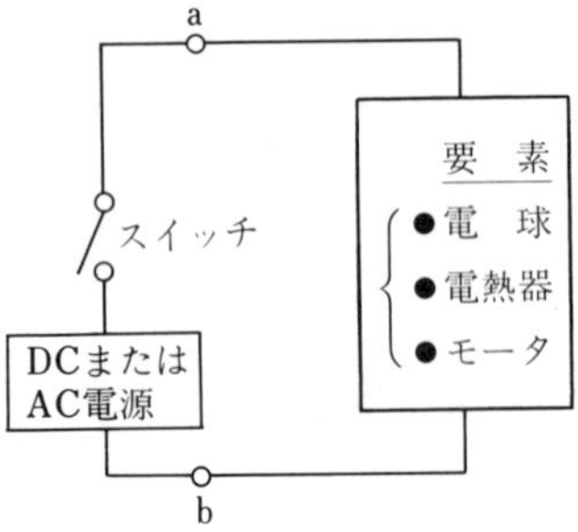

図 4・20　スイッチによる電気機具のON-OFF

産業用の自動化装置や機器においては，その機器や装置のスイッチを入れてから，さらに何段階かの作業ステップを自動的に進めるような機械が多い。

例えば，穴あきL字型部品を製造するために素材板を自動的に打ち抜き，それを加工する場合を考えてみよう。そのために1番目の機械で素材板を所定の寸法に切りだし，2番目の機械で折り曲げ，3番目の機械で穴を開けるというように，順序に従う作業工程が必要となる。このような場合，1番目の機械加工台の正しい位置に素材板がセットされたということは，その機械の位置決めセンサで検出してはじめてわかる。そうすると切断機は動き出し，素材板は目的とする大きさに切断され，次の工程へ移される。切断加工された板材は2番目の折り曲げ機械に運ばれ所定の位置にセットされ，その位置が正しいかどうかをこの機械の位置決めセンサが検出する。正しければ折り曲げ機が作動し，板材は折り曲げられる。以下同様に3番目の機械に移され，再度位置決めされ，穴あけが自動的に行われ，穴あきL字型部品が完成する。

以上のように，あらかじめ定められた順序に従って制御の各段階を逐次進めていく制御を**シーケンス制御**という。夕方暗くなると自動的にランプが点灯する街路灯，あるいはドアの前に立つとそのドアが開く自動ドアがある。それらは，暗くなる ➜ ランプON，ドアの前に人が立つ ➜ ドアが開く　ということで，あらかじめ決められた目的条件に合致した場合に機械装置が働くように設計されている。こうした（明，暗），（開，閉）のように，「ON」か「OFF」で操作が開始したり終了するような制御は，**ON–OFF 制御**ともいわれる。

図 4・20 のスイッチは，人間が入り・切りを行うスイッチであった。このスイッチの部分 ab に，図 4・21 に示すような光，温度，音，力，磁気などの各種のセンサを接続すると，電子回路を必要とするが，光，音，力などの信号に従ってドアを自動的に開けたり，温度を自動検出し室温を一定に保つ自動化が図れる。一般の ON-OFF スイッチと異なり，このようなセンサで得られる動作信号はアナログ連続量である。

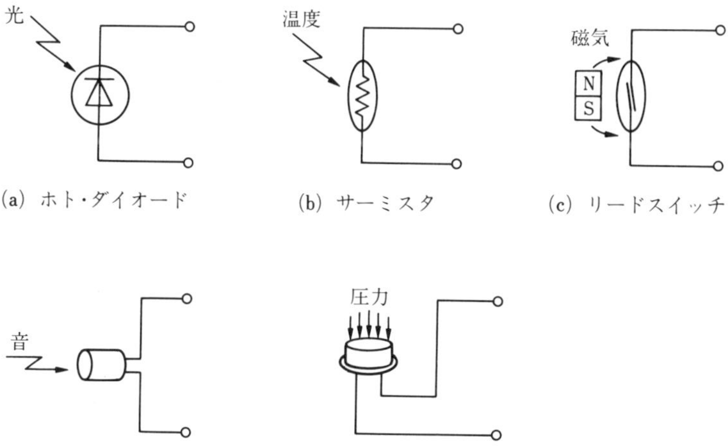

(a) ホト・ダイオード　(b) サーミスタ　(c) リードスイッチ

(d) 超音波センサ　(e) 圧力・力センサ

図 4・21　ON-OFF 制御のためのセンサの例

そこで，図 4・22 (a)の昼と夜の明暗の程度，図(b)の体重 50 キログラム，図(c)の適切な室温 24 度というようにあらかじめ決められた状態量（いき値）でスイッチを作動させる工夫が必要である。この「いき値」の値は任意に設定できるので，単なるスイッチによる ON-OFF と異なり，目標どおりで対象の状態に見合った ON-OFF 制御が行える。センサの出力信号は微弱である。したがって，電子回路による信号の増幅と「いき値」に達したかどうかという判断機構が必要となり，それだけ装置は複雑になることは避けられない。

以上述べたように，ON-OFF 制御により自動化を図るためには，例えば街路灯

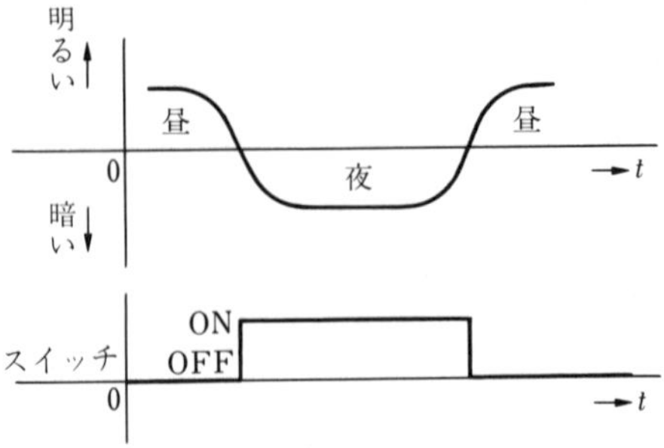

(a) 明暗

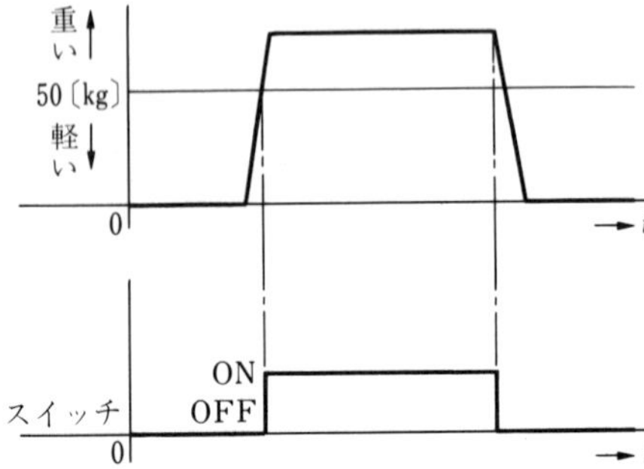

(b) 重量

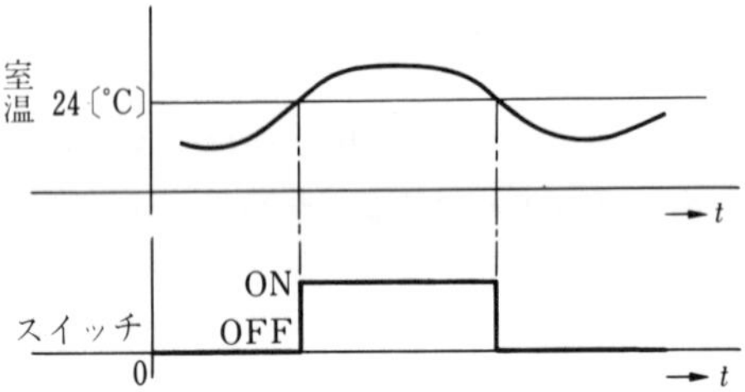

(c) 温度

図 4・22　状態量のいき値とスイッチON-OFF

であるならば明暗を，また自動ドアであるならば人の有無を何らかのセンサで検知する必要がある。街路灯の場合には，図 4・22(a)のように，明暗の中間に「いき値」を設け，この点を境に街路灯を点滅させるとよい。環境が要望する明暗の程度で街路灯の明るさを制御することも可能である。しかし，街路の照明はそこまで行わなくても実用上十分であろう。

自動ドアの場合，人の有無検出は，荷重計（ロードセル）でも，光センサでも，ビデオカメラでも可能である。体重を検出してドアを開ける場合には，床面に荷重センサを設ける必要がある。このとき，体重の検出いき値を小さくすると犬や猫まで検出してしまう恐れがある。いずれにしても，荷重センサを利用してある体重以上の人がドアの前に立つと，そのドアが開くというようにするためには，図 4・22(b)のように，荷重センサが体重を検出し，その体重が決められた体重以上であるかどうかの判断機構が必要となる。その結果に従い，ドアの開閉を命令する電子回路が必要であることはいうまでもない。

〔2〕　制御と電子回路

ここでは，制御の意味を少し詳しく考えて見よう。**制御**(control)とは，「ある目的に適合するように対象となっているものに所要の操作を加えること」と，自動制御用語に定められている。この制御という用語を広く解釈すると，機械や電気装置以外の人間や動物の世界でも制御は行われていることがわかる。

ここで，図 4・23 に示すビーカーの湯の温度制御について考えてみよう。図 4・23 をブロック線図で表すと，図 4・24 のようになる。ここで，湯の入ったビーカー，電熱器，温度センサを，図 4・23 に示したように，実体配線図として描けば，実物が配線されている様子はよくわかるが，情報の流れは不明である。そのほかの目

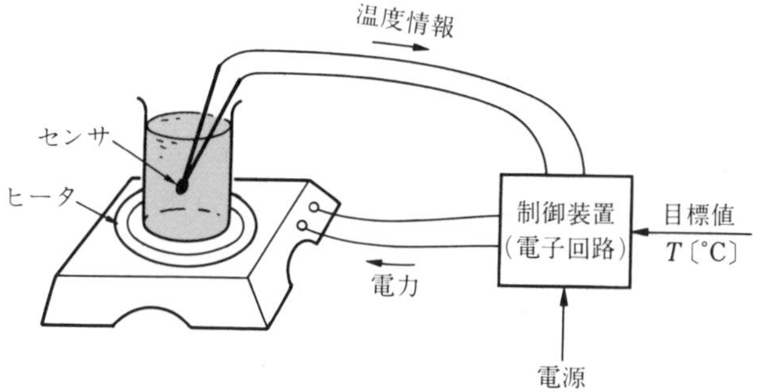

図 4・23　温度制御

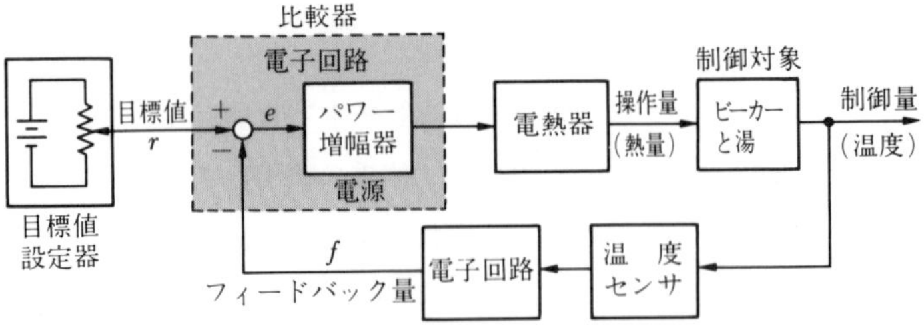

図 4·24 湯の温度制御系

標値設定器，電子回路などは，制御装置と名付けられケース内に納められてあるので目に触れることは少ない。ところが，制御系では制御装置(電子回路)は，人間の頭脳に相当し，極めて重要な役割を果たすものである。

図 4·24 のパワー増幅器の手前に丸印が示してある。これに矢印が2本入り，その一方の目標値 r からの矢印にはプラス，フィードバック量（制御量の検出量）f からのそれにはマイナスの符号が付けてある。このマイナス符号は非常に重要で，この制御系は負（ネガティブ）のフィードバック系であることを示している。この丸印の部分で目標値とフィードバック量とが比較され，その差 e（$=r-f$）が計算される。この差 e は**制御偏差**という。制御偏差が0となるまでパワー増幅器に制御偏差信号は加えられ，電熱器の加熱は続けられる。制御偏差が0ということは，$r-f=0$，つまり $r=f$ ということで，目標値とビーカーの湯の温度が一致したことを示す。

以上の説明でわかるように，図 4·24 の場合，フィードバック量 f の測定には温度センサが使用された。このセンサがなければ，ビーカーの湯の温度は何度であるか不明であって，上述の制御動作の実行は不可能である。

図 4·24 に示した温度制御系以外にも，制御をする対象はいろいろある。そうしたフィードバック制御系を一般化し，図 4·25 のように表す。制御系を構成する要素やシステム，あるいは信号（情報の流れ）には，図中に示したような用語が使用されている。

図 4·24 に示した実際的なブロックと図 4·25 の構成要素ブロックとがそれぞれ

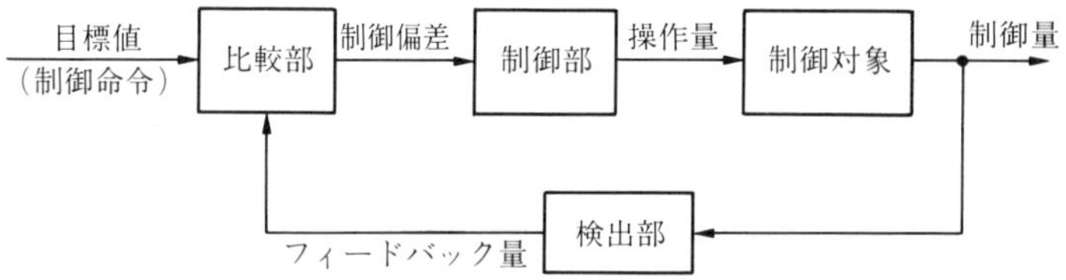

図 4・25　フィードバック制御系の構成

明確に対応づけられるとは必ずしも限らない。図 4・24 のパワー増幅器の部分は電熱器と一体化され，図 4・25 の制御部に入れる場合もあるし，丸印で示した比較演算回路(加算器)と一体化させ比較部に入れる場合もある。

いま，パワー増幅器を比較部に入れてあるものと考え，図 4・24 と図 4・25 の各構成要素を比べると，次のようになる。

要素
- 制御対象……………………ビーカー＋湯
- 制御部………………………電熱器
- 比較部………………………加算器＋パワー増幅器
- 検出部………………………温度センサ＋電子回路

信号
- 制御量………………………湯の温度
- 操作量………………………熱量
- フィードバック量……温度に対応する電圧
- 目標値………………………目標温度に対応する電圧

以上述べたフィードバック制御系は温度制御の例で，動きの伴わないものである。最近はメカトロニクスといって，ロボットや工作機械のような機械類にエレクトロニクス（計測・制御）を取り入れた機械が世間一般に広まった。この**メカトロニクス**という用語は，メカニズム（機械工学，機構学）とエレクトロニクス（電子工学）の和製合成語であって，機電一体化技術ともいわれている。メカトロニクスは，産業用ロボットを想定すれば明らかなように，コンピュータを中枢に置き，その指令によって休むことなく作業動作を続けることができるような機械である。

図 4・26 は，片腕を回転 1 自由度と簡単化し，手先の物体を A 点から B 点へ円

弧に沿って移動させることのできる制御機構を示す。このような位置決めフィードバック制御は，制御工学では**機械制御**（**サーボ機構**）と呼んでいる。

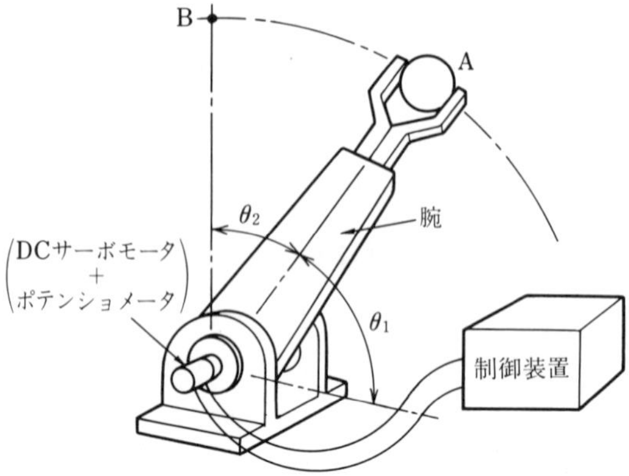

図 4･26　腕ロボット

図 4･26 の機械制御系をブロック線図で表すと，図 4･27 のようになる。腕の角度を検出するセンサは，ここではポテンショメータを用いている。これは，精度よくしかも軽く動くように設計され，角度や変位計測用の可変抵抗器である。デジタル･コンピュータを使用する制御系では,角度検出用センサにはエンコーダがよく使用されている。このセンサは角度情報をパルス数（デジタル量）に変換するものであるから，角度情報はコンピュータに直接取り込むことができる。ポテンショメータによる角度情報は，アナログ量である。これをデジタル･コンピュー

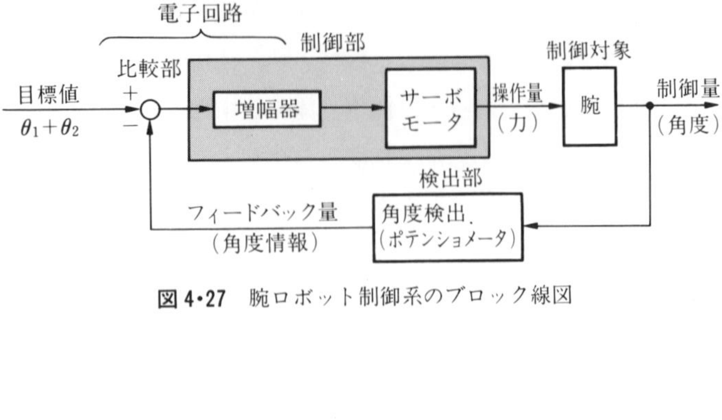

図 4･27　腕ロボット制御系のブロック線図

タに取り込むためには，アナログ量をデジタル量に変換する A/D 変換器が必要となる。この変換器も電子応用回路の一つである。

図 4･27 は直流サーボ機構であるから，サーボモータ（制御用モータ）は直流モータを使用している。このようなモータを希望どおりに動かすためには，制御が必要で，それに伴い電子回路も当然必要となる。

以上述べたように，フィードバック制御系にはセンサと動力・パワー装置（アクチュエータ）が必要不可欠であることと，さらに，それら要素間を結ぶ電子回路も欠せないことにも注目したい。

4・3　電子制御

温度を制御する場合は温度制御，位置を制御する場合は位置制御というように，制御と一口にいっても各種の制御方式がある。

ここでいう**電子制御**とは，何も電子を制御するという意味ではなく，電子的に電圧や電流の制御を行うということである。例えば，直流電源の電圧を一定に保つような制御や電灯の明るさを調整する調光器の電子的制御を意味する。本節では，電子制御の例として直流電圧安定化回路と電灯の調光を可変抵抗で行うサイリスタの位相制御について述べる。

[1]　直流電圧安定化回路

一般に，電子回路には必ずといっていいほどに直流電源が用いられている。この直流電源の電圧が変動すると，その電源を使った電子回路は目的とする機能（例えば，目標電圧を一定に保つ機能）を果たせなくなる恐れが生じる。特に，計測機器，測定装置類においては，電源電圧が変動すると測定誤差が生じ，正しい計測が行われなくなる。そのため，電源電圧は安定した一定電圧であることが望まれる。この要求を満たすために，各種機器・装置の電源回路には電子制御回路を取り入れ，電圧の安定化を図っている。この制御の仕組みをブロック線図で示すと，図 4･28 のような構成となる。

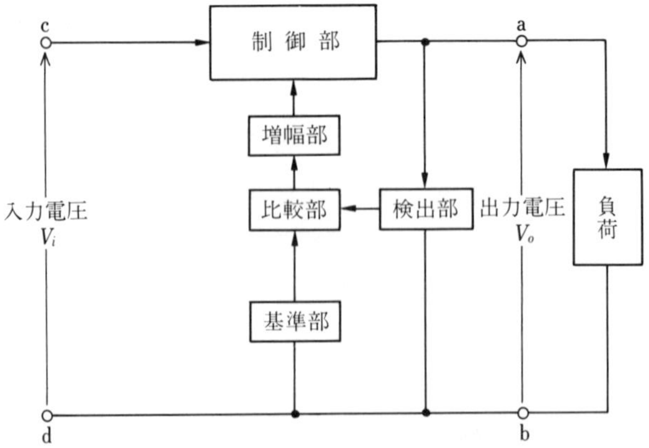

図 4・28　電圧安定化回路のブロック線図

図中の検出部は，出力電圧 V_o の変動を常に監視する役割がある。基準部は電圧安定化の基準となるものである。これは標準電池でもよいが，通常はツェナー・ダイオードのツェナー電圧を用いることが多い。比較部は基準部の一定電圧と検出部で検出した出力電圧とを比べ，その偏差信号を増幅部へ伝える役割をもつ。増幅部は偏差信号を受け，その信号を増幅し制御部へ送る。これを受けた制御部では，出力電圧 V_o の変動を補い，常にその電圧が一定となるように調節する。つまり，制御部は変動する出力電圧が高くなればそれを低くするように，また低くなればそれを高くするように，出力電圧 V_o を調整する機能を果す部分である。ここでは，交流を直流に変換する具体的な整流回路についてまず述べる。続いて，電圧安定化回路の基本原理と可変出力電圧安定化回路について述べる。

（1）　交流を直流に変換する整流回路　　第3章，図3·28で半波整流回路，図3·29で全波整流回路，図3·30で平滑化回路を示した。電子回路で用いる数ボルトから数十ボルトまでの直流電圧は，一般には家庭用交流電源の100〔V〕をトランス（変圧器）を用いて低く（降圧）し，さらに整流，平滑，安定化が図られている。安定化を図っていない場合の交流から直流への変換回路は，図4·29のような構成となる。図は，トランス，整流回路，平滑回路などのブロック線図と具体的な回

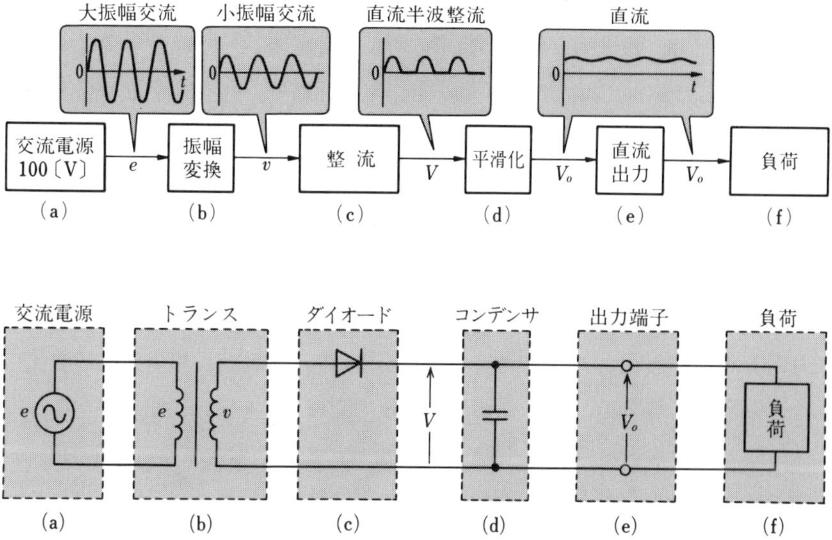

図 4・29 交流・直流変換のブロック線図と半波整流回路

路との対応を示し，同時に入出力信号波形の概要も図中に示した。

こうした構成に基づく最も簡単な直流電源の回路構成は，半波整流回路であって，それが図 4・29 である。負荷あるいは交流電源電圧の 100〔V〕が変動すると直流出力電圧 V_0 もそれにつれて変動する。こうした負荷や交流電源に変動が生じても直流出力電圧 V_0 を一定に保てる電圧安定化回路が，いろいろと提案されている。

(2) 電圧安定化回路 図 4・28 に，電圧安定化回路を説明するためのブロック線図を示した。信号の流れに注目して，この図を書き改めると，図 4・30 のよう

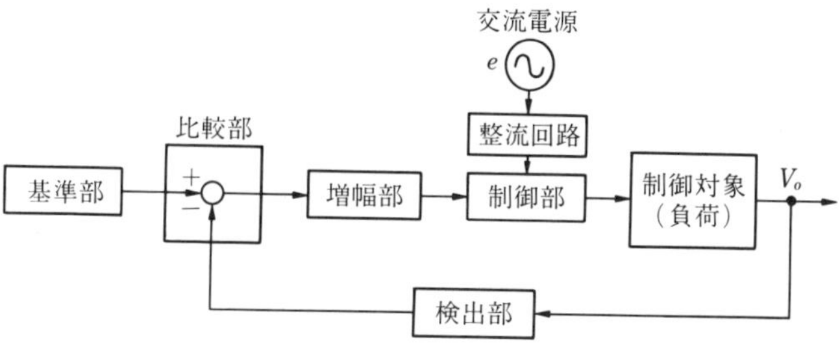

図 4・30 直流安定化回路のフィードバック制御ブロック線図

になる。これは，前節で述べたフィードバック制御系のブロック線図と同じである。図4·28には，機械的な可動部は全くなく，電圧という物理量を調整する制御系である。したがって，このような安定化電源回路は，典型的な電子制御の例といえよう。

図4·31(a)は最も簡単な電圧安定化回路で，図(b)はその原理図を示す。一般に，シリコン・トランジスタは，ベースとエミッタ間電圧 V_{BE} が約0.6〔V〕以上で動作することを第5章で述べる。図(a)では，ベースに一定基準電圧として V_S が加わっていることから，出力端子には $V_S - V_{BE}$ という一定出力電圧が現れる。これは，入力電圧 V_i が変化したとしてもその変化分を V_{CE} が吸収し，出力電圧は変化しないことを示している。つまり，この回路は出力電圧 V_o を一定固定電圧($V_S - V_{BE}$)に保つことができるのである。図(b)に示すように，V_i が変化すると自動的に r_C が調整され，V_i の変化分を V_{CE} が受け持ち，その結果 V_o が一定に保たれるというのが，この回路の動作原理の考え方である。

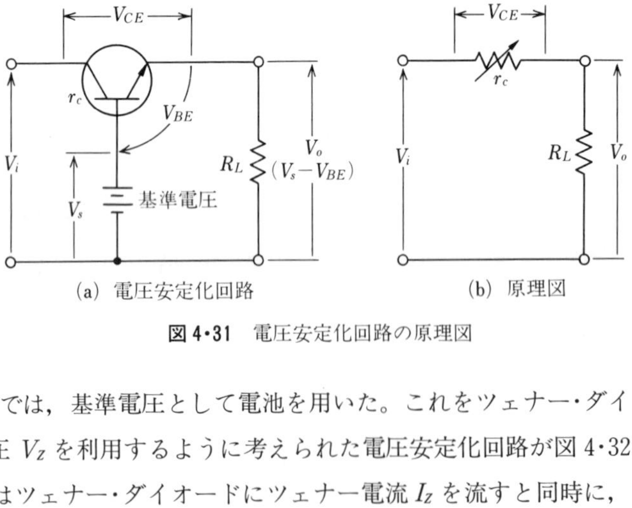

図4·31　電圧安定化回路の原理図

図4·31では，基準電圧として電池を用いた。これをツェナー・ダイオードのツェナー電圧 V_Z を利用するように考えられた電圧安定化回路が図4·32である。ここで，R はツェナー・ダイオードにツェナー電流 I_Z を流すと同時に，トランジスタにバイアスを与えるための抵抗でもある。

この回路は，入力電圧 V_i あるいは負荷抵抗 R_L に流れる電流 I_L が変化しても，出力電圧 V_o が安定化され一定電圧に保たれる電圧安定化回路である。出力電圧 V_o

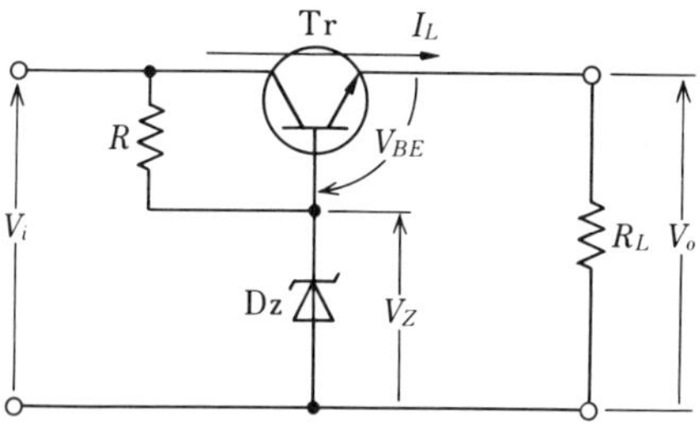

図 4・32 電圧安定化回路

は，図より明らかなように，$V_Z - V_{BE}$ である。ここで，V_Z は電圧が一定なツェナー電圧で，V_{BE} はベースとエミッタ間電圧（約 0.7〔V〕）であることは，図 4・31 の場合と同じである。

以上の関係を式で表すと，次のようになる。これによって，出力電圧 V_o は，ツェナー電圧 V_Z の値で決まることがわかる。

$$V_o = V_Z - V_{BE} \fallingdotseq V_Z - 0.7 \text{〔V〕} \qquad (4 \cdot 6)$$

例えば，ツェナー電圧 V_Z が 5〔V〕のツェナー・ダイオードを用いれば，V_o は 4.3〔V〕の一定出力電圧が得られることになる。

図 4・33 は，出力電圧が変えられる電圧安定化回路を示す。図において，Tr_1 は

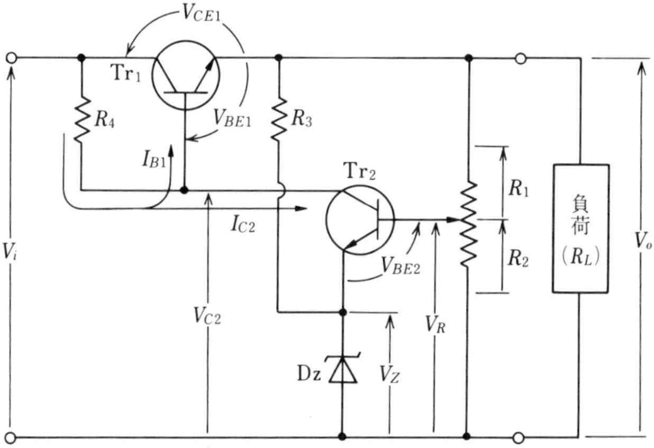

図 4・33 出力可変電圧安定化回路

制御用パワー・トランジスタで，D_Z は基準電圧 V_Z 発生用ツェナー・ダイオード，Tr_2 は基準電圧 V_Z と出力電圧（V_o に比例する R_1 と R_2 で分圧された電圧 V_R）の比較を行うトランジスタである。

いま，入力電圧 V_i が上昇した場合の回路動作を考えてみると，次のようになる。

① 入力電圧 V_i が上昇すると出力電圧 V_o も上昇傾向に入る。

② その結果，Tr_2 のベース電圧 V_R も上昇する。ここで，V_R は，次式のように，V_o を R_1 と R_2 で分圧した値である。

$$V_R = \frac{R_2}{R_1 + R_2} \times V_o \tag{4·7}$$

③ 図より明らかなように，V_R は $V_Z + V_{BE2}$ に等しい。V_Z は，ツェナー電圧で一定電圧であることから，V_R が上昇すれば V_{BE2} も上昇することになる。

④ V_{BE2} の上昇によって，Tr_2 のコレクタ電流 I_{C2} が増加する。

⑤ I_{C2} が増加したために，R_4（Tr_1 のバイアス抵抗でもあり，Tr_2 の負荷抵抗でもある）の電圧降下が増える。したがって，トランジスタ Tr_1 のベース電圧（Tr_2 のコレクタ電圧 V_{C2} でもある）が下がり，電流 I_{B1} が減少する。

⑥ I_{B1} の減少は Tr_1 のコレクタとエミッタ間電圧 V_{CE1} を増大させ，その分出力電圧 V_o の上昇傾向を抑える。

入力電圧 V_i の上昇に対し，このような順序に従って，出力電圧 V_o の上昇は抑えられ出力電圧の安定化が図れるのである。

前述したように，V_R は V_o を R_1 と R_2 で分圧した電圧に等しい。この電圧は，Tr_2 のエミッタに加えたツェナー電圧 V_Z とベースとエミッタ間電圧 V_{BE2} の和に等しいので，次の式が成り立つ。

$$\begin{aligned} V_R &= \frac{R_2}{R_1 + R_2} \times V_o \\ &= V_Z + V_{BE2} \end{aligned} \tag{4·8}$$

これより，V_o は次のように求まる。

$$V_o = \left(1 + \frac{R_1}{R_2} \right) (V_Z + V_{BE2}) \tag{4·9}$$

ここで，右辺の（$V_Z + V_{BE2}$）は一定電圧と見なせるので，R_1 と R_2 の比を変えることによって出力電圧 V_o を変化させることができる。

図 4・33 において，可変抵抗の摺動片を上方へずらすと，$R_1 \to 0$ となる。したがって，式(4・9)の $R_1/R_2 \to 0$ となり，摺動片を上方へずらすと V_o は減少し，$V_Z +$ V_{BE2} に近づくことになる。

［例題］4・2　式(4・9)に従うと，$R_1 \to 0$ で $V_o \to$（$V_Z + V_{BE2}$）となる。その反対に，図 4・33 の回路で $R_2 \to 0$，つまり摺動片を下方へずらした場合には，V_o はどのようになるかを考察せよ。

［解］　図 4・33 において，$R_2 \to 0$ とすると V_R は減少し，トランジスタ Tr_2 のベース電流は流れなくなる。これは，Tr_2 を OFF 状態にすることと同じで，Tr_2 のコレクタ電圧（V_{C2}）を増加させることにもなる。一方，Tr_2 のコレクタは，トランジスタ Tr_1 のベースにも接続されているので，Tr_1 のベース電流は増加し，Tr_1 は ON 状態に近づく。この ON 状態というのは，Tr_1 のコレクタとエミッタ間が短絡(ショート)状態になり，この間の電圧 V_{CE1} は 0〔V〕に近づく。結局，$R_2 \to 0$ で，出力電圧 V_o は入力電圧 V_i と等しくなる。

［2］ サイリスタ位相制御

サイリスタの動作原理は第5章で述べる。ここでは，後述する第5章の図 5・16(c)に示すように，サイリスタの点弧角 θ を変化させ，負荷に流れる電流を制御する位相制御について述べる。

サイリスタのゲートに電流を流すと，アノードとカソード間に図 5・16 に示すような電流が流れる。特に，負荷に供給する電力を制御する場合には，その交流電源にタイミングを合せてパルス状の電流をゲートに流せば，電灯であれば明るさを，また電熱器のヒータであればその加熱電力を制御することができる。

図 4・34 は，サイリスタによる負荷電力制御回路である。負荷電圧 V_L は，図 4・35 に示すような波形となるので，この図より負荷電流をサイリスタで制御できる様子がわかるであろう。図 4・34 の**ゲート・トリガ回路**というのは，ゲートに加え

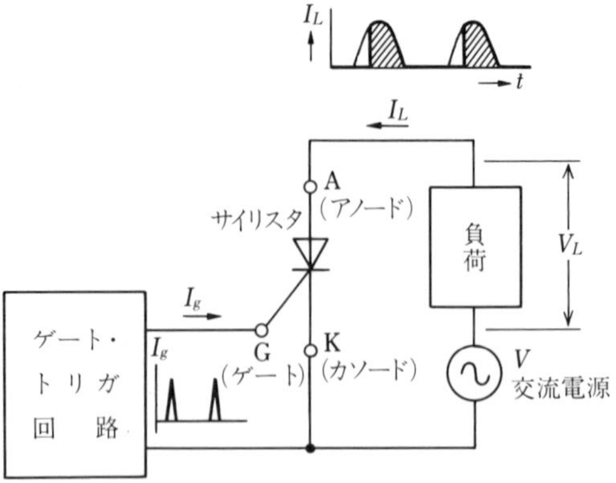

図 4・34 サイリスタ位相制御回路

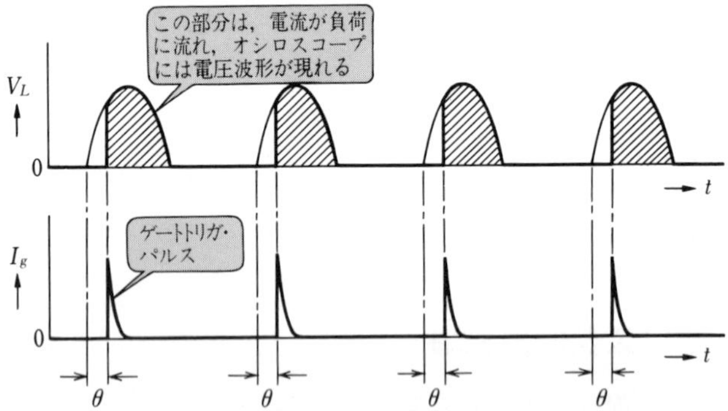

図 4・35 ゲートパルス電流 I_g と負荷電圧 V_L

るパルス状電流を発生させる回路であって，図 4・35 に示したゲート・パルスのトリガ位相角 θ を変えることができる回路である。

(1) ゲート・トリガ回路　ゲート・トリガ回路用に広く用いられている回路素子に **UJT** (Unijunction Transisitor) がある。この UJT を用いて，位相が変えられるパルスをいかに発生するかについて考える。

図 4・36 は UJT の図記号である。この素子は，ベース電極 B_1，B_2 とエミッタ電極 E をもつ 3 端子素子で，**ダブル・ベース・ダイオード**ともいわれている。UJT

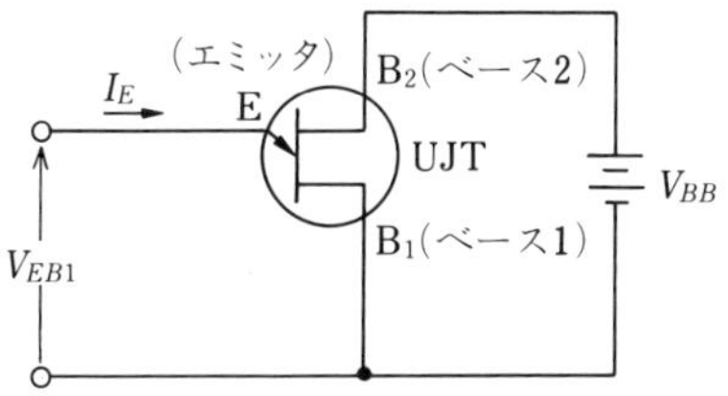

図 4・36　UJTの図記号と印加電圧

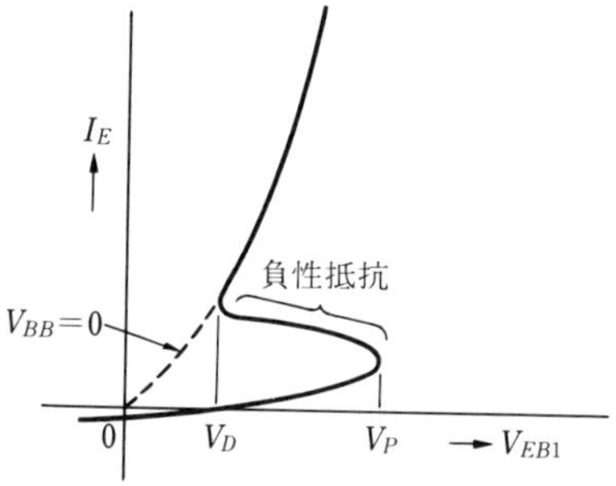

図 4・37　UJTの静特性

は，図 4・37 に示すように，V_{EB1} が正電圧の場合に負性特性（V_{EB1} を増すと I_E が減る特性）をもっている。V_{EB1} を上げていくと，ある点から急激にエミッタ電流 I_E が流れ始める。この I_E が流れ始める直前の V_{EB1} ピーク値の電圧を V_P とすると，この V_p はベース B₁ とベース B₂ に加える電圧 V_{BB} に依存し，その V_p の値はおおよそ $V_{BB}/2$ である。したがって，V_{BB} を 20〔V〕とすると，V_{EB1} が約 10〔V〕になると I_E が急激に流れ始める。つまり，E-B₁ 間は ON 状態になる。図中の破線は，V_{BB} が 0〔V〕の場合の特性で，この場合は負性特性は示さない。

以上述べた UJT を用いて，図 4・38 に示すような回路を構成すると，ベース B₁ に接続した抵抗 R_1 の両端からパルス状の電圧を取り出すことができる。この動作原理をまとめると，次のようになる。

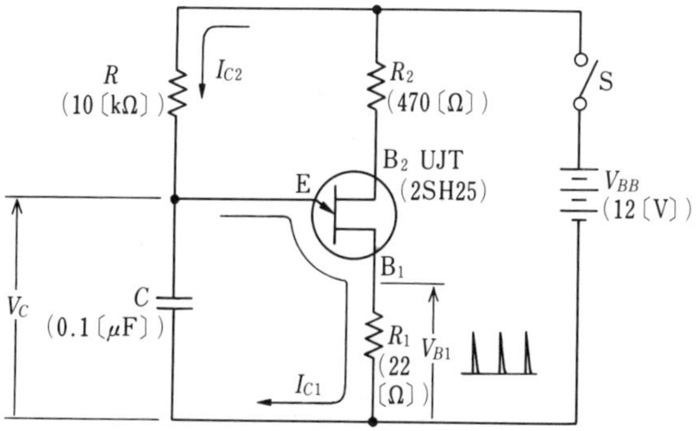

図 4・38　UJTパルス・トリガ回路

① スイッチSを入れ RC 直列回路に電圧 V_{BB} が加わると，同時に I_{C2} が流れはじめ，コンデンサ C に充電が開始する。したがって，V_C は上昇する。

② V_C が $V_{BB}/2$ に達すると，急激にE-B_1 間がON状態になり，I_{C1} が流れはじめる。

③ この I_{C1} は，コンデンサに充電された電荷が一気に放電される際の電流である。

④ I_{C1} は R_1 を流れるので，R_1 の電圧降下 $I_{C1}\cdot R_1$ （$=V_{B1}$）は，図4·38に示すように，パルス状電圧となる。

⑤ UJTの特性から V_C が約2〔V〕程度に下がると，コンデンサの放電は中止し，再び充電状態に移る。

こうして，図4·39（図4·38の回路の実験結果）に示すように，充電・放電を繰り返す。V_C が充放電を繰り返す間で，放電時の R_1 の電圧降下 V_{B1} はパルス状の電圧となる。このように，UJTは充放電回路の電子スイッチの役割を果しているのである。

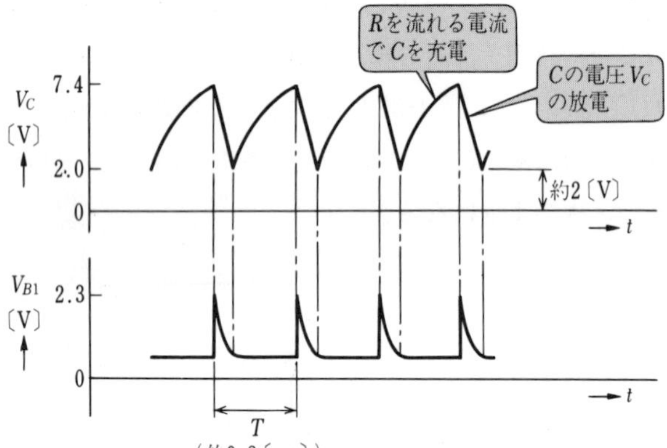

図4·39 コンデンサの充・放電とトリガ・パルス

(2) UJTを使ったサイリスタ回路の電流制御（位相制御） 図4·40は，UJTを使ったサイリスタの位相制御回路を示す。負荷は，ランプでもヒータでもモータでもよいが，ここではランプを使用している。この回路は，次の3つの部

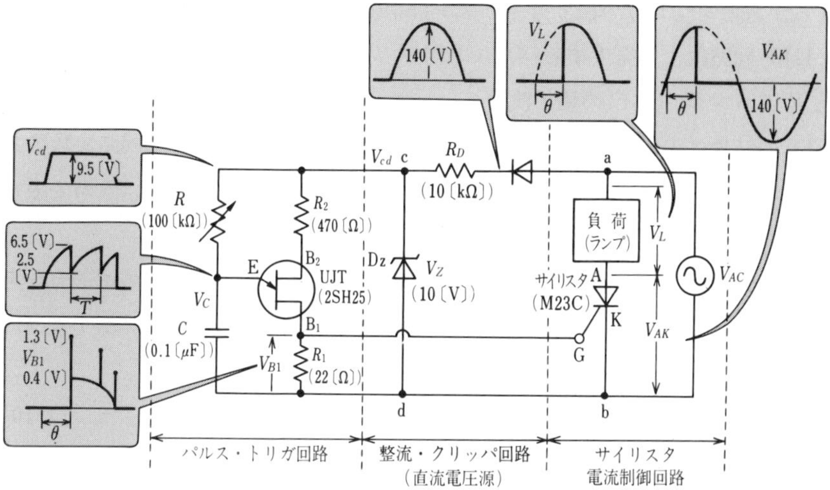

図 4・40　UJTによるサイリスタ位相制御回路

分で構成されている。

① 負荷に電力を供給するサイリスタ回路（電流制御回路）

② 直流電圧発生回路（図 4・38 の V_{BB} に相当する直流電圧源）。この回路は，パルス・トリガ回路に供給する直流電圧源である（図 4・15 参照）。

③ パルス・トリガ回路（図 4・38 参照）。この回路は，サイリスタを点弧させるために必要なパルスを発生させる回路である。

図 4・40 の回路において，交流電源電圧 V_{AC}，ツェナー・ダイオード D_Z 両端の電圧 V_{cd}，ベース B_1 の電圧 V_{B1}，負荷の電圧降下 V_L など，回路主要部分の電圧波形を図中に示した。ここで，V_{B1} の波形を見るとパルスがいくつも現れているが，その数は回路の時定数 RC の値で決まる。次のような理由により，最初に発生したパルス以外は点弧に寄与しないのである。

サイリスタのゲートにパルスがいくつか加わっても，サイリスタの点弧は，それらのパルス列の最初のパルス（ただし，点弧に対して十分な大きさをもつパルス）が点弧に寄与し，そのほかのパルスは点弧に無関係である。これは，第5章で述べるように，ひとたびサイリスタが点弧してしまうと，電源電圧が負に反転するか電源を切らない限りサイリスタは消弧しないことによる。

UJT 回路により発生するパルスの周期 T は，UJT のエミッタ E に接続した抵抗 R とコンデンサ C の積で決まる。つまり，式(3･32)で定義した時定数 RC と UJT の特性によって決まる。ここで，時定数というのは，重要な回路定数であるから，電源 E，抵抗 R，コンデンサ C の直列回路の場合について，改めて考察しておこう。

図 4･41(a)に示すような抵抗 R とコンデンサ C との直列回路のスイッチ S を閉じると，コンデンサの充電が開始され，その両端の電圧 v_C は図(b)に示すように増加する。この v_C の変化を式で表すと，次のようになる。

$$v_C = E\,(1 - e^{-t/RC})\ 〔\mathrm{V}〕 \tag{4･10}$$

この式で t がちょうど RC に等しくなった場合は，次のようになる。

$$v_C = E\,(1 - e^{-1}) = 0.632E\ 〔\mathrm{V}〕 \tag{4･11}$$

ここで，$e=2.718$，$e^{-1}=0.368$である。

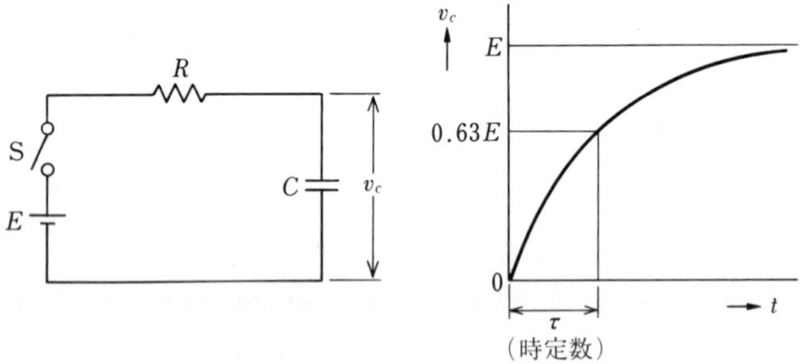

(a) RC直列回路　　(b) RC直列回路のステップ応答

図 4･41 抵抗・コンデンサ直列回路と時定数

図 4･41(b)に示したように，t が RC に等しい場合，v_C は 0.632E となる。このときの時間 t を改めて τ と置き，これを**時定数**という。図 4･41(a)の回路の時定数 τ は，上述のように，

$$\tau = RC\ 〔\mathrm{s}〕 \tag{4･12}$$

である。

［例題］4・3　図 4・38 のパルス・トリガ回路の時定数はいくらか。

［解］　式(4・12)に $R=10$〔kΩ〕, $C=0.1$〔μF〕を代入すると,

$$\tau=RC=10\times10^{3}\times0.1\times10^{-6}$$
$$=10^{-3}\text{〔}s\text{〕}=1\text{〔ms〕}$$

時定数 RC と UJT の ON-OFF 特性によって，図 4・40 のパルス発生の周期が決まるということは，図 4・37 と図 4・41 (b)より理解されよう。この時定数が小さければ多くの数のパルスを発生（周期の小さいパルス）し，時定数が大きければ少ない数のパルスしか発生（周期の大きいパルス）しない。

図 4・40 に示したような直流電圧 V_{cd} が UJT 回路に加わり，パルスを発生する場合，波形 V_{B1} に示したように，立ち上がった最初のパルスがサイリスタを点弧させる。もし，その最初のパルスによる点弧が失敗したなら，次のパルスがサイリスタを点弧させることになる。こうしたパルス列の周期は，図 4・40 の可変抵抗器 R によって変えることができる。このときのパルス発生は，図中に示す周期的な直流電圧 V_{cd} が UJT に加わっている間であるということはいうまでもない。

V_{cd} が RC 直列回路に加わってから最初のパルスが発生するまでの時間は，時定数 RC に依存することは前述のとおりである。R の値を増やし時定数を大きくすると，最初にパルスが発生するまでの時間は長くなり，それだけ点弧が遅れる。これは，図 4・40 の波形 V_L に示した位相角 θ を大きくし，負荷に流れる電流の平均値を小さくしたことにほかならない。

上述したように，RC を変えることにより，位相角 θ はほぼ 0°から 180°まで変化させることができる。そのため，負荷に流せる最大電流は，位相角 θ が 0°のときであって，これは半波整流回路の負荷電流と同じである。

本節では，電子制御の例として，電圧安定化回路とサイリスタによる負荷電流の位相制御について，その基本動作原理を述べた。実際面での制御は，温度センサを用い液体や環境の温度を一定に保つとか，光センサを用い明暗を制御するということになろう。このような制御は，本節で述べた電子制御の基本事項を踏まえて，回路構成を行うことにより実現させることができる。

4・4 機械制御

現在の工作機械,ロボットなどの機械類,冷暖房装置,コンパクト・ディスク(CD)やテープレコーダなどのAV(オーディオ・ビジュアル)製品からカメラにいたるまで，動きの伴う多くの機械・機器・器具にはコンピュータを含む電子回路技術が導入されている。そして，それらの製品や商品は**メカトロニクス**という言葉で総称されている。そのような機械装置・機器の多くには電気モータ(電動機)が使用され，目的とする機械的動きを実現させている。

本節で述べる**機械制御**とは，以上のようなメカトロニクス製品の位置や速度を制御するために電子回路を用いてモータを操作するということを意味する。もちろん，モータを回転させるだけでは，機械一般に運動を与え，それを制御することはできない。運動の対象，つまり工作機械なら刃物台，ロボットならハンドという機械的負荷である機械要素は，それらをモータ軸に結合することによって，その機械は動きだし仕事をする。したがって，機械に取り付けたモータを目的どおりに回すということは，機械に運動を与えるための原点である。

電源とスイッチ1個あればモータを回転させることはできる。しかし，目標どおりの機械運動に応じてモータを正転・逆転させたり，その速度を制御し一定速度に保つためには，スイッチ1個でそのような運動を行わせることはできない。本節では，目標どおりの機械運動実現のため，モータを動かす基礎電子回路について述べる。

[1] 制御系と電気モータ

電気モータは，交流モータ，直流モータに大別することができる。制御のやりやすから，これまで直流モータ(DCサーボ・モータ)が制御用に広く使用されていた。ところが，コンピュータをはじめとするエレクトロ技術が発達したおかげで，コンピュータを使い，電圧と周波数を変化させ，交流モータの回転速度やトルクの制御が行えるインバータ制御が普及してきた。

制御を取り入れていないモータの使用例としては，換気扇，扇風機，揚水・排水ポンプなどがある。印刷工場(輪転機)，製紙工場，電線工場においては，印刷や製品の製造は連続的に行われるのが普通である。こうした工場で使われる機械装置類の駆動用モータは，回転速度を一定に保つ制御が導入されている。また，身近でモータの正転・逆転を行い，かつ，速度制御を行っている例に工作機械，ロボット，オーディオ機器などのメカトロニクス製品がある。

制御対象（システム）となるものは，乗物（航空機，船舶，車両，自動車），宇宙ロケット，工作機械，運搬機械，試験装置，実験装置，環境制御装置など様々なものがある。さらに，それらの部分（サブシステム）をあげれば枚挙に暇がないほどある。

システム，サブシステムの制御量（計測量）を列挙すると，表4・2に示すようにいろいろある。それらの各制御量をON-OFF的に取り扱うのか，あるいは連続的に取り扱うのかによって，それを制御する手法は異なってくる。位置決めに高精度が要求されないクレーン台車や自動ドアの駆動源には，電気モータが使われ，

表4・2　各種制御対象の制御量・計測量の例

	制御量・計測量
機械量	長さ，厚み，変位，速度，加速度，回転角，回転数，質量，重量，力，圧力，回転力，風速，流速，流量，液位，振動，モーメント，真空度
電気量	電圧，電流，電力，電位，電荷，インピーダンス（抵抗，インダクタンス，キャパシタンス），電磁波
磁　気	磁束，磁界，磁力
音　響	音圧，騒音
周波数	周波数，時間
温　度	温度，熱量，比熱
光	照度，光度，色，紫外線，赤外線
放射線	照射線量，線量率
湿　度	湿度，水分
化　学	純度，濃度，成分，pH，粘度，粒度，密度，比重
生　体	心音，血圧，血流，体温，心電図，筋電図，脳波

ON-OFF 的に制御されることが多い。一方，工作機械やロボットのように，移動量があまり大きくなく，その作業が繰り返され，位置決めが重視されるような場合は，連続制御が取り入れられることが多い。

ここでは，以上述べたことを念頭に置き，スイッチ以外の手法で直流モータを回転させる基本的な方法について考える。

[2] 直流モータの駆動と速度制御

直流モータを単に一方向に回転させるだけであるなら，図 4・42 (a)に示すように，直流電源とスイッチ１個で実現可能である。また，モータの正転・逆転を一電源で行うような場合には図(b)，二電源を用いるなら図(c)のような接続を行えば実現できる。しかし，こうした手法では，モータの回転速度は調節できないことはいうまでもない。

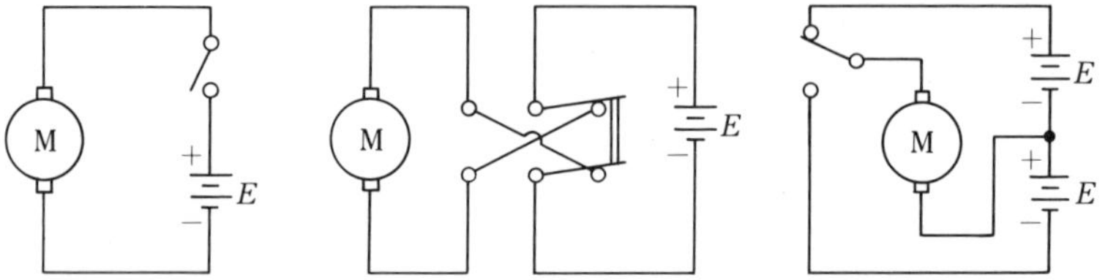

(a) モータのON-OFF　(b) 1電源によるモータの正転・逆転　(c) 2電源によるモータの正転・逆転

図 4・42 DCモータの回転法

図 4・43 は，トランジスタを用いた直流モータの速度調節回路を示す。この方法は，回転方向は変えられないが，可変抵抗器の抵抗値を変えるだけでモータの回転速度が変わることを以下に考察しよう。

トランジスタのベース電圧 V_B は，モータ電圧 V_L より，ベースとエミッタ間電圧 V_{BE} だけ常に高い。これを式で表すと，

$$V_B = V_L + V_{BE}$$

となる。これより，モータに加わる電圧 V_L は $V_B - V_{BE}$ で与えられることがわか

る。ここで，V_{BE} は約 0.7〔V〕であるから，結局，モータ電圧 V_L は $V_B-0.7$〔V〕となる。ここで，V_B は可変抵抗器 R で調整可能であるから，モータに加わる電圧 V_L もそれで変わり，モータの回転速度が調整できることになる。

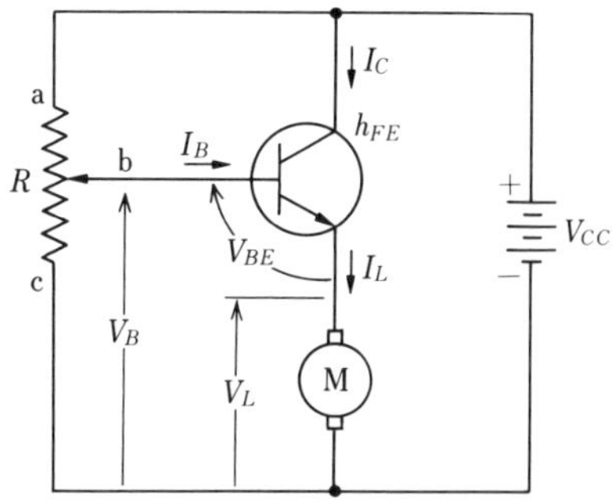

図 4・43　トランジスタによるDCモータの速度調節

図 4・44(a)は，サイリスタを用いた直流モータの速度調節法の例を示す。前節でサイリスタの駆動にはゲート・トリガ回路が必要であることを述べた。図 4・44(a)

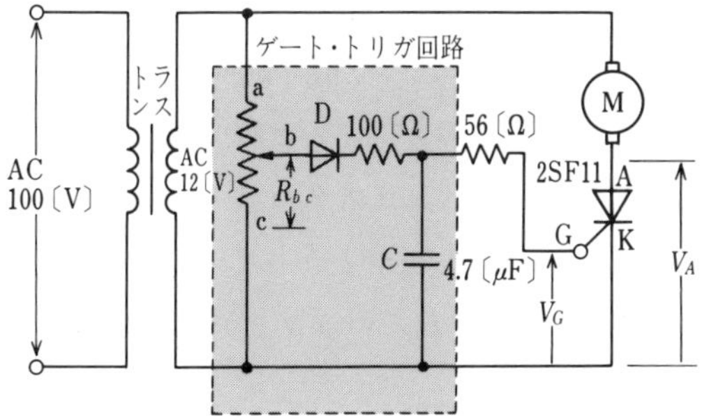

(a)　サイリスタ位相制御回路

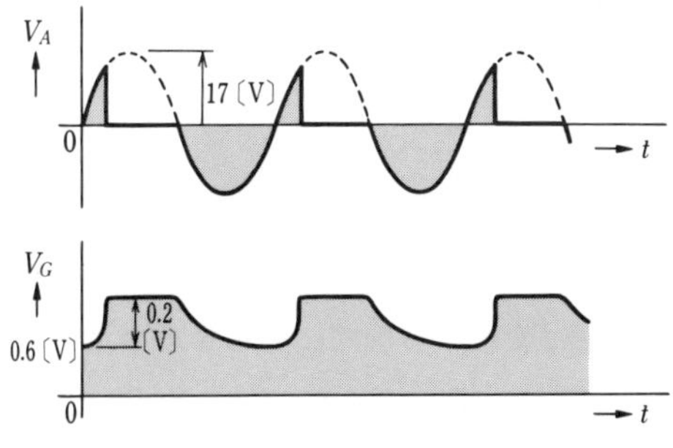

(b)　V_G と V_A の波形

図 4・44　サイリスタによるDCモータの速度調節

では，この部分は，破線内に示した抵抗 R_{bc}，固定抵抗100〔Ω〕，コンデンサ4.7〔μF〕からなる RC 回路である。これはローパス・フィルタ回路と見ることもできるが，ここでは，コンデンサ両端の電圧と電源電圧との間に位相差を発生させるゲート・トリガ回路として用いている。図の破線内に示したサイリスタ・ゲート・トリガ回路はサイリスタ・ゲート・トリガ電圧の位相を電源電圧に対して遅らせ，さらにそれを整流したものをゲート・トリガ電圧として取り出す回路である。したがって，このゲート・トリガ信号の波形は位相が遅れた正弦波の半波であって，パルス状の信号ではない。

サイリスタに加える電圧とゲートに加える電圧との間に位相差があれば，その位相差に応じて，サイリスタの点弧位置（点弧角）が変わる。前節，図4・40で示したゲート・トリガ回路と異なり，この場合のゲート・トリガ回路は，RC 直列回路を用い位相差を発生させる簡単な回路である。可変抵抗の摺動片がc側で位相差約0°，a側で位相差約90°となり，この位相角範囲が点弧角の調整可能範囲である。図4・44(b)は，図(a)のゲート・トリガ回路の実験で得られるたゲート電圧 V_G とサイリスタ電圧 V_A の波形を示す。サイリスタのゲート回路がトリガ回路の負荷となっているため，V_G はかなり乱れた波形となっている。しかし，V_A は予想どおりの波形で，位相制御が正しく行われていることがわかる。

〔3〕 センサとモータ制御

表4・2に示したように，各種の制御対象には制御量，計測量となりうる物理量は数限りなくある。ここでは，こうした数多くの物理量のうち変位，温度，光情報を例として，それらの量を電気量に変換する場合について考える。つづいてセンサによる物理量の変換と電子回路を用いたモータの回転制御について述べる。

図4・45(a)は変位，図(b)は温度，図(c)は光情報を電気量に変換する回路である。図(a)は変位量を電気量に変換する回路に応用したポテンショメータの例である。この回路の出力電圧 V_o は，電源電圧 E〔V〕をポテンショメータで分圧したものである。ポテンショメータを機械装置（例えば，ロボットハンド）に組み込んでおくと，その機械の動きに比例した出力電圧 V_o が得られる。

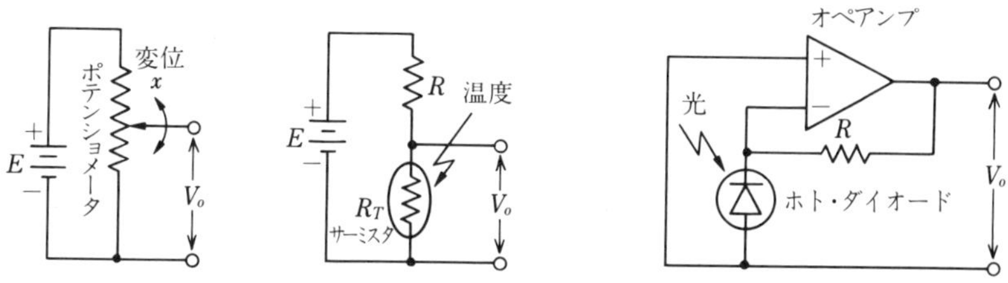

(a) 変位　(b) 温度　(c) 光

図 4・45　変位・温度・光情報の取入れ方法

図(b)の出力電圧 V_o は，サーミスタ抵抗 R_T と固定抵抗 R とで電源電圧を分圧したものである。図(c)の V_o は，ホト・ダイオードの微弱な電圧をオペアンプで増幅したものである。

変位，温度，光を制御する場合には，図 4・45 で示したようなセンサ回路が必要となる。ここで，ある環境に置かれた物体の温度が上昇すると，その物体を冷やすため冷却ファンを回す場合を想定した回路を考えてみよう。

まず，それが設置された環境温度の測定は，温度が上がると抵抗が下がる素子 NTC (negative temperature coefficient) サーミスタを用いることにする。設定温度に達すると，冷却ファンモータが回転する電子回路の一例を図 4・46 に示す。この回路のベース電圧 V_{B1} は，次の式で与えられる。

$$V_{B1}=\frac{R_{TH}}{R_A+R_{TH}}\times V_{CC} \tag{4・13}$$

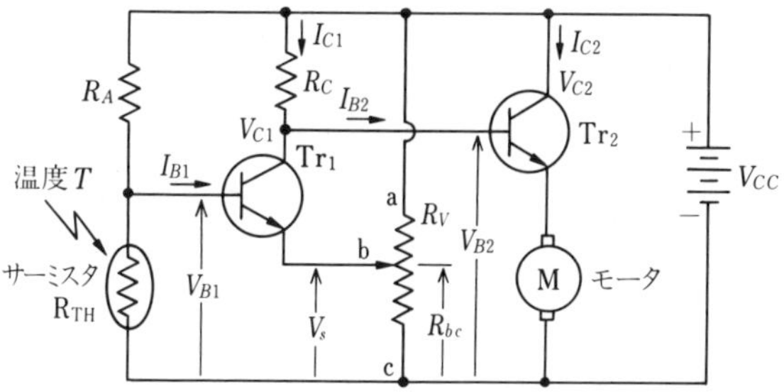

図 4・46　温度上昇と DC モータの回転

サーミスタの抵抗 R_{TH} は温度が上昇すると減少するので，式(4·13)よりわかるように，V_{B1} は下がる。そうすると，トランジスタ Tr_1 のベース電流 I_{B1} は減少し，その結果 I_{C1} も減少する。コレクタ電圧 V_{C1}（Tr_2 の V_{B2} でもある）は（$V_{CC}-I_{C1}R_C$）で与えられるので V_{C1} は増加する。その結果は，トランジスタ Tr_2 に影響を及ぼし，I_{B2} を増加させる。最終的には，Tr_2 のコレクタ電流 I_{C2} が増加し，モータMの回転速度は増加する。以上述べたことをまとめ，図中の記号を用いて示すと，次のようになる。

（温度 T →大）→（R_{TH}→小）→（V_{B1}→小）→（I_{B1}→小）→（I_{C1}→小）→（$V_{C1}=V_{B2}$→大）→（I_{B2}→大）→（I_{C2}→大）→（モータ M の回転→大）

この回路は，温度が上昇するとモータが始動する回路である。可変抵抗器 R_{bc} の抵抗値を変えるとエミッタ電圧 V_S は変わる。これは，モータが始動する温度，つまりモータを始動させたい温度を可変抵抗器の設定抵抗値で変更できることを示している。

抵抗 R_A とサーミスタ R_{TH} を交換すると，温度が低くなるとモータが回転するようになる。抵抗とサーミスタを交換すると同時に，Tr_2 に接続してあるモータも電熱器のヒータに交換すると，今度は温度が下がるとヒータに電流が流れ，環境温度を一定に保つ温度制御系が構成できる。

図4·47は，ホト・ダイオードの入射光量に従い，モータの回転速度が変わる回路である。ホト・ダイオードは，4·1節で述べたように，出力電圧が非常に小さい。そこで，図4·47に示すように，オペアンプを用いホト・ダイオードの微小出力電圧を増幅し，その電圧でさらにトランジスタによる電力増幅を行い，モータの回

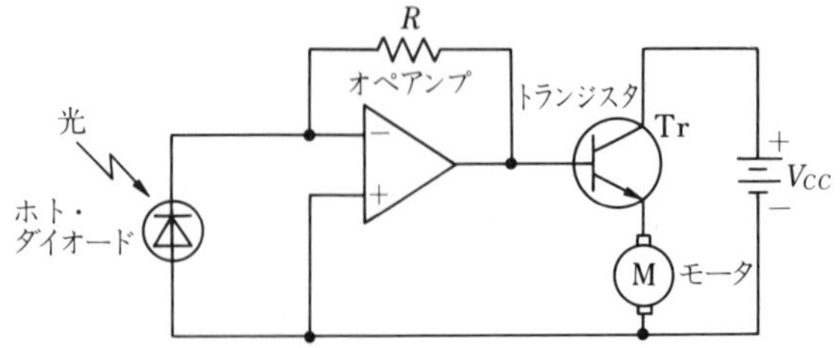

図4·47 光によるDCモータの回転

転速度を調整するというものである。

図 4・47 の回路は，ホト・ダイオードに光が入るとモータは回転する回路であった。その逆に光センサに入射光があるとモータは停止し，入射光がなくなるとモータは回転するようにすることもできる。この考え方を応用すれば，光発光素子と受光素子で対をなし，その光のビームが人によって遮ぎられるとモータが回りドアが開くような自動ドアも考えられる。

[4]　モータの正転・逆転

これまでにポテンショメータによるモータの速度調節，温度の上昇および光の入射でモータが一方向に回転する回路について述べた。しかし，一方向の回転では，機械制御には何かと問題がある。つまり，機械装置類は往復運動をさせることが多く，機械に行わせる作業内容によっては，その機械駆動源であるモータに正転・逆転の繰り返しを行わせることが必要となる。また，そのときに位置決めが要求される場合もある。

図 4・48 は，正・負電源，NPN 形トランジスタと PNP 形トランジスタを用いた直流モータの正転・逆転回路である。この回路の入力電圧は，可変抵抗器（ポテンショメータ）摺動片の位置で変えられる。摺動片 b を上方 a の方向へ動かせば，両トランジスタのベース電圧は上昇し，NPN トランジスタ Tr_1 は ON 状態に，PNP トランジスタ Tr_2 は OFF 状態になり，モータは正転する。これに対し摺動片を下方 c の方向へ動かすと，両トランジスタに加わるベース電圧は負の方向へ増大す

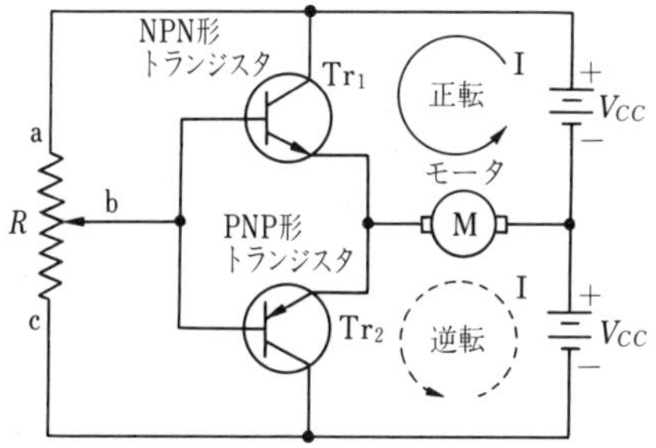

図 4・48　DCモータの正転・逆転回路

るので，Tr_1 は OFF 状態，Tr_2 は ON 状態となり，モータは逆転する。

図 4・49 は，図 4・48 のモータ正転・逆転回路を発展させた機械運動の位置決め機構であって，このような機械制御を**サーボ機構**という。図において，モータ軸に取り付けてあるハンドの角度の制御を考えてみよう。

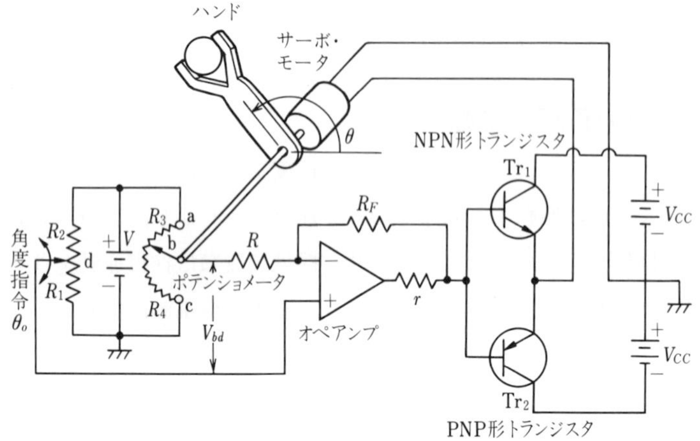

図 4・49 サーボ機構の原理

まず，このサーボ機構の抵抗 $R_1 \sim R_4$ で構成する回路は，この4つの抵抗でホイートストン・ブリッジ(図 1・9 参照)を構成していることに注意したい。この部分の抵抗器 R_1 と R_2 はポテンショメータであってハンドの角度指令（目標値）を与えるものである。抵抗 R_3 と R_4 もポテンショメータであってハンド角を測るセンサである。その摺動片はモータ軸と機械的に接続されている。したがって，角度指令を与えるとブリッジのバランスは崩れ，ブリッジ bd 間電圧 V_{bd} が現れる。それがオペアンプの差動入力電圧となる。この V_{bd} がゼロになるまでモータは回転し続ける。それにつれハンド角測定用ポテンショメータの摺動片は動き，抵抗 R_3 と R_4 の抵抗比が変わる。最終的には，次のブリッジの平衡条件式が満たされるまでモータは回転する。

$$R_1 R_3 = R_2 R_4$$

以上，一連の制御状況をまとめると，次のようになる。角度指令電圧とハンド角ポテンショメータにより検出されたハンド角電圧が差動的にオペアンプへ入力され，それらの大小関係が比較される。その比較結果は制御偏差（電圧）となってオペアンプの出力端子に現れる。この制御偏差がトランジスタ回路の入力信号となり，モータを回転させる。モータの回転は制御偏差が0〔V〕，つまり角度指令（目標値）と実際に動くハンド角度が一致したところでモータは停止する。

以上，サーボ機構という名のもとに回転という1自由度の角度制御の例について述べた。このような機械量（位置，角度，速度など）を制御する方式は機械制御あるいはサーボ機構と呼んでいる。航空機やロケットの方向・姿勢の制御を行うための方向舵，昇降舵など，いわゆる舵角の操作系統，船舶の操舵系統，ロボット，数値制御（NC）工作機械などに，このサーボ機構は広く応用されている。

演習問題 ［4］

1. PTCサーミスタ，抵抗，電源を直列に接続した回路がある。いま，PTCサーミスタを冷やした場合，次の①～④の括弧内で正しい表現はどれか。

① サーミスタの抵抗は（増加する。減少する。変化しない。）

② 回路に流れる電流は（増加する。減少する。変化しない。）

③ サーミスタ両端の電圧は（増加する。減少する。変化しない。）

④ 抵抗両端の電圧は（増加する。減少する。変化しない。）

2. CdS，抵抗，電源を直列に接続した回路がある。いま，CdSに光を照射した場合，次の括弧内で正しい表現はどれか。

① CdSの抵抗は（増加する。減少する。変化しない。）

② CdSに流れる電流は（増加する。減少する。変化しない。）

③ CdS両端の電圧は（増加する。減少する。変化しない。）

④ 抵抗両端の電流は（増加する。減少する。変化しない。）

3. ツェナー・ダイオードについて，次の文章で正しいものを選べ。

① ツェナー・ダイオードは，センサではない。

② ツェナー・ダイオードは，電圧を検出するセンサである。

③ ツェナー・ダイオードは，逆方向に直流電圧を加えて使用する。

④ ツェナー・ダイオードは，順方向に直流電圧を加えて使用する。

⑤ ツェナー・ダイオードは，定電圧あるいは基準電圧を得る場合に使用する。

4. 制御するためには計測(センサ)が必要であるという。なぜか。

5. 次のセンサ①～⑤を用いて検出できる物理量は何か。そして，検出した物理量はどのような物理量に変換されるのか。

① タコメータ・ジェネレータ

② サーミスタ

③ 熱電対

④ ホト・ダイオード

6. 次のA群(a)～(g)の用語を説明している文をB群の①～④から選べ。

A群

(a) ツェナー・ダイオード　(b) 発光ダイオード（LED）

(c) ホト・ダイオード　(d) ホト・トランジスタ

(e) CdS　(f) サーミスタ

(g) サイリスタ

B群

① 温度を検出するセンサである。　② 光を検出するセンサである。

③ 電圧を検出するセンサである。　④ センサではない。

7. 本文中の図4･24の湯の温度制御系において，温度センサが故障(断線)した場合，制御量である温度はどのようになるか考察せよ。

8. 本文中の図4･27の腕ロボット制御系の角度検出用ポテンショメータが断線したという。腕はどのような振る舞いをするか考察せよ。

9. 本文中の図 4･27 の機械制御系と図 4･25 のフィードバック制御系とを比較し，構成要素，信号などでお互いに対応する用語を示せ。

10. 整流回路において平滑化というと何のことか説明せよ。

11. 電圧安定化回路にツェナー･ダイオードが使用されている。この素子は，回路の中でどのような役割を果たしているかを考察せよ。

12. UJT とは何か。また，どのような回路に使用されるものか。

13. UJT を用いたトリガ回路に抵抗 R とコンデンサ C が使用されている。それらの役割は何かを説明せよ。

14. サイリスタの位相制御とは何かを説明せよ。

15. 直流電源を 1 個用いた場合と 2 個用いた場合について，モータの正転･逆転を行わせる回路を示せ。

16. 直流モータの駆動にトランジスタが使われる場合がある。その理由は何かを述べよ。

17. 自動機械装置の動力源には多くの場合モータが使用され，その位置決めにはセンサが使用される。こうした位置決めのためのセンサの役割は何かを説明せよ。

18. 光の明暗でモータを回したり止めたりできるという。その動作原理の概要を述べよ。

19. 直流電源電圧が変化しても，負荷に加わる電圧が一定に保てる回路例を示せ。

20. 本文中の図 4･49 に示した機械制御系において，ハンドにつかんだ物体が比較的重いとき，θ をある角度に急変させた場合，予想される θ の動き方を考察せよ。

第5章　電子工学の応用

現在，多くの機械設備は自動化され，しかもそれらは知能化されている。その典型例はロボットであろう。かつては産業用ロボットが工場で大活躍し，製品の自動化に役立っていた。いまでもその姿は変わらないが，ロボットは人間のように歩くようにまで進化した。このようなロボットをはじめとする自動化機械はコンピュータをベースとする電子工学と機械工学が仲よく一体化し，その名を**メカトロニクス**（Mechtronics）という新しい分野に発展した。

このメカトロニクス技術は，ロボットを典型例とし，身近には自動販売機，自動券売機，自動改札機，電気洗濯機，電子ミシン，カメラなど各種自動化機器，家電製品，自動車と枚挙にいとまがないほどにその応用はなされている。メカトロニクスは，機械，電子技術が単に結びついたものではなく，機械技術，電子技術，計測·制御技術，センサ技術，コンピュータ技術，情報処理技術，ソフトウェア技術などが融合した総合技術であるといえる。いずれの技術も欠かすことはできないが，このなかでも電子工学は極めて重要な役割を果たしている技術のひとつである。

メカトロニクスの代表例を上にいくつか挙げたが，これらにはいずれも動く部分がある。ロボットはその代表である。自動改札機を例に挙げれば，Suica，パスモという乗車カードを改札口に軽く触れると改札口ゲートは自動的に開き，客が通過すると閉まる。このようにドアを自動開閉させるためには，まず改札機はカード内容を素早く読み取る必要がある。運賃に見合った額がそのカードに残っているという情報を得ればドアを直ちに開ける。このように，自動改札機は運賃に見合う残金がカードに残っているかどうかを瞬時に判断し，残金があるならドアは開き，ないなら開かない。開かない場合は，警報を発するようになっている。このような金銭情報のやりとりの判断およびドア開閉や警報音発信はコンピュータが判断して行う。ドアを開くあるいは警報を発するという動力機能はモータあるいは電子ブザーなどの駆動装置が行う。

本章では，こうした動きを与える基となる電子素子，トランジスタをまず説明する。つづいて，照明の調光に応用されているサイリスタについて述べる。ロボットや自動機械のようなメカトロニクスが正常に運転，動作しているかどうかを人間側が知ることは非常に大切である。単なるランプでもその役割は達成できるが，最近は交通信号をはじめ各種情報提供用ディスプレイに多用されている発光ダイオードについても述べる。最後に電子工学の応用分野の概要について説明する。

5・1 トランジスタの基礎

産業の米といわれる三本足のトランジスタが発明されたのは1948年のことである。その後，多くのトランジスタを集積したIC（集積回路），LSI（大規模集積回路）が開発され，今日に見るエレクトロニクス時代を迎えた。

トランジスタ，ICなどの半導体素子が出現して以来，われわれの身近な家庭用電気製品，交通・運輸，通信から各種生産工場としての設備に到るまで，あらゆる分野にエレクトロニクス関連技術は浸透した。ここでは，今日のエレクトロニクス時代の基礎となり，各種メカトロニクス製品の駆動用素子としてのトランジスタについて，その特徴と動作上の特性について述べる。

（1） トランジスタの型名と図記号

トランジスタは，材料（ゲルマニウム，シリコン），極性（構造，PNP・NPN），製造法（合金接合法，拡散法など）により分類されている。また，使用上においても，エミッタ接地式，ベース接地式，コレクタ接地式などの分類がある。

トランジスタの型名は，日本工業規格（JIS）に基づき決められ，その規格と共に日本電子機械工業会には次の型名例のような形式で登録されている。

（型名の例）　2SC　1890　A
　　　　　　　①　　②　　③

ここで，この型名第①項～第③項は，次のように決められている。

第①項　トランジスタの種類

2SA ＊＊＊＊：PNP 型　高周波用トランジスタ
2SB ＊＊＊＊：PNP 型　低周波用トランジスタ
2SC ＊＊＊＊：NPN 型　高周波用トランジスタ
2SD ＊＊＊＊：NPN 型　低周波用トランジスタ

第②項　11から始まる最大 4 桁の番号で，日本電子機械工業会へ登録した順の連続番号

第③項　改良や変更ごとに A，B，C……順につけ，履歴を表す

以上の型名の約束に従うと，前述した2SC　1890　Aというトランジスタは，NPN型高周波用トランジスタで，1890 番目に登録されたものの改良型であるということがわかる。

ここで，NPN 型の N と P は，それぞれ negative charges（負電荷），positive charges（正電荷）の頭文字を取ったものである。トランジスタを構成する半導体の三領域のうち負（マイナス）電荷が多く存在する部分を **N 型半導体**，正（プラス）電荷が多く存在する部分を **P 型半導体**という。

図 5・1 に示すように，トランジスタは N 型と P 型半導体を組み合わせた構造となっている。図(a)の構造のトランジスタは **NPN 型トランジスタ**，図(b)のそれは **PNP 型トランジスタ**という。図に示すように各層から引き出した端子（電極）は，それぞれ**コレクタ**（collector），**ベース**（base），**エミッタ**（emitter）と呼ばれている。

図 5・1 は，トランジスタの内部構造を示したものである。回路図面でトランジスタを表現する場合には，図 5・2 (a)，(b)に示す図記号を用いる。NPN 型トランジスタと PNP 型トランジスタの図記号上の違いは矢印の向きである。この矢印の方向に電流が流れるということを覚えておくとよい。円内の短い縦直線に直交する線はベース（記号 B），矢印の付いている線はエミッタ（記号 E），何も付いていない斜めの線はコレクタ（記号 C）とそれぞれ名前が付けられている。図(c)はトラ

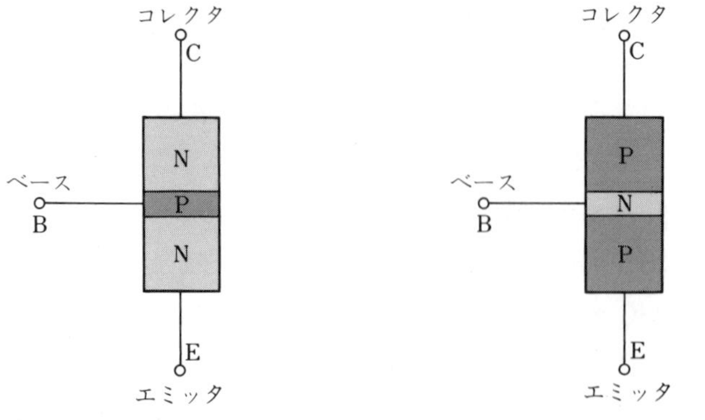

(a) NPN型トランジスタ　　(b) PNP型トランジスタ

図5·1　トランジスタの構造

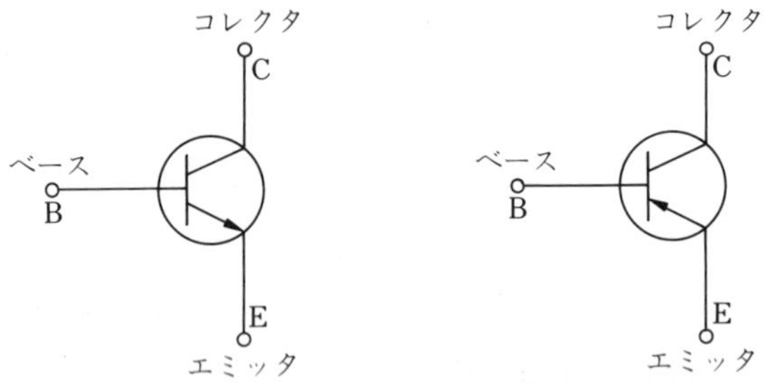

(a) NPN型トランジスタ　　(b) PNP型トランジスタ

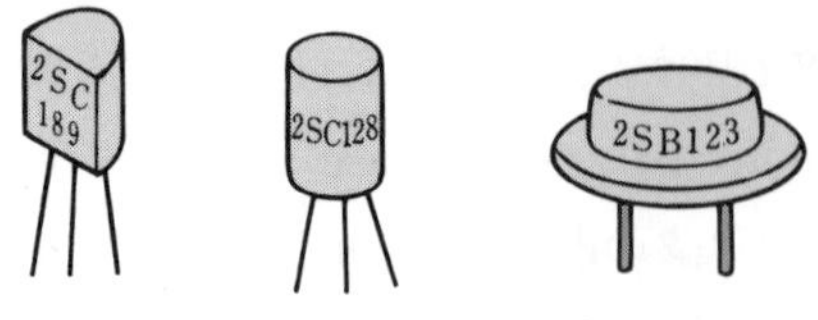

(c) トランジスタの外観

図5·2　トランジスタの図記号と外観

ンジスタ外観の例である。

トランジスタ自体は，3本の電極をもつ単なる部品に過ぎない。しかし，この

3本足に抵抗を接続し，電圧を加えると，**増幅作用**，**スイッチング作用**など，トランジスタが本来もつ役割を発揮するようになる。トランジスタのベース(入力)へ加えた電流が何倍かされて，そのトランジスタのコレクタ(出力)から出てくるということになれば，それは電流が増幅されたということになる。このように考えると，トランジスタは単体であっても入力と出力という概念を導入し，入出力電圧・電流の関係を論ずることができる。

トランジスタのコレクタ，ベース，エミッタの3本足の電極のうちの1つを入出力共通にすると，図5・3に示すように，3とおりの入出力関係図が得られる。それぞれ接地（アース）する電極名をとり，**エミッタ接地方式**，**ベース接地方式**，**コレクタ接地方式**と呼ばれている。各接地方式にはそれぞれ特徴がある。表5・1は，電流・電圧増幅度，入出力インピーダンス，周波数特性を接地方式の特徴としてとらえたものの概要を示す。

エミッタ接地方式は，周波数特性は悪いが，増幅度に関しては，ほかの接地方

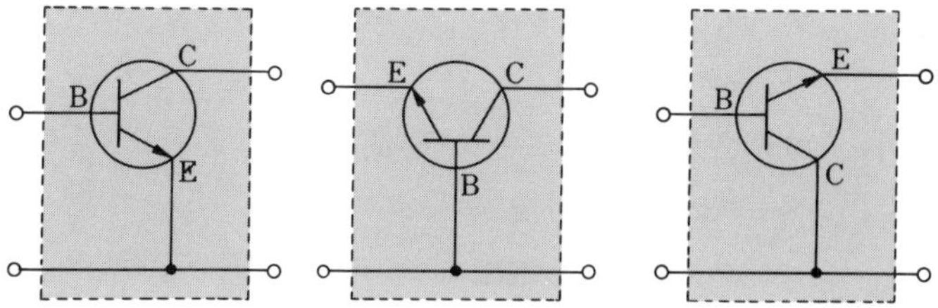

（a）エミッタ接地　（b）ベース接地　（c）コレクタ接地

図5・3　トランジスタの接地方式

表5・1　トランジスタ接地方式の特徴

	電流増幅度 A_i	電圧増幅度 A_v	電力増幅度 A_p	入力インピーダンス Z_i	出力インピーダンス Z_o	周波数特性 f
エミッタ接地	大	大	大	中	中	低
ベース接地	小	大	中	小	大	高
コレクタ接地	大	小	小	大	小	中

式より勝れているので，この方式を使うことが多い。そこで，ここではエミッタ接地方式に焦点を合せ，その動作，増幅原理，回路構成などについて考えてみる。

(2) トランジスタに加える電圧と流れる電流

トランジスタに加える電圧，トランジスタに流れる電流の向きは，トランジスタの種類（NPN型，PNP型）によって異なる。いま，NPN型（シリコン）トランジスタを考え，図5·4に示すような方向に電圧を加えると図示した方向に電流が流れる。ここに示した電圧記号V_{BE}，V_{CE}，電流記号I_B，I_C，I_Eは，それぞれの添字に示した記号に従い，次のような意味をもたせてある。

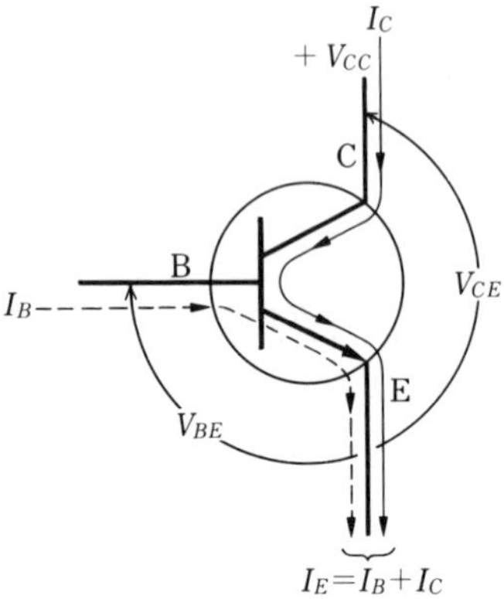

図5·4 トランジスタに流れる電流

V_{BE} ：ベース(B)とエミッタ(E)間の電圧

V_{CE} ：コレクタ(C)とエミッタ(E)間の電圧

I_B ：ベースに流れる電流

I_C ：コレクタに流れる電流

I_E ：エミッタに流れる電流

図5·4より明らかなように，エミッタ電流I_Eは，ベース電流I_Bとコレクタ電流I_Cとの和である。すなわち，

$$I_E=I_B+I_C \tag{5·1}$$

図5·5(a)は，式(5·1)を説明するための図である。通常，ベース電流I_Bはコレクタ電流I_Cに比べ極めて小さい値である。この微小電流I_Bがベース電極に流れると，I_Bよりはるかに大きな電流I_Cがコレクタに流れる。この大きな電流I_Cは，小さな電流I_Bに従い変化する。トランジスタが増幅作用をもつということはこのことをいうのである。機械系にも小さな力で大きな力を発揮する装置がある。図

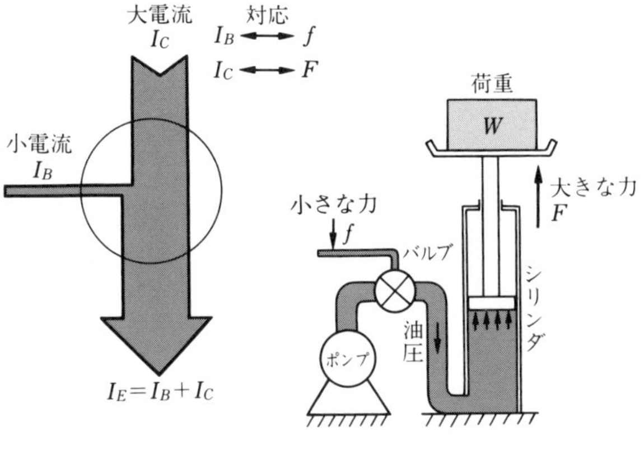

(a) トランジスタ　　(b) 油圧ジャッキ

図 5・5　トランジスタの電流増幅の考え方

5・5(b)は油圧ジャッキである。これはトランジスタの増幅作用と同様に力の増幅作用をもつ装置で，電気量の増幅と機械量の拡大という違いはあるが，その増幅・拡大というものの考え方の基本は同じである。

さて，図 5・4に示した各部の電流と電圧との間には互いに関係がある。それは，電流 I_B と電圧 V_{BE} との関係(入力特性)，電流 I_B と I_C の関係（電流伝達特性），電流 I_C と電圧 V_{CE} との関係（出力特性）である。以上 3 つの関係をまとめてトランジスタの**静特性**という。つまり，図 5・6 に示すように，電圧 V_{BB}，V_{CC} を加えて，各電極に流れる電流値，各電極間の電圧値を読み取り図で表したものが**静特性曲線**である。

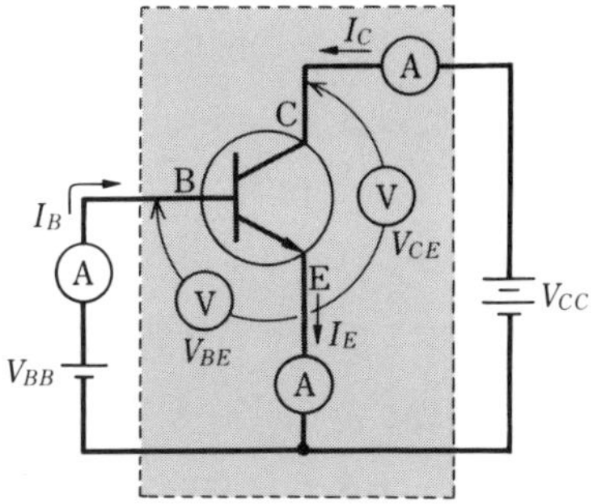

図 5・6　トランジスタ直流回路

(3) トランジスタの静特性

トランジスタには増幅作用がある。この増幅作用は，マイクロホンで受けた人の微弱な音声信号を拡大(増幅)して，大勢の人々が聞こえるようにスピーカから その音声を出力するというような場合に役立っていることはよく知られている。

トランジスタには，トランジスタ特有の癖(特性)がある。したがって，裸のトランジスタに微弱な信号を入力しても，それをそのまま拡大し，増幅するというわけにはいかない。ところが，トランジスタの特性をよく知り，それに見あった電圧や電流をあらかじめ与えておくならば，上記のような増幅は容易に可能となる。そこで，ここではトランジスタの特性を知るということで，トランジスタの基本特性である静特性について詳しく述べる。

図5·6に，NPN型トランジスタのエミッタ接地方式を示した。図のように，電源 V_{BB} と V_{CC} を接続する。それらの電圧値を適当に加減するとベース電流 I_B，コレクタ電流 I_C，エミッタ電流 I_E は変化する。V_{BB}，V_{CC} を適当に加減して電圧，電流を測定しただけでは，互いの関係を見出すことは困難である。

一般に，図5·6のトランジスタ回路において，V_{CE} を一定に保った場合の I_B と V_{BE} との関係，V_{CE} を一定に保った場合の I_B と I_C との関係，I_B を一定に保った場合の I_C と V_{CE} との関係がよく用いられる。

(a) 入力特性（I_B-V_{BE}特性）　**入力特性**とは，コレクタとエミッタ間電圧 V_{CE} を一定に保ち，その状態におけるトランジスタのベース電流 I_B とベースとエミッタ間電圧 V_{BE} との関係をいう。ここで，V_{BE} と V_{BB}，V_{CE} と V_{CC} はどこが違うのかを見てみよう。

図5·6においては明らかに $V_{BE}=V_{BB}$，$V_{CE}=V_{CC}$ である。ところが，後述するように，トランジスタを用いて信号の増幅を効率よく行う場合，ベースやコレクタに抵抗やコンデンサを接続する必要がある。そうすると，それらの抵抗には電圧降下が生じるので，V_{BE} と V_{BB} あるいは V_{CE} と V_{CC} とは必ずしも等しくならない。そこで，図5·6においても，混同を避けるため電極間の電圧 V_{BE}，V_{CE} と電源電圧 V_{BB}，V_{CC} とをあらかじめ区別しておいたほうがよいとの考えにより，V_{BE} と V_{BB}，V_{CE} と V_{CC} を分けて示しておいたのである。

図5·7(a)は，V_{CE} を一定に保った状態で，V_{BE} を増加したときに得られるベース電流 I_Bの変化である。図より明らかなように，V_{BE} が約0.6〔V〕になるまで，

I_B はほとんど流れない。この特性は，3·3節で述べたシリコン・ダイオードの順方向特性(図3·25参照)と同様なものである。トランジスタは，ベースに電流を流さないかぎり，コレクタ電流は流れない。したがって，トランジスタに増幅作用をもたせるためには，必ず図5・7(a)に示した約0.6〔V〕以上（ゲルマニウム・トランジスタでは約0.3〔V〕）の電圧 V_{BE} を加え，I_B を流すようにしてやらなければならない。

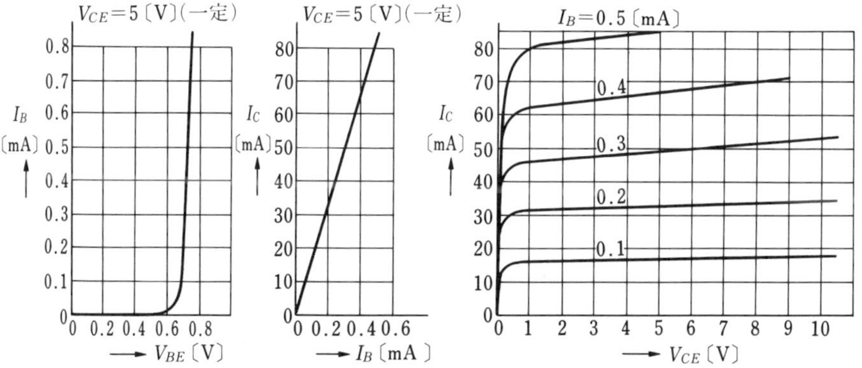

（a）入力特性　（b）電流伝達特性　（c）出力特性

図5·7　トランジスタ(2SC1213)の静特性

(b)　電流伝達特性 (I_C-I_B 特性)　**電流伝達特性**とは，コレクタとエミッタ間電圧 V_{CE} を一定に保ち，その状態におけるトランジスタのベース電流 I_B とコレクタ電流 I_C との関係をいう。これは，図5・7(a)の I_B-V_{BE} 特性よりわかるように，V_{BE} が約0.6〔V〕以上にならないと，I_B は流れ始めない。I_B が流れるとコレクタ電流 I_C も流れるはずであるから，I_B を測定すると同時に，コレクタ電流 I_C も測定する。測定した I_B と I_C の関係を図に表すと，図5・7(b)のようにほぼ直線的な関係が得られ，その傾き I_C/I_B は約163である。

この図5・7(b)の関係は，入力としてのベースに微小な電流 I_B を流すとそれが163倍に増幅され，出力としてコレクタ電流 I_C が流れることを表している。つまり，この図は入力側(ベース)から出力側(コレクタ)へのトランジスタ電流伝達能力を表しているといえる。

(c)　出力特性（I_C-V_{CE} 特性）　図5·6において，コレクタとエミッタ間の端子は，トランジスタの出力端子と見ることができる。ここで，コレクタに流れる電流 I_C とコレクタとエミッタ間電圧 V_{CE} の関係を考えると，それは出力電流と出力電圧の関係である。図5·6のトランジスタ回路において，V_{CE} を一定に保ち，ベース電流 I_B を変えると，I_C は変化した（図5·7(b)参照）。同様に，ベース電流 I_B を一定に保ち，コレクタとエミッタ間電圧 V_{CE} を変えると，コレクタ電流 I_C は V_{CE} の小さいところで急激に増えるが，その後ほぼ一定となる。ある一定ベース電流において V_{CE} と I_C の関係を求めると，図5·7(c)に示すような曲線の1つが得られる。なお，I_B を順次変化させ，その都度 V_{CE} と I_C の関係を求めると曲線群が得られる。こうして得られた特性をトランジスタの**出力特性**という。

なお，この出力特性の横軸 V_{CE} の5〔V〕に注目し，この5〔V〕における縦軸上で曲線と交わる点の I_B と，それに対応する I_C を読み取り，I_C と I_B との関係をプロットしても図(b)の関係が得られることに注意しよう。

直流電圧，電流に関するトランジスタの特性が静特性であった。図5·7(a)〜(c)の静特性曲線から，次のことを読み取ることができる。

① **入力特性**（図(a)）：V_{BE} を約0.6〔V〕以上加えないと I_B は流れない。この0.6〔V〕はシリコン・トランジスタ固有の値であって，ゲルマニウム・トランジスタでは約0.3〔V〕である。トランジスタを用い信号増幅を行う場合，V_{BE} を約0.6〔V〕以上加え，この V_{BE} に信号を重畳させる必要がある。このときの V_{BE} を**バイアス電圧**（bias voltage）という。ここで，バイアスというのは"片寄らせる"という意味があるので，バイアス電圧 V_{BE} が0.7〔V〕というのは，ベースとエミッタ間電圧を0.7〔V〕だけ片寄らせる電圧といえる。

② **電流伝達特性**（図(b)）：コレクタ電流 I_C はベース電流 I_B にほぼ比例する。この電流伝達特性が直線である範囲においては，ベース電流 I_B はひずまずに，図5·7(b)の場合は163倍に増幅され，コレクタ電流 I_C となって流れる。

③ **出力特性**（図(c)）：ある一定のベース電流 I_B に対し，V_{CE} が約1〔V〕以下を除き，コレクタ電流 I_C はほぼ一定である。これは，コレクタ電圧 V_{CE} の変化はコレクタ電流 I_C に影響を及ぼさないことを示す。I_C に影響を及ぼすのは

I_B で，I_B の微小変化が増幅され I_C となる。この特性を用い，ある V_{CE}(例えば 5〔V〕)に対する I_B と I_C を読み取ると，図(b)の電流伝達特性が得られる。

(4) 信号電流の増幅と特性上の動作点

ラジオや測定器などで電流や電圧の振幅を拡大することを**増幅**という。拡大するという振幅機能は，機械的にはテコ(リンク機構)，光学的には鏡に当てた光の反射によって実現可能で，それらは直接目で確認できる拡大機構である。一方，電気における電流や電圧の拡大(増幅)は，トランジスタや第 3 章で述べたオペアンプを用いて行うことができる。ここでは，トランジスタの増幅原理と特性上の動作中心について述べる。

(a)　直流増幅　トランジスタはそのベース電流 I_B を何倍かに拡大(増幅)し，コレクタ電流 I_C に変換する能力をもっていることを図 5・7(b)の I_C-I_B 特性で示した。この何倍かという倍率は，I_C-I_B 特性の傾きで表すことができ，図 5・7(b)の場合は 163 であった。この傾きは**直流電流増幅率**と呼ばれ，量記号は h_{FE} で表す。この h_{FE} は，次のように定義されている。

$$h_{FE}=\frac{I_{CC}}{I_{BB}} \tag{5·2}$$

ここで，I_{BB} は図 5・8 に示すベース信号電流の振幅中央の値，I_{CC} は図に示すコレクタ信号電流の振幅中央の値である。また，変動するベースとコレクタ信号成分の電流を，それぞれ i_b，i_c とすると，h_{fe}は，

$$h_{fe}=\frac{i_c}{i_b}=\frac{\Delta I_C}{\Delta I_B} \tag{5·3}$$

と定義されている。この h_{fe} を**小信号電流増幅率**という。ここで，ΔI_B，ΔI_C は，ベース電流 I_B，コレクタ電流 I_C の変化分を表している。

図 5・8 の I_C-I_B 特性がほぼ直線である場合(①の部分)，つまり I_B と I_C が比例する場合には，式(5・2)と式(5・3)は一致する。図 5・8の曲線上の②部分のように傾きが変わるような領域では，ベース電流 ΔI_B を①部分と同じであるとすれば，明らかに図示のようにΔI_C は小さい。したがって，h_{FE} と h_{fe} とは必ずしも一致す

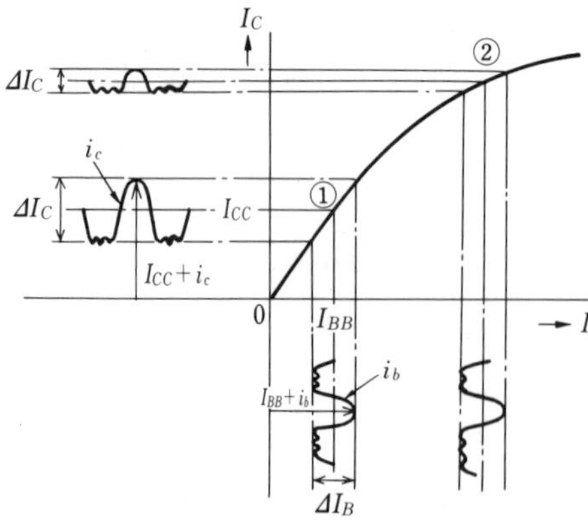

図 5・8　電流伝達特性の線形部分と非線形部分

るとは限らない。この h_{FE} があらかじめわかっている場合には，コレクタ電流I_{CC}の概略値は，次の式より求めることができる。

$$I_{CC}=h_{FE}\cdot I_{BB} \tag{5·4}$$

I_C-I_B 特性の非直線性あるいは個々トランジスタ特性のバラツキがあるために，h_{FE} の値にもかなりの差がある。例えば，トランジスタ 2SC 1213 の h_{FE} は，規格表によると 60 ～ 320 の範囲にある。いずれにしても，I_{CC} は，式(5·4)のように，I_{BB} を h_{FE} 倍することによって，おおよその値は求めることができる。

(b)　特性上の動作中心　微小信号を増幅する場合には，次の注意が必要である。図 5・7(a)の I_B- V_{BE} 特性に示したように，ベース電流 I_B はベースとエミッタ間電圧 V_{BE} を 0.6〔V〕以上加えないと流れない。図 5・9 は，図 5・7(a)における V_{BE} =0.6〔V〕付近の特性を拡大した図である。図中の①点（V_{BE}≒0.6〔V〕）に信号 v_b を加えるとひずんだ電流 i_bが流れる。ところが，V_{BE} を②点 V_{BB}(約 0.7〔V〕)に定め，そこに信号 v_b を重畳すると電流 $I_{BB}+i_b$ が流れ，図のようにひずむことがない。このようにわざわざ直流成分を加え，それに信号成分 v_b を重畳すると，信号電圧はひずむことなく，ベース電流に変換することができる。

本来，微小信号成分のみを増幅したいわけであるから，直流ベース電流 I_{BB} は不要である。ところが，トランジスタを用いて信号を増幅するためには，ベースに

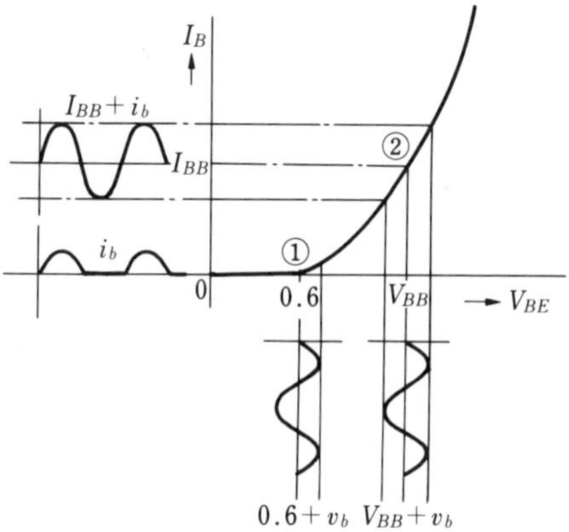

図 5・9　入力特性の拡大図

I_{BB} を流す必要がある。その上に i_bを重畳することにより，図 5・8に示したようなコレクタ電流 $I_{CC}+i_c$ は流れるのである。

以上述べたように，トランジスタのベースに信号電流を流すだけでは適切な増幅は行えないことがわかるであろう。図 5・10に示すように直流電圧 V_{BB} に信号 v_b を重ね，ベース電流を $I_{BB}+i_b$ とする必要がある。この直流電圧 V_{BB} は信号 v_b に片寄りを与える電圧という意味でバイアス電圧と呼び，その電源はバイアス電源である。直流成分に信号成分を重ねると，図 5・8 の①点あるいは図 5・9の②点を中心に信号が変動する。したがって，これらの点が特性上の信号動作中心点となり，適切な増幅が行えることになる。この特性上の動作中心を**動作点**という。

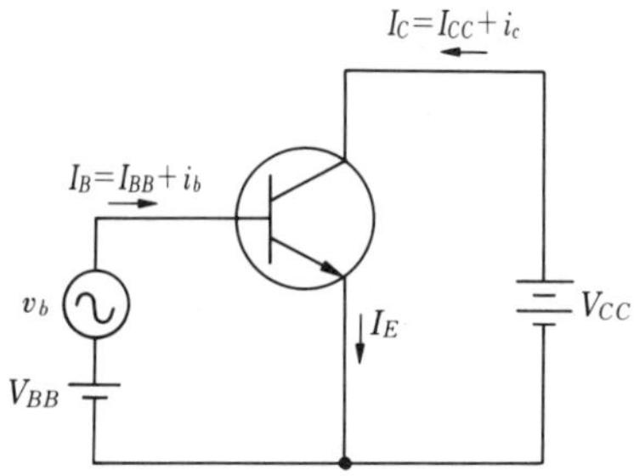

図 5・10　トランジスタの動作電流と信号電流

こうして適切な動作点を選ぶことによって，信号成分と直流成分を共に増幅し，信号振幅の拡大（増幅）は正しく行えることになる。図5·11のコレクタにコンデンサを接続すると，電流の変化は電圧信号成分として取り出すことができる。

(c) トランジスタによる信号増幅と増幅率 直流ベース電流 I_{BB} に信号電流 i_b が重畳した電流 I_B がベースに流れると，コレクタには $I_{CC}+i_c$ という直流成分 I_{CC} に信号成分 i_c が重畳した電流 I_C が流れることはすでに述べた。ここでは，直流成分と信号成分を分離し，信号成分を取り出す方法について考える。

図5·11は，コレクタと電源 V_{CC} との間に抵抗 R を接続したトランジスタ回路である。抵抗 R の両端には電圧降下が生じるので，その電圧降下分を V_{CC} で補償すれば，これまでに述べた電流 I_C と電圧 V_{CE} の関係は成り立つ。コレクタには I_C，つまり I_C+i_c が流れる。

図5·11のコレクタC，抵抗 R，電源 V_{CC} からなる閉回路にキルヒホッフの第二法則（第1章参照）を適用して見よう。抵抗 R には $I_{CC}+i_c$ が流れているので，電圧降下 R $(I_{CC}+i_c)$ が生じる。コレクタとエミッタ間電圧 V_{CE} も図示の方向の電圧が加わっているので，この電圧も考慮すると V_{CE}，V_{CC}，R $(I_{CC}+i_c)$ との間には，次の式が成り立つ。

$$V_{CC}-V_{CE}=R\ (I_{CC}+i_c)$$

この式より V_{CE} を求めると，次のようになる。

$$\begin{aligned} V_{CE} &= V_{CC}-R\ (I_{CC}+i_c) \\ &= (V_{CC}-RI_{CC})-Ri_c \end{aligned} \qquad (5\cdot5)$$

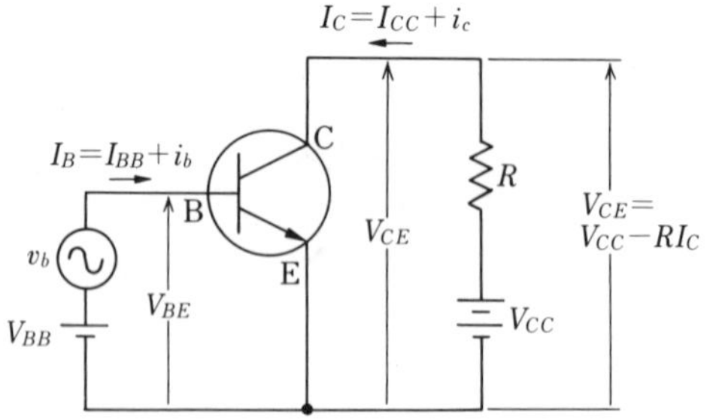

図5·11 トランジスタ増幅回路の基礎

この式の右辺括弧内は直流電圧であり，Ri_c は信号電圧である。ここで，

$$V_C = V_{CC} - RI_{CC} \tag{5·6}$$

$$v_C = -Ri_c \tag{5·7}$$

とおくと，式(5·5)は，

$$V_{CE} = V_C + v_C \tag{5·8}$$

となる。これは，直流電圧成分 V_C に変化する信号電圧成分 v_C が重畳した電圧は V_{CE} に等しいことを示している。直流成分 V_C と信号成分 v_C が重畳した電圧 V_{CE} から信号成分 v_C が取り出せれば，信号の電圧増幅が行えたといえる。

以上の関係を I_C-V_{CE} 特性（出力特性図 5·7(c)）上で考察してみよう。

式(5·5)において，信号電流 i_cが存在しない場合をまず考える。式(5·5)において，$i_c = 0$ とおくと，

$$V_{CE} = V_{CC} - RI_{CC} \tag{5·9}$$

となる。ここで，V_{CC} はコレクタ電源電圧，I_{CC} はコレクタ電流で，信号成分の中心電流（バイアス電流，図 5·8 参照）である。

I_{CC} は信号成分の中心電流で信号増幅を行う場合，この値は極めて重要となる。ここでは信号成分がない状態を考えているので，I_{CC} を改めて I_C とおき，式(5·9)より I_C を求めると，

$$I_C = -\frac{1}{R} V_{CE} + \frac{V_{CC}}{R} \tag{5·10}$$

となる。V_{CC} と R は一定であるから，I_C は V_{CE} の関数であることがわかる。

x y 座標における $y = -ax + b$ のグラフは傾きが$-a$ で y 切片が b である直線であった。これと同様な考え方で，式(5·10)の関係は I_C-V_{CE} 座標上で，傾きが $-1/R$ で，I_C 切片が V_{CC}/R である直線として描くことができる。あるいは，式(5·10)において，$V_{CE} = 0$ のとき $I_C = V_{CC}/R$ で，$I_C = 0$ のとき $V_{CE} = V_{CC}$であることから，図 5·12 の I_C-V_{CE} 座標上で点（0，V_{CC}/R）と点（V_{CC}，0）を結ぶ線を引くと式(5·10)を満たす直線が求まる。

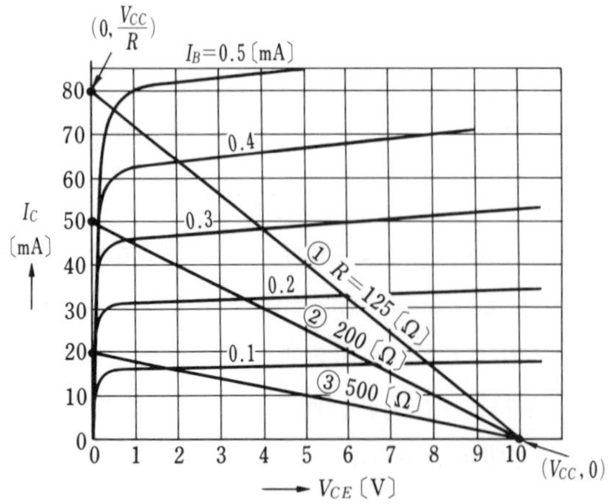

図5・12 負荷線

この直線の傾きは，コレクタに接続した抵抗 R，つまり負荷によって変わる。そして傾きが小さい(抵抗が大きい)ほど，I_C の変化に対する V_{CE} の変化は大きいことがわかる。I_C-V_{CE} 特性上に引いた式(5・10)に従う直線は**負荷線**といい，トランジスタ増幅器を設計する場合，重要な役割を果たす特性曲線である。

[例題] 5・1 $V_{CC}=10$〔V〕，R を① 125〔Ω〕，② 200〔Ω〕，③ 500〔Ω〕とした場合の負荷線を，図5・12に示す I_C-V_{CE} 特性上に示せ（I_Cは〔mA〕に注意)。

[解] 式(5・10)に指定された値を代入すると，

$$I_C=-8V_{CE}+80\,〔\mathrm{mA}〕\qquad (R=125〔\Omega〕)\qquad ①$$

$$I_C=-5V_{CE}+50\,〔\mathrm{mA}〕\qquad (R=200〔\Omega〕)\qquad ②$$

$$I_C=-2V_{CE}+20\,〔\mathrm{mA}〕\qquad (R=500〔\Omega〕)\qquad ③$$

となる。式①～式③を図5・12上に描くと，同図に示した3本の直線が求まる。

以上の例題より明らかなように，負荷抵抗 R によって負荷線の傾きを変えることができる。I_C-V_{CE} 特性上に負荷線を描くと，トランジスタの動作点を表す I_{BB}，I_{CC}，式(5・6)の V_C などの値をどこに定めるべきかという増幅回路の設計指針が明白になると同時に，信号の変化状況が明らかになる。

5・2 サイリスタ

サイリスタ（thyristor）というのは，モータの回転数を制御したり，電気こたつの温度，電気スタンドの明るさを調整したりするために広く応用されている電力制御用の半導体スイッチング素子である。

(1) サイリスタの特性と直流回路　サイリスタは，数ミリワットから数百キロワットにいたる電力範囲を制御できる半導体素子であって，商品名として**SCR**（Silicon Controlled Rectifier）や**トライアック**（TRIAC；Trielectrode AC Switch）などがある。サイリスタは，P 型，N 型半導体 4 層からなる。その図記号，断面，電流-電圧特性の概要を図 5･13 に示す。図(c)の電流-電圧（I-V）特性において，I_{G0}，I_{G1}，I_{G2}，I_{G3} はゲート G に流すゲート電流を表す。サイリスタの特性はダイオードの特性によく似ている。しかし，図(c)のサイリスタの特性より明らかなように，ゲート電流 I_G を流さない限り，サイリスタには電流は流れないという特徴がある。

図 5･14(a)は，サイリスタのアノード A とカソード K 間に負荷抵抗 R と電源 E を，またゲート電流を流すためにゲート G とカソード K 間に抵抗 r と電源 E_G を

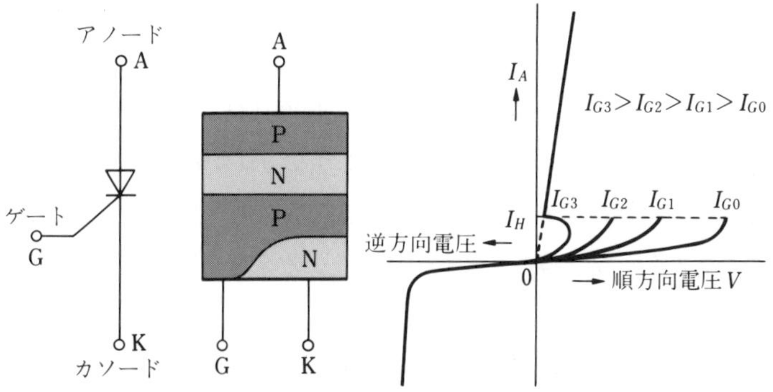

(a) 図記号　(b) 断面構造　(c) 電流・電圧(I-V)特性

図 5･13　サイリスタの図記号と特性

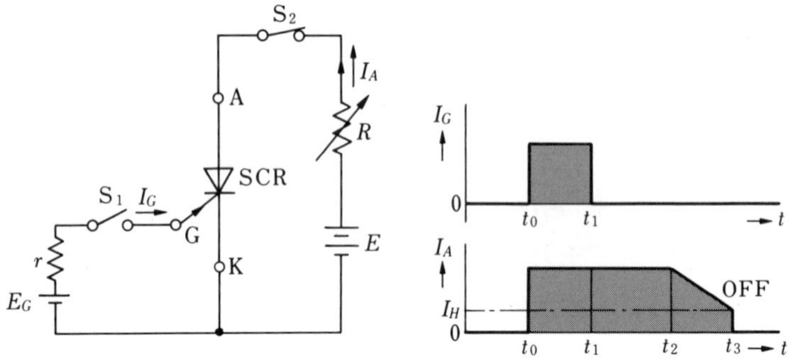

（a）サイリスタ回路　（b）サイリスタの動作タイムチャート

図 5·14　サイリスタ回路

接続した図である。いま，図(a)のスイッチ S_1 を開いた状態で，スイッチ S_2 を閉じたとしても電流 I_A は流れない。ダイオード回路であればスイッチを閉じれば直ちに電流が流れ，抵抗 R を小さくすれば電流は増加する。しかし，サイリスタ回路はゲートに電流を流さない限り，R を減らして電流をいくら増やしても，図(b)の区間 $0 \sim t_0$ のように電流 I_A は流れない。

次に，図 5·14(a)において，S_2 を閉じた状態で，図(b)のように時刻 $t_0 \sim t_1$ 間で S_1 も閉じてゲート電流 I_G を流すと，図のようにサイリスタに電流 I_A が流れる。この状態は，サイリスタがスイッチのような役割を果たしているので，サイリスタの **ON 状態**ともいう。その逆のサイリスタに電流 I_A が流れていない状態を **OFF 状態**という。時刻 t_0 で，この I_A がいったん流れ始めると，時刻 t_1 でゲート電流 I_G の流れを止めても，I_A の流れ(サイリスタの ON 状態)は続く。

回路電流 I_A の流れを止めるには，次のような方法がある。

① 当然のことであるが，スイッチ S_2 を切る。

② サイリスタ両端を導線で短絡し，サイリスタを OFF 状態にしてから導線を取り除く。

③ 図 5·14(b)の $t_2 \sim t_3$ 区間のように，電流 I_A を図 5·13(c)の I_H レベルまで減らす。この I_H はサイリスタの ON 状態を保持するための最低電流という意味で，**保持電流**(holding current)という。I_H 以下に I_A を減らすとサイリスタは OFF

状態となり，時刻 t_3 に示すように I_A は流れなくなる。

④　電源電圧を減らし，流れる電流 I_A を I_H 以下に減らす。

(2)　サイリスタと交流電力　サイリスタの直流回路では，いったんサイリスタがON状態に入ると，その回路に流れる電流を自動的に止めることは困難であった。図5・15に示すように，サイリスタに負荷と交流電源を接続した場合の負荷に流れる電流の様子を考察してみよう。

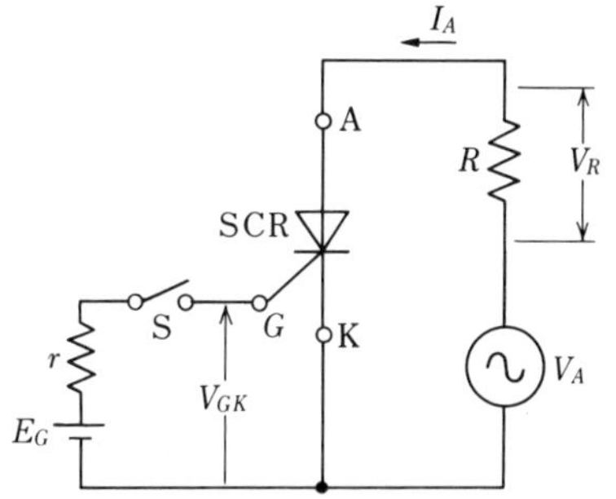

図5・15　サイリスタによる交流電力の制御回路

図5・15のサイリスタゲート回路にスイッチを設け，このスイッチのON-OFFでパルス状ゲート電流 I_G を流した場合を考える。

いま，図5・16(a)のように，サイリスタアノードA側が正の場合の時刻 t_1 で，スイッチSを瞬時入り切りしてパルス状のゲート電流 I_G を流したとしよう。そうすると，時刻 t_1 でサイリスタはON状態に入り I_A は流れる。しかし，それは一瞬で時刻 t_2 になると，アノード電圧は負になるのでサイリスタは，この時刻でOFF状態に入ってしまう。時刻 t_3 になるとアノード側は再び正になるが，いったんOFF状態になったサイリスタはゲート電流が流れていない限りON状態になることはない。

次に，図(b)のように，ゲート電流 I_G を少し長時間流し続けた場合を考えてみよう。時刻 t_1 で I_G が流れたので，図のように整流電流 I_A は流れ始める。次の負の半サイクルでは I_A は流れない。時刻 t_3 より再び増加し始めるアノード正電圧の半サイクルでは，すでに I_G は流れているので I_A も流れる。I_G の流れを時刻 t_n で止めたとしても I_A は直ちに止まらず，I_A が負になる時刻 t_N まで流れ続ける。時刻 t_N 以降は，I_G が流れていないので，I_A はもはや流れない。

図(c)は，周期的にパルス状の I_G を流した場合の I_A の波形を示す。図中に示した周期的なパルス状電流 I_G の位相角 θ を変えることができれば，θ の大小によって負荷に流れる電流 I_A は制御可能となる。つまり，負荷が直流モータであればその

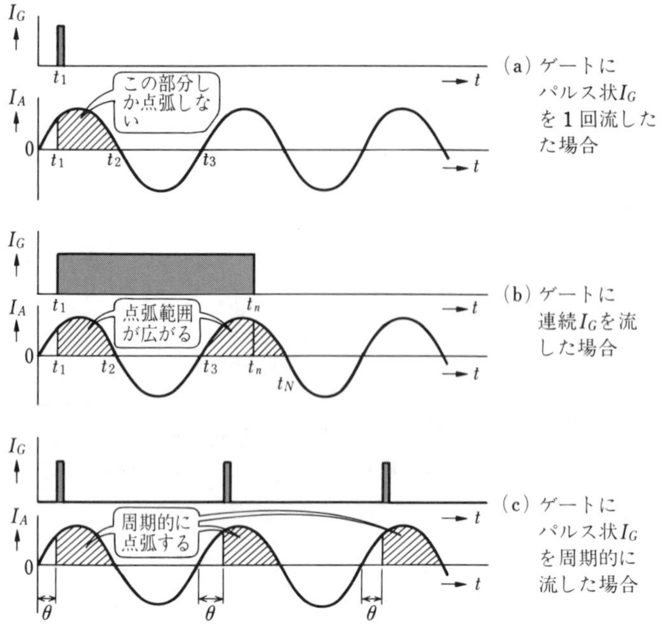

図 5･16 サイリスタの点弧

回転速度が，また電球であればその明るさが調整できることになる。

サイリスタをON状態にするための操作は**点弧**するといい，図(c)の点弧するための位相角 θ を**点弧角**という。また，サイリスタをON状態にするために必要なゲート電流 I_G を**ゲート点弧電流**あるいは**ゲート･トリガ電流**という。点弧電流を流すために必要なゲートとカソード間電圧 V_{GK} を**ゲート点弧電圧**あるいは**ゲート･トリガ電圧**という。サイリスタを使って負荷の電力を制御する場合には，このゲート点弧回路が必要である。

サイリスタは交流を半波整流し，その半波電流の点弧角 θ を変えることによって平均直流電流が制御できるという半導体素子である。これに対し，交流の正負両方の波形を制御できる**トライアック**という半導体スイッチング素子もある。

以上，数多くある半導体素子のうち代表的な素子について述べた。それらの素子は単独で使用されることはまずなく，抵抗，コンデンサ，ダイオード，トランジスタなど他の電子部品と組み合わせて電子回路を構成し，そこで始めてその機能は発揮される。こうした回路の応用の一部は，第4章で述べた。

5・3　発光ダイオード

これまでに，半導体の基本要素であるダイオードとトランジスタの電気的特性とそれらの基本的使用方法について述べた。半導体要素は，ダイオード，トランジスタ以外にも電子回路部品として広く使用されているものが数多くある。その例にセンサがあるが，それについては第4章で述べた。ここでは，電流を流すと光を発する発光ダイオードについて述べる。

(1)　発光ダイオード

発光ダイオードは，LED (light emitting diode) ともいわれ，PN接合半導体に順方向電圧を加えると，接合面で発光する素子である。発光ダイオードを構成する主な半導体材料には，ガリウムりん (GaP)，ガリウムひ素りん (GaAsP) などの化合物半導体が用いられている。近年，各種の画像，文字，数字表示装置，あるいは機器の電源ON状態表示用パイロットランプとして盛んに使用されている。

LEDは白熱電球などに比べ，低電圧 (1.5～3〔V〕)，小電流 (5～150〔mA〕) で動作し，応答性もよい。また，電球のようにフィラメントがないので，信頼性が高く，小型，堅固，長寿命でもある。

図5·17は，発光ダイオードの点灯回路である。発光ダイオードに約10〔mA〕程度の電流 I_F を流すと発光する。電源電圧 V_C を5〔V〕と仮定すると，図中の抵抗 R は，次のように求めることができる。

$$V_C = V_R + V_F$$

$$V_R = I_F R$$

ここで，V_F は発光ダイオードの順方向電圧で約2〔V〕である。この電圧 V_F を1.8〔V〕と仮定すると，接続すべき抵抗 R の値は，

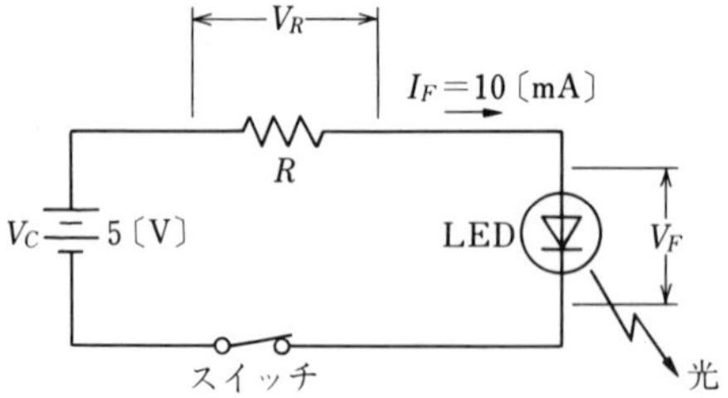

図 5・17　発光ダイオード(LED)の点灯回路

$$R=\frac{V_C-V_F}{I_F}=\frac{5-1.8}{10\times10^{-3}}=320\ 〔\Omega〕$$

として求まる。

こうして5〔V〕電源に320〔Ω〕の抵抗と発光ダイオードを直列に接続し，スイッチをON-OFFすると，それに従い発光ダイオードは点滅する。

図5・18は，トランジスタのスイッチ作用を利用してLEDを点滅させる回路である。LEDをいくつか並べ，点灯するそれらのLEDの組み合わせで文字や数字を表示する装置がある。その表示文字や数字は速やかに変えられるようになっている。このような表示装置の表示切換を機械的スイッチで行っていては，表示は遅くなる。そこでたくさん並べてある個々のLED点灯・消灯は，図5・18に示すようなトランジスタ回路を用い，ベース電圧の有無に従い電子的に速やかに行うようになっている。

[例題] 5・2　図5・18において，次の①～③の条件が与えられている場合，抵抗Rの値を決定せよ。

①　電源：$V_{CC}=5$〔V〕

②　LED：$V_F=1.8$〔V〕，$I_F=10$〔mA〕

③　トランジスタ：$R_B=5$〔kΩ〕，$V_B=5$〔V〕のとき，トランジスタはON状態になる。このとき，コレクタとエミッタ間電圧$V_{CE}=0.1$〔V〕である。

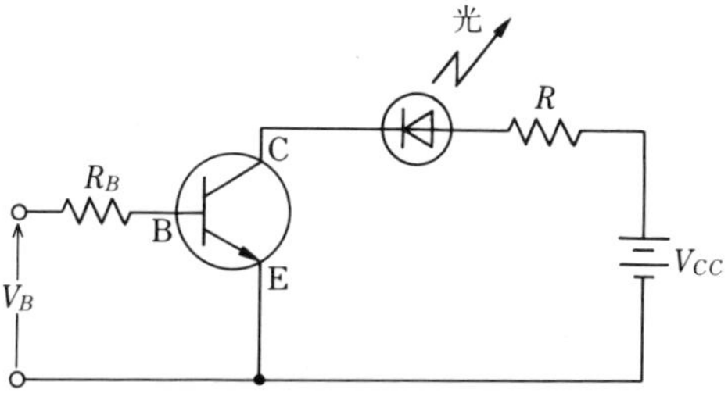

図 5・18　トランジスタ・スイッチを用いたLEDの点灯回路

〔解〕　図 5・18を書き直すと図 5・19となる。いま，ON 状態を考えると，図より明らかなように次の式が成り立つ。

$$V_R + V_F + V_{CE} = V_{CC}$$

ここで，$V_R = I_F R = 10\times10^{-3}\times R$〔V〕，$V_F = 1.8$〔V〕，$V_{CE} = 0.1$〔V〕，$V_{CC} = 5$〔V〕を上式に代入すると，$R$ は次のように求まる。

$$R = \frac{V_{CC} - V_F - V_{CE}}{I_F}$$

$$= \frac{5 - 1.8 - 0.1}{10\times10^{-3}} = 310\,〔\Omega〕$$

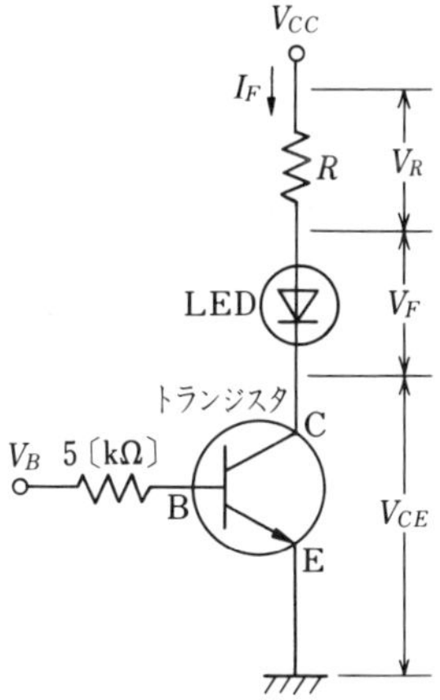

図 5・19　トランジスタを使用したLED点灯回路

5・4　電子工学の応用分野

これまでデジタル技術，アナログ技術について述べてきた。人間の住む世界はアナログなのになぜ，今日のようにデジタルがはやり普及したのであろうか。それは半導体技術の進歩とともにコンピュータの出現，その応用技術の発展にある。コンピュータが世に現れた当時のコンピュータは大部屋に何千本という真空管を使用し，今日の高級電卓ぐらいの性能であった。それが，トランジスタをはじめ各種半導体製品が開発され，わずか60年あまりの間に今日にみるデジタルの世界が出現した。電子工学は半導体とその応用技術といっても過言でない。いくら大規模メモリーICチップの演算処理能力が高速であったとしても，それは頭脳部分が賢いだけで力仕事は行えない。力仕事をするためには手足のように動く部分が必要である。動いたとしてもその動いた結果を監視し，動いたことの良否が判断出来なければ動いた意味はない。つまり，仕事をしてその成果の評価が出来ないとすれば動く意味はないのである。このように考えると，人間のように頭脳があって，手・足があって，目や触覚（五感）があって初めて正常な仕事が達成できるといえる。

メカトロニクスは機械工学，電気・電子工学，計測・制御工学に関わる分野であることを図5·20は示す。いくら立派な機械装置があっても同じ動作を繰り返すだけなら旧式の機械と変わりはない。この機械を動かす場合に普通はモータを使うであろう。そのモータを任意の速度，加速度で回すようにするためには制御が必要になる。この制御には計測，センサ技術が必要になる。制御には判断機能も

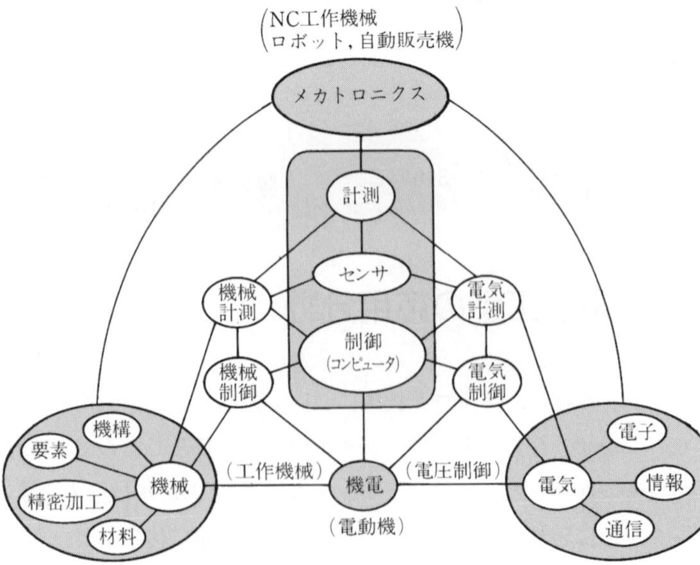

図5·20 メカトロニクスと関連分野

必要であるから，判断をさせるためにコンピュータが必要になる。こうして，ひとつの機械を望むように動かしたいなら，図5・20に示したような各種分野が関わってくる。

図5・21は**数値制御**（CNC：Computer Numerical Control）による工作機械の例を示す。いま簡単のため被加工物送り台の位置決め制御を考える。この図においてドライバというのは送り駆動系モータを回すための電子駆動装置である。CNC制御装置はコンピュータを含む判断機能をもち，位置決め目標値などを設定する部分である。リニアスケールは，被加工物の位置を知る検出器（センサ）であって，この検出器があるから被加工物の位置を知ることが出来る。

図5・22は図5・21の送り駆動系のフィードバック制御ブロック線図である。このブロック線図を見ると信号の流れがよく分かり，かつ，装置や要素のお互いの接続関係がわかる。ここで，電子工学が果たす役割は，目標値発生，コンピュータとそれに繋がっているA/D（アナログ－デジタル変換器の略。Analog Digital Converter），D/A（デジタル－アナログ変換器の略。Analog Digital Converter），ドライバ（パワー増幅器），検出器内の信号処理などである。この図5・22から読み取れる位置決め制御の様子は，次のようである。目標値として加工したい物体位置をセットする。その結果，目標値の電気信号（アナログ量）が発生し，それ

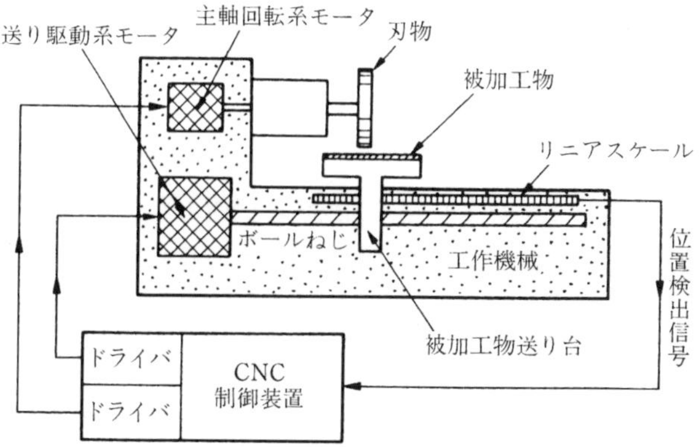

図5・21　CNC工作機械の基本システム構成例

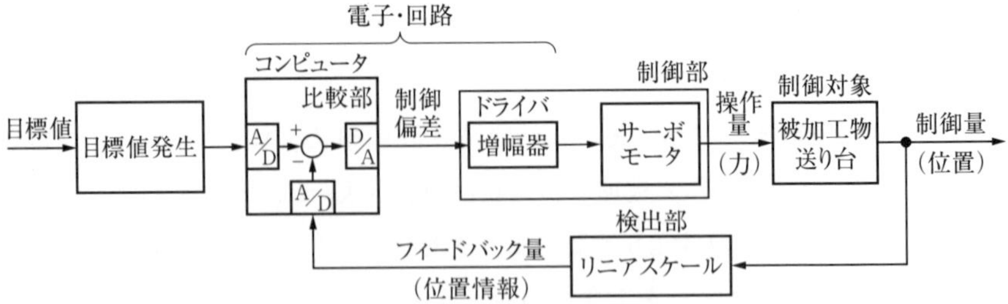

図5・22 図5・21のブロック線図

がA/D変換器に入りデジタル量に変換される。なぜ，このような面倒なA/D変換器が必要かというと，コンピュータはデジタル量しか受け入れてくれないので，アナログ量をデジタル量にこのA/D変換器で変換するのである。比較器が受け入れた目標値はコンピュータ内でフィードバック量（被加工物の現在位置）と比較（目標値とフィードバック量との差をとる。これを制御偏差という）する。比較されたその差の信号（制御偏差）は，ドライバ（増幅器）に入る。ドライバが受け入れた制御偏差信号は増幅され，サーボモータは駆動される。駆動した結果である被加工部（制御対象）の位置を検出器（リニアスケール）が測定し，その値がフィードバック量となってコンピュータへフィードバックされる。以上のようにドライバ，被加工物の動き，位置測定と制御信号は被加工物が目標とする位置にくるまで，フィードとバックを繰り返し，制御偏差が“0”となったときにモータは停止する。

図5・22中にA/DとD/Aがコンピュータ周辺に配置されている。A/D変換器はアナログ量（信号）をデジタル量に変換する機能をもつ電子要素であって，デジタル量に変換すればコンピュータに取り込むことができる。コンピュータに取り込む信号は，デジタル的な演算を行い，その結果をD/A変換器に送りだす。D/Aを使う理由は，モータを含む多くの駆動要素はアナログ量で動作するので，デジタルをアナログに変換する必要がある。そのためD/A変換器が必要なのである。

図5・23はコンピュータを中央に左からアナログ信号がA/Dに入り，デジタル

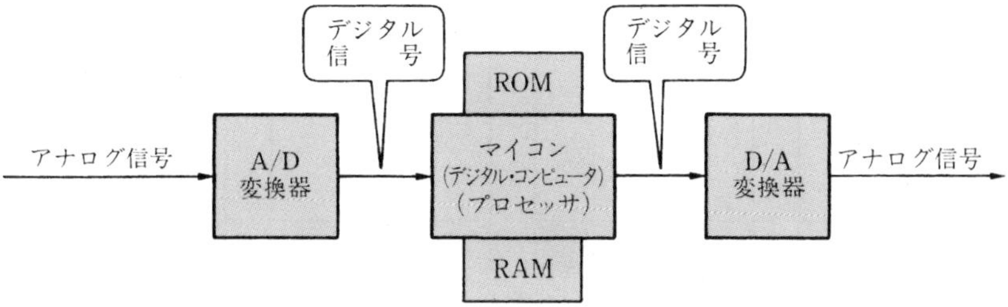

ROM：Read Only Memory
RAM：Random Access Memory

図5・23　マイコンとA/D，D/A変換器

信号に変換され，その信号はコンピュータに入る。コンピュータでデジタル計算された結果は，D/A変換器に送られアナログ量に変換される。その結果は，アナログの駆動装置に送られ，それが制御対象を動かすことになる。

以上のような理由で，A/D変換器，D/A変換器は制御をする対象にとって不可欠で，もしもそれらがないとすると，アナログ世界の機械装置はコンピュータを使って操れない。

図5・24は工業，交通・運輸，計測・試験，研究，医療，家庭と現代社会のすみずみまでコンピュータが使われている現状を示す。小さいものでは電子体温計，大きいもので宇宙ロケットに至るまでコンピュータは応用され，その周辺は電子応用部品，要素，回路で構成されている。体温計を例に挙げれば，以前は水銀体温計が一般家庭で使用されていたがいまでは電子体温計がそれにとってかわった。電子体温計にはサーミスタという温度変化を抵抗変化に変えるセンサが用いられている。サーミスタ（一種の抵抗）で電気回路を組み，サーミスタの抵抗が変われば電流が変わるのでその変化をとらえ，体温がわかる。コンピュータが体温計に使われている理由は，電子体温計を身体に接触させてからの体温の変化は，電気量の変化となり，その変化は制御工学でいうところの1次遅れ系の特性を示すので，その特性から体温を予測することが出来るからである。そのため電子体温系を使用した体温測定は水銀体温計に比べて測定時間が短くなった。

工業用	交通運輸用	計測・試験・監視用	家庭電化製品用
○生産機械装置 ○工作機械 ○プロセス制御装置 ○データロガー ○生産管理	○信号制御装置 ○運行制御装置 ○航空機 ○船舶 ○車両 ○駅務自動化装置 ○自動車	○測定器 ○分析器 ○試験機 ○監視装置 ○医用電子	○洗濯機 ○冷蔵庫 ○テレビ ○エアコン ○炊飯器 ○加湿器

センサ ＋ デジタル・コンピュータ ＋ 電子要素

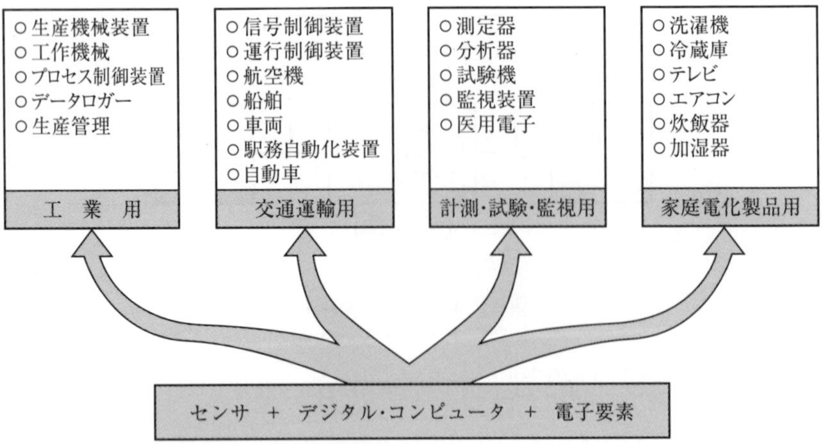

図 5・24　社会・産業を支えるデジタル・コンピュータ

　自家用自動車にもコンピュータが15個とも20個ともいわれるほど多くのコンピュータが使用されている。それらは，エンジン制御，ブレーキ制御，室内温度制御，ドアの開閉，安全ベルト締め忘れ，サイドブレーキの緩め忘れなど制御，安全，警報面に多用されている。それに加えカーナビが一般化しているが，このカーナビはコンピュータなしでは機能をなさないものである。

　家庭電気製品に目をやると，冷蔵庫，電子レンジ，電気炊飯器，エアコン，テレビ，オーディオ，ガスコンロ，電気コンロ，IHコンロ，ガスストーブ，電気毛布，デジタルカメラなど枚挙にいとまがないほど私たちの身の周りには電子工学を応用した品々がある。

　これからも技術は進歩し，ロボットが看護や介護の現場に出現するかもしれない。電子工学応用のない世界は考えられない時代となった。本書がその発展の一助となり，なにがしかの貢献が果たされれば望外の喜びである。

演習問題 [5]

1. 図5･25 は，あるトランジスタの特性を示す。この特性に関する次の設問(1)(2)に答えよ。

(1) ①〜③に適切な用語をあてはめよ。この特性は，①[　　]特性という。この特性上の点 P を決める電圧は，②[　　] V_{BB} といい，特性曲線の点 P_2 は，ベース電圧 I_B の③[　　]点という。

(2) ③[　　]点が P_1 と点 P_3 にある場合，V_{BB} の変化が図のようであるなら，I_B はどのような変化をするか図示せよ。

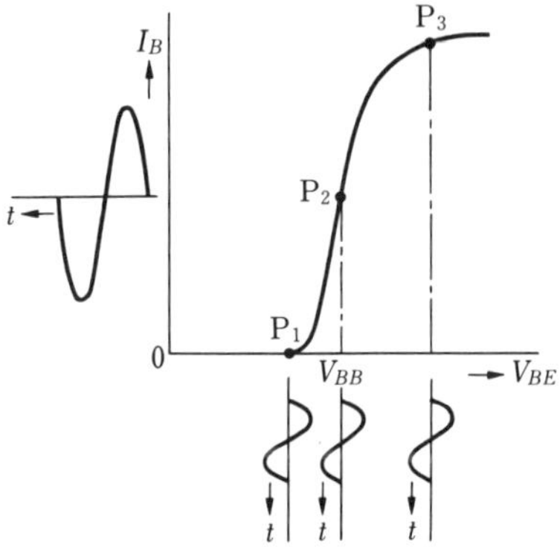

図 5･25

2. トランジスタのコレクタに，本文中の図5･11のように，抵抗 R を接続したときの出力特性上に描いたコレクタ電流 I_C とコレクタとエミッタ間電圧 V_{CE} の関係を示す直線は何というか。

3. 本文中の図5･11において，V_{CC} を 10〔V〕とした場合，R が 100〔Ω〕の場合と 1〔kΩ〕の場合の負荷線を図5･12上に示せ。

4. V_F=1.8〔V〕，I_F=10〔mA〕の発光ダイオード(LED)について次の文で最も適切なものを選べ。

① LEDに直流電圧1.5〔V〕を直接加えるとLEDは点灯する。

② LEDに直流電圧3.0〔V〕を直接加えるとLEDは点灯する。

③ LEDに約270〔Ω〕の抵抗を直列に接続した回路に直流電圧4.5〔V〕を加えるとLEDは点灯する。

④ LEDに約1〔MΩ〕の抵抗を直列に接続した回路に直流電圧6.0〔V〕を加えるとLEDは点灯する。

⑤ LEDは交流3.0〔V〕を加えないと点灯しない。

参考文献

（1） オーム社編：家庭の電気学入門早わかり，オーム社，1988

（2） 飯高成男：電気電子の基礎，オーム社，1987

（3） 早川，松下，茂木：電気回路（1）直流・交流編，コロナ社，1986

（4） 田中謙一郎：入門交流回路，東京電機大学出版局，1974

（5） 電気学会編：交流回路，オーム社，1984

（6） 石井威望：エレクトロニクス会社，講談社現代新書，講談社，1983

（7） 生駒俊明，石塚満，荒川泰彦：エレクトロニクスのすすめ，培風社，1986

（8） 和久井孝太郎：エレクトロニクスがメディアを変える，日本放送出版協会，1987

（9） 手塚政仁：ホームオートメーション，電気書院，1988

（10） 中村秀樹：無接点シーケンス図の読み方・描き方，電気書院，1988

（11） 四十万稔：シーケンス制御技術入門，オーム社，1978

（12） 大浜庄司：シーケンス制御読本（実用編），オーム社，1984

（13） 高橋昭二：これから始める人のデジタル学入門講座（回路技術編），電波新聞社，1988

（14） 松下電器製造・技術研修所編著：プログラム学習による無接点シーケンス制御，廣済堂科学情報社，1985

（15） 松下電器製造・技術研修所編著：プログラム学習によるデジタル制御，廣済堂科学情報社，1985

（16） 小林哲二：家庭とセンサ，機械の研究，Vol.38，No.1，1986

（17） 計測自動制御学会：計測と制御（小特集 HA），Vol.23，No.11，1984

（18） 佐野敏一，高木宣昭，竹内守：アナログ回路（I），オーム社 1987

（19） 柄本治利，真々田勝久：アナログ回路（II），オーム社 1987

（20） 白土義男：図解リニヤ IC の基礎，東京電機大学出版局，1985

(21) 角田秀夫：オペアンプの基礎と応用，東京電機大学出版局，1985
(22) 藤井信生：Op アンプ基礎と応用，オーム社，1985
(23) 山崎弘郎：電子回路技術，東京大学出版会，1984
(24) 伊東新太郎：やさしいLEDのはなし，日本放送出版協会，1989
(25) 平山勝己：はじめて学ぶ　サイリスタとパワーエレクトロニクス，技術評論社，1984
(26) 森政弘，小川鑛一：基礎制御工学，東京電機大学出版局，1994
(27) 山崎弘郎：センサのはなし，日刊工業新聞社，1982
(28) 谷腰欣司：センサの使い方と回路設計，CQ 出版社，1988
(29) 自動化技術編集部編：やさしいセンサ技術，工業調査会，1984
(30) 工業調査会編集部編：センサ活用技術，工業調査会，1984
(31) センサのすべて：ニュートン別冊，教育社，1985
(32) 松下電器製造・技術研修所編著：プログラム学習による電子制御，廣済堂科学情報社，1985
(33) 町好雄，柴田年世：電源回路設計の基礎，オーム社，1988
(34) 谷腰欣司：DC モータの制御回路設計，工業調査会，1987
(35) 谷腰欣司：モータをまわすための回路技術，日刊工業新聞社，1989
(36) 末武国弘監修：プログラム学習による基礎電子工学（電子回路編Ⅰ），廣済堂科学情報社，1988
(37) 齋藤忠夫：電子回路入門，昭晃堂，1984
(38) 渋谷昇：実験で学ぶ　電子回路設計ノート，日刊工業新聞社，1987
(39) 伊東規之：電子回路計算法，日本理工出版会，1988
(40) 三谷政昭：パソコンで学ぶ基礎電子回路，森北出版，1986

演習問題の答

第1章　直流回路と交流回路

1. (1) 1〔kΩ〕，(2) 10〔Ω〕，　**2.**　2〔Ω〕，　**3.**　$I_1 = 1$〔A〕，$I_2 = 0.6$〔A〕，$I_3 = 0.4$〔A〕，　**4.**　$I_1 = 0.0343$〔A〕，$I_2 = 0.0514$〔A〕，$I_3 = 0.0171$〔A〕，　**5.**　(1) 0〔A〕，(2) 115〔Ω〕，　**6.**　(1) 0.95〔mA〕，(2) 52.63〔Ω〕，　**7.**　省略，　**8.**　$1.414\angle -45°$，

9.　$\dot{A} = 10e^{j\frac{\pi}{2}}$より，絶対値 10，位相角 $\frac{\pi}{2}$（90°），**10.**　① 159〔Ω〕，② 1.59〔Ω〕，③ 0.0159〔Ω〕，**11.**　① 6.28〔Ω〕，② 628〔Ω〕，③ 62.8〔kΩ〕

12.　① 62.9〔mA〕，② 6.289〔A〕，③ 628.93〔A〕

13.　① 1.592〔A〕，② 15.9〔mA〕，③ 0.159〔mA〕，**14.**　抵抗に流れる電流は，電源周波数を変えても同じで，各 1〔A〕である。

15.　31.8〔mA〕，**16.**　1.064〔A〕，**17.**　53〔mA〕，57.9°，**18.**　43〔mA〕，43.9°，

19.　51〔mH〕，**20.**　$|\dot{I}_0| = 10\sqrt{1\times10^{-8} + \left(\frac{796}{f} - 1.256\times10^{-3}f\right)^2}$，

$\theta = -\tan^{-1}\left(\frac{7.96\times10^6}{f} - 12.56f\right)$，周波数特性の図は，省略する。

第2章　デジタル技術とその応用

1.　①タイムチャートは解図1に示す。②真理値表は，解表1に示す。

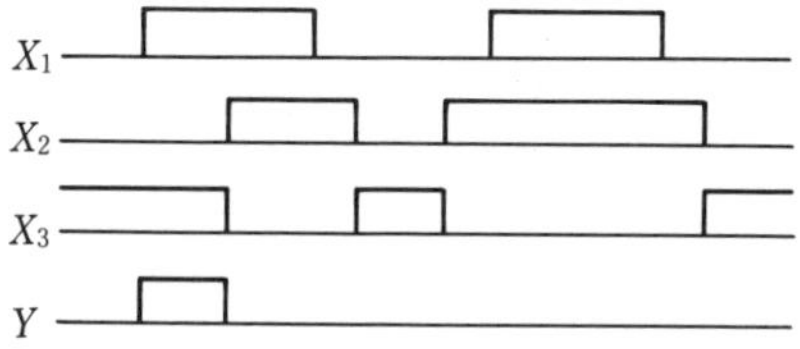

解図 1

解表 1　真理値表

X_1	X_2	X_3	Y
0	0	1	0
1	0	1	1
0	1	0	0
1	1	0	0

③ $Y = X_1 \cdot \overline{X}_2$

2. 解表2に示す。

3. ①開－閉，②高温－低温，③動－静，④白－黒，⑤上昇－下降

4. 解図2に示す。

解表2 真理値表

X_1	X_2	X_3	X_1+X_2	Y
0	0	0	0	0
1	0	0	1	0
0	1	0	1	0
1	1	0	1	0
0	0	1	0	0
1	0	1	1	1
0	1	1	1	1
1	1	1	1	1

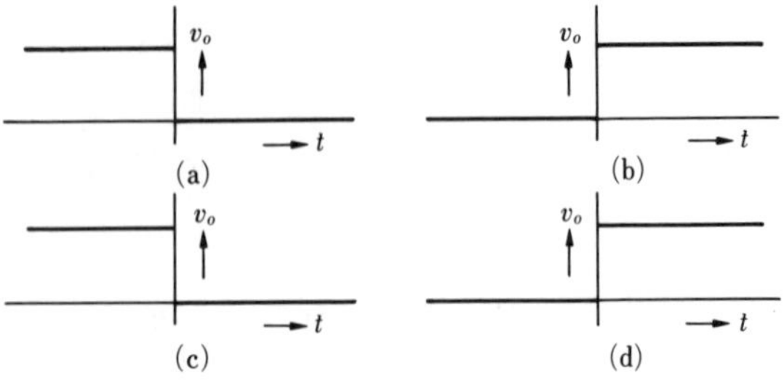

解図2

5. 否定回路，図記号は解図3に示す。

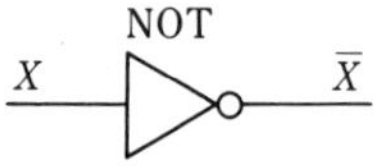

解図3

6. 真理値表を解表3に示す。タイムチャートを解図4に示す。

Y_1 は NAND 回路，Y_2 は AND 回路

7. ① OR 回路，②自己保持回路

8. ①－(c)，②－(e)，③－(b)，④－(a)，⑤－(d)

9. (1) $Y_2 = (X_1 \cdot X_2) \cdot X_3$，(2) $Y_2 = 0$，(3) $Y_1 = 1$，$Y_2 = 1$

解表3 真理値表

X_1	X_2	Y_1	Y_2
0	0	1	0
1	0	1	0
0	1	1	0
1	1	0	1

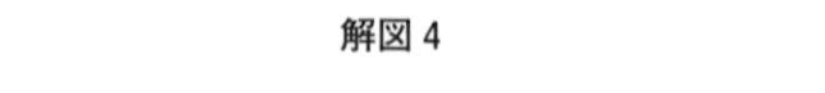

解図4

10．解表 4 の真理値表より，$X_1 = X_2 = 0$，$X_3 = 1$

Y の論理式は，$Y = (\overline{X_1 + X_2}) \cdot X_3$ である。これより，$(\overline{X_1 + X_2})$ が 1 となるのは，X_1，X_2 ともに 0 のときである。このとき，X_3 が 1 であれば，Y は 1 となる。

解表 4　真理値表

X_1	X_2	X_3	X_4	Y
0	0	0	1	0
1	0	0	0	0
0	1	0	0	0
1	1	0	0	0
0	0	1	1	1
1	0	1	0	0
0	1	1	0	0
1	1	1	0	0

第3章　アナログ技術とオペアンプ

1．$A = 10$，**2**．40〔dB〕，**3**．$A = 5$，$g = 13.98$〔dB〕，**4**．$A = 6$，$g = 15.56$〔dB〕，**5**．① 100〔kΩ〕，② 90〔kΩ〕，**6**．$R_1 = 20$〔kΩ〕，$R_2 = 2$〔kΩ〕，$R_0 = 1.67$〔kΩ〕，**7**．解図 5 に示す。**8**．1〔s〕，**9**．6.32〔V〕，

10．(a)積分回路，(b)加算回路，(c)引き算回路，(d)微分回路，**11**．解図 6 に示す。

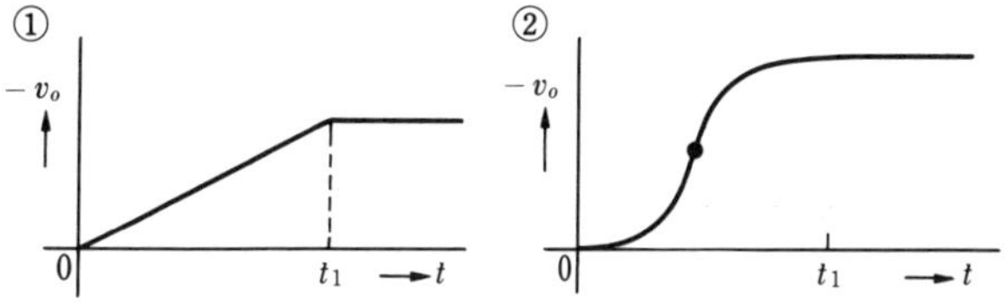

解図 5

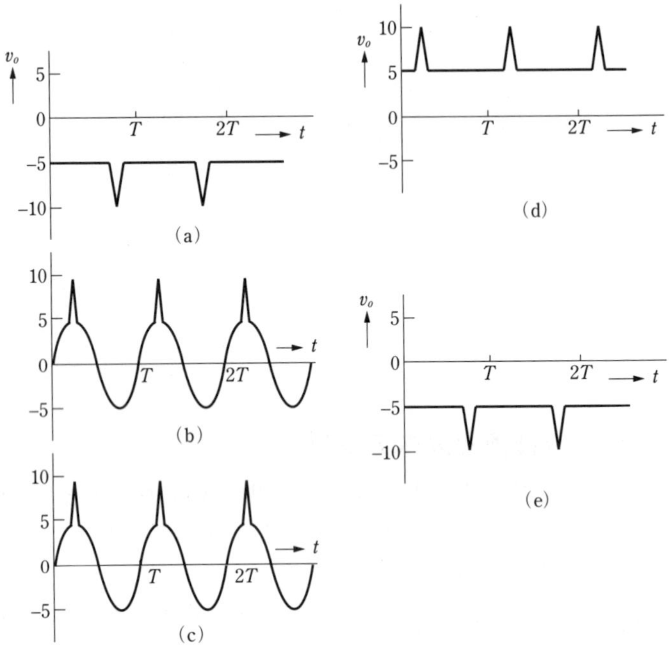

解図 6

第4章　センサと制御技術

1. ①減少する，②増加する，③減少する，④増加する

2. ①減少する，②増加する，③減少する，④増加する

3. ②，③，⑤

4. 制御対象の物理量，化学量の状態がわからなければ制御はできない。その物理量，化学量の状態を知るためにセンサが必要である。

5. ①回転速度→電気，②温度→抵抗（電気），③温度→電気，④光→電気

6. (a)－③，(b)－④，(c)－②，(d)－②，(e)－②，(f)－①，(g)－④

7. 電熱器のワット数とビーカーの湯の量にもよるが，ワット数が大きければ沸騰しつづけ，目標の温度に落ちつかない。

8. 目標値が存在するかぎり，腕は回転しつづける。しかし，図のような機構では，腕

が底面に当たり止まる。しかし，モータには電流が流れつづけ，モータが破損する恐れがある。

9． 省略，**10．** 第3章3·3節［3］参照

11． ツェナー・ダイオードは，標準電池(基準電池)の代わりとして用いられている。

12． 負性特性を利用し，パルス発生用に用いられている。

13． R と C の積は，時定数である。この時定数の大小でパルスの周期(周波数)を変化させる。つまり，R の値を変え，パルスの周波数を変える。

14． 負荷に加わる正弦波の半周期(180°)のうち，負荷に流す電流を何度の位相角度から流し始めるかを制御することをいう。

15． 図4·42参照

16． モータの電流は一般に大きい。この大きな電流をトランジスタを介して流すと，小さな電流(ベース電流)でモータの駆動が可能となる。

17． 位置決めには制御が必要である。制御するためには，制御対象の状態がわからなければ不可能である。人間が目かくしをしては，位置決めができないのと同じである。なぜなら，目はサーボ系のセンサに対応するからである。

18． 光の明暗を光センサ（CdS，ホト・ダイオード，ホト・トランジスタ）でとらえると，その量は電気量に変換できる。ホイートストン・ブリッジあるいはオペアンプを用い，光の明暗に対応する電気量が検出できれば，その電気量の大小でモータを回すことができる。

19． 図4·28，図4·31～図4·33参照

20． 動かす物体が重いので，動きにくく止めにくい慣性力が働く。そのため，位置決め（目標値），角度付近で振動しながら静止することが予想される。

第５章　電子工学の応用

1．(1)　①入力，②バイアス電圧，③動作，(2)　解図７に示す。

2．負荷直線，**3**．省略，**4**．③

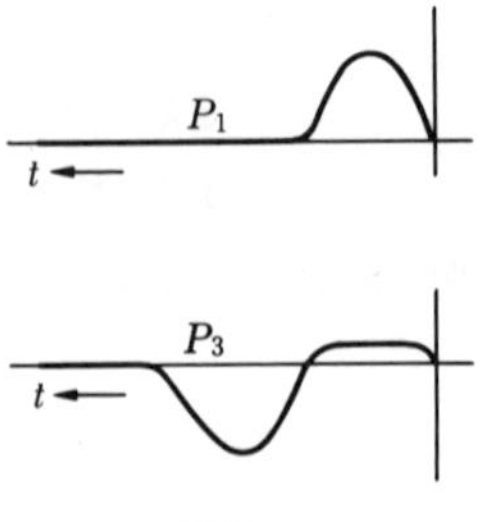

解図７

索　　引

さ　行

た　行

や　行

ら　行

【著者紹介】

小川鑛一（おがわ・こういち）

学　歴　早稲田大学第二理工学部卒業（1963）
　　　　リーハイ大学工学部修士課程修了（1965）
　　　　工学博士（1985）
職　歴　航空宇宙技術研究所技官
　　　　東京工業大学工学部助手
　　　　放送大学助教授
　　　　東京電機大学理工学部教授
著　書　「機構学」共立出版
　　　　「初めて学ぶ 基礎 制御工学」共著 東京電機大学出版局
　　　　「初めて学ぶ 基礎 ロボット工学」共著 東京電機大学出版局
　　　　「初めて学ぶ 基礎 機械システム」東京電機大学出版局
　　　　「看護動作を助ける 基礎 人間工学」東京電機大学出版局
　　　　「人と物の動きの計測技術」東京電機大学出版局
　　　　「看護動作のエビデンス」共著 東京電機大学出版局
　　　　「看護・介護のための人間工学入門」共著 東京電機大学出版局

初めて学ぶ
基礎 電子工学（第2版）

1995年 3月20日　第1版1刷発行
2010年 3月20日　第1版11刷発行
2010年 9月20日　第2版1刷発行

ISBN 978-4-501-32770-5 C3055

著　者　小川鑛一

発行所　学校法人 東京電機大学
　　　　東京電機大学出版局
〒101-8457 東京都千代田区神田錦町 2-2
Tel. 03-5280-3433（営業） 03-5280-3422（編集）
Fax. 03-5280-3563 振替口座 00160-5-71715
http://www.tdupress.jp/

印刷：三立工芸㈱　製本：渡辺製本㈱　装丁：高橋壮一
落丁・乱丁本はお取り替えいたします。　Printed in Japan